高等学校Java课程系列教材

面向对象与设计模式

耿祥义　张跃平　著

清华大学出版社
北　京

内容简介

本书是面向有一定 Java 语言基础和一定编程经验的读者，重点介绍了面向对象的核心内容以及作者在面向对象研究中的一些新思想，全面探讨在 Java 程序设计中怎样使用一些重要的设计模式。作者编写本书的目的是让读者不仅学习怎样在软件设计中使用好设计模式，更重要的是让读者通过学习使用设计模式深刻地理解面向对象的设计思想，以便更好地使用面向对象语言解决设计中的诸多问题。

本书可以作为计算机相关专业研究生或高年级学生的教材，也可以作为软件项目管理人员、软件开发工程师等专业人员的参考用书。可登录 www.tup.com.cn 下载书中的示例代码。

图书在版编目（CIP）数据

面向对象与设计模式 / 耿祥义，张跃平著. —北京：清华大学出版社，2013.6(2025.1 重印)

高等学校 Java 课程系列教材

ISBN 978-7-302-30823-2

Ⅰ. ①面… Ⅱ. ①耿… ②张… Ⅲ. ①JAVA 语言-程序设计 Ⅳ. ①TP312

中国版本图书馆 CIP 数据核字（2012）第 287864 号

责任编辑： 魏江江　王冰飞
封面设计： 杨　兮
责任校对： 李建庄
责任印制： 宋　林

出版发行： 清华大学出版社
网　　址： https://www.tup.com.cn, https://www.wqxuetang.com
地　　址： 北京清华大学学研大厦 A 座　　**邮　　编：** 100084
社 总 机： 010-83470000　　**邮　　购：** 010-62786544
投稿与读者服务： 010-62776969，c-service@tup.tsinghua.edu.cn
质量反馈： 010-62772015，zhiliang@tup.tsinghua.edu.cn
印 装 者： 三河市人民印务有限公司
经　　销： 全国新华书店
开　　本： 185mm×260mm　　**印　张：** 18.25　　**字　　数：** 457 千字
版　　次： 2013 年 6 月第 1 版　　**印　　次：** 2025 年 1 月第11次印刷
印　　数： 11301~12800
定　　价： 29.50 元

产品编号：050593-01

前　言

目前，面向对象程序设计已经成为软件设计开发领域的主流，而学习使用设计模式无疑非常有助于软件开发人员使用面向对象语言开发出易维护、易扩展、易复用的代码，其原因是设计模式是从许多优秀的软件系统中总结出的成功的可复用的设计方案，已被成功应用于许多系统的设计中。本书是面向有一定 Java 语言基础和一定编程经验的读者，重点介绍了面向对象的核心内容，全面探讨在程序设计中怎样使用一些重要的设计模式。作者编写本书的目的是让读者不仅学习怎样在软件设计过程中使用好设计模式，更重要的是让读者通过学习使用设计模式深刻地理解面向对象的设计思想，以便更好地使用面向对象语言解决设计中的诸多问题。

本书共 26 章，前 6 章重点介绍了面向对象的核心内容，以及作者在面向对象研究中的一些新思想；第 7 章～第 26 章探讨在程序设计中怎样使用一些重要的设计模式。为了说明一个模式的核心实质，本书精心研究了针对每个模式的示例，以便让读者结合这样的示例更好地理解和使用模式。本书的全部示例由作者编写完成，本书示例代码及相关内容仅供学习设计模式使用。希望本书能对读者学习和使用设计模式有所帮助，并请读者批评指正。

作　者

2013 年 4 月

目　录

第1章 面向对象入门

本书是面向有一定 Java 语言基础和一定编程经验的读者，因此读者在学习本书之前应当有一定的 Java 语言基础，熟悉一种 Java 开发工具（如 Java SE 提供的 JDK）。

1.1 编程语言的几个发展阶段

1.1.1 面向机器语言

每种计算机都有自己独特的机器指令，比如，某种型号的计算机用 8 位二进制信息 10001010 表示加法指令，用 00010011 表示减法指令，等等。这些指令的执行由计算机的线路来保证，计算机在设计之初，事先就要确定好每一条指令对应的线路逻辑操作。计算机处理信息的早期语言是所谓的机器语言，使用机器语言进行程序设计需要面向机器来编写代码，即需要针对不同的机器编写诸如 01011100 这样的指令序列。用机器语言进行程序设计是一项累人的工作，代码难以阅读和理解，一个简单的任务往往蕴含着编写大量的代码，而且同样的任务需要针对不同型号的计算机分别进行编写指令，因为一种型号的计算机用 10001010 表示加法指令，而另一种型号的计算机可能用 11110000 表示加法指令。因此，使用机器语言编程也称为面向机器编程。20 世纪 50 年代出现了汇编语言，在编写指令时，用一些简单的容易记忆的符号代替二进制指令，但汇编语言仍是面向机器语言，需针对不同的机器编写不同的代码。习惯上称机器语言、汇编语言是低级语言。

1.1.2 面向过程语言

随着计算机硬件功能的提高，在 20 世纪 60 年代出现了过程设计语言，如 C 语言、FORTRAN 语言等。用这些语言编程也称为面向过程编程，语言把代码组成叫做过程或函数的块。每个块的目标是完成某个任务，例如，一个 C 的源程序就是由若干个书写形式互相独立的函数组成。使用这些语言编写代码指令时，不必再去考虑机器指令的细节，只需按照具体语言的语法要求去编写“源文件”。所谓源文件，就是按照编程语言的语法编写具有一定扩展名的文本文件，比如，C 语言编写的源文件的扩展名是 c，FORTRAN 语言编写的源文件的扩展名是 for 等。过程语言的源文件的一个特点是更接近人的“自然语言”，比如，C 语言源程序中的一个函数：

```
int max(int a,int b) {
   if(a>b)
     return a;
   else
```

```
        return b;
    }
```

该函数负责计算两个整数的最大值。过程语言的语法更接近人们的自然语言，人们只需按照自己的意图编写各个函数，习惯上称过程语言为高级语言。

随着软件规模的扩大，过程语言在解决实际问题时逐渐显露出力不从心。对于许多应用型问题，人们希望编写出易维护、易扩展和易复用的程序代码，而使用过程语言很难做到这一点。面向过程语言的核心是编写解决某个问题的代码块，比如 C 语言中的函数，代码块是程序执行时产生的一种行为，但是面向过程语言却没有为这种行为指定“主体”，即在程序运行期间，无法说明到底是“谁”具有这个行为，并负责执行了这个行为。比如，C 语言编写了一个“刹车”函数，却无法指定是哪个“实体”具有这样的行为。也就是说，面向过程语言缺少了一个概念，那就是“对象”。现实生活中，“行为”往往归结为某个具体的“主体”所拥有，即某个对象所拥有，并且该对象负责产生这样的行为。和面向过程语言不同的是，在面向对象语言中，核心的内容就是“对象”，一切围绕着对象，比如，编写一个“刹车”方法（面向过程称之为函数），那么一定会指定该方法的“主体”，比如，某个汽车拥有这样的“刹车”方法，该汽车负责执行“刹车”方法产生相应的行为。

1.1.3 面向对象语言

随着计算机硬件设备功能的进一步提高，使得基于对象的编程成为可能（面向对象语言编写的程序需要消耗更多的内存，需要更快的 CPU 保证其运行速度）。基于对象的编程更加符合人的思维模式，使用面向对象语言可以编写易维护、易扩展和易复用的程序代码，更重要的是，面向对象编程鼓励创造性的程序设计。

面向对象编程主要体现下列 3 个特性。

1．封装性

面向对象编程的核心思想之一就是将数据和对数据的操作封装在一起。通过抽象，即从具体的实例中抽取共同的性质形成一般的概念，比如，类的概念。在实际生活中，人们每时每刻都与具体的实物在打交道，例如，我们用的钢笔、骑的自行车、乘的公共汽车等。人们经常见到的卡车、公共汽车、轿车等都会涉及以下几个重要的属性：可乘载的人数、运行速度、发动机的功率、耗油量、自重、轮子数目等。另外，还有几个重要的行为（功能）：加速、减速、刹车、转弯等。可以把这些行为称做是它们具有的方法，而属性是它们的状态描述，仅仅用属性或行为不能很好地描述它们。在现实生活中，用这些共有的属性和行为给出一个概念——机动车类。也就是说，人们经常谈到的机动车类就是从具体的实例中抽取共同的属性和行为形成的一个概念，那么一个具体的轿车就是机动车类的一个实例，即对象。一个对象将自己的数据和对这些数据的操作合理有效地封装在一起，例如，每辆轿车调用“减速”行为改变的都是自己的运行速度。

2．继承

继承体现了一种先进的编程模式（见第 3 章）。子类可以继承父类的属性和行为，即继承父类所具有的数据和数据上的操作，同时又可以增添子类独有的数据和数据上的操作。比如，“人类”自然继承了“哺乳类”的属性和行为，同时又增添了人类独有的属性和行为。

3．多态

多态是面向对象编程的又一重要特征。有两种意义的多态。一种是操作名称的多态，即有多个操作具有相同的名字，但这些操作所接收的消息类型必须不同。例如，让一个人执行"求面积"操作时，他可能会问你求什么面积。所谓操作名称的多态性，是指可以向操作传递不同消息，以便让对象根据相应的消息来产生相应的行为。另一种是和继承有关的多态，是指同一个操作被不同类型对象调用时可能产生不同的行为。例如，狗和猫都具有哺乳类的功能："喊叫"。但是，狗操作"喊叫"产生的声音是"汪汪……"；而猫操作"喊叫"产生的声音是"喵喵……"。

1.1.4 使用 Java 的必要性

本书是面向有一定 Java 语言基础和一定编程经验的读者，因此读者在学习本书之前应当有一定的 Java 语言基础，熟悉一种 Java 开发工具（如 Java SE 提供的 JDK）。和 C++不同，Java 语言是纯面向对象编程的语言，不支持面向过程，并且更适合用来实现面向对象的程序设计。GOF 所著作的《设计模式》一书无疑是经典之作，但是该书中的示例代码相当简练，而且是采用 C++描述的，另外 C++中提到的接口就是指类的方法，但是在 Java 中，类和接口是两个不同的概念。本书采用 Java 语言讲解面向对象和设计模式的另一个原因是希望通过本书的学习能让读者更加熟悉怎样用 Java 语言来体现面向对象的设计思想。

1.2 从抽象到类

面向对象语言有 3 个重要特性：封装、继承和多态，其中，封装性是最基本的特性之一。首先观察下列简单的能输出矩形面积的 Java 应用程序的源文件：

ComputerRectArea.java

```
public class ComputerRectArea  {
   public static void main(String args[])  {
      double height;          //高
      double width;           //宽
      double area;            //面积
      height=23.89;
      width=108.87;
      area=height*width;      //计算面积
      System.out.println(area);
   }
}
```

上述 Java 应用程序输出宽为 108.87、高为 23.89 的矩形面积。

通过上述 Java 应用程序注意到这样一个事实：

如果其他 Java 应用程序也想计算矩形面积，同样需要知道使用矩形的宽和高来计算矩形面积的算法，即也需要编写和这里同样多的代码。现在提出如下问题：

能否将和矩形有关的数据以及计算矩形面积的算法进行封装，使得需要计算矩形面积的 Java 应用程序无须编写计算面积的代码就可以计算出矩形面积呢？

面向对象的一个重要思想就是通过抽象得到类，即将某些数据以及针对这些数据上的操作封装在一个类中。也就是说，抽象的关键点有两点：一是数据；二是数据上的操作。

这里对所观察的矩形做如下抽象：

- 矩形具有宽和高的属性。
- 可以使用矩形的宽和高计算矩形面积。

现在根据如上的抽象，定义出如下的 Rect 类。

Rect.java

```
public class Rect
{
   double width;      //矩形的宽
   double height;     //矩形的高
   double getArea()  //计算面积的方法
   {
      double area=width*height;
      return area;
   }
}
```

1．类声明

在上述代码中（第一行），class Rect 称做类声明，Rect 是类名。

2．类体

类声明之后的一对大括号{、}以及它们之间的内容称做类体，大括号之间的内容称做类体的内容。

上述 Rect 类的类体的内容由两部分构成：一部分是变量的声明，称做域变量或成员变量，用来刻画矩形的属性，如 Rect 类中的 width 和 height；另一部分是方法的定义（在 C 语言中称做函数），用来刻画行为功能，如 Rect 类中的 double getArea()方法。

Rect 类好比是生活中电器设备需要的一个电阻，如果没有电器设备使用它，电阻将无法体现其作用。

以下的 Java 应用程序的主类（含有 main 方法的类，Java 应用程序从主类开始运行）中使用 Rect 类创建对象，该对象可以完成计算矩形面积的任务，而使用该对象的 Java 应用程序的主类无须知道计算面积的算法就可以计算出矩形面积。

Application.java

```
public class Application {
   public static void main(String args[])    {
      Rect rectangle1,rectangle2;   //声明两个对象
      rectangle1 = new Rect();       //创建对象
      rectangle2 = new Rect();
      rectangle1.width=128;
      rectangle1.height=69;
      rectangle2.width=18.9;
```

```
        rectangle2.height=59.8;
        double area=rectangle1.getArea();
        System.out.println("rectangle1的面积:"+area);
        area=rectangle2.getArea();
        System.out.println("rectangle2的面积:"+area);
    }
}
```

1.3 类与程序的基本结构

一个应用程序（也称为一个工程）是由若干个类所构成，这些类可以在一个源文件中，也可以分布在若干个源文件中，如图 1.1 所示。

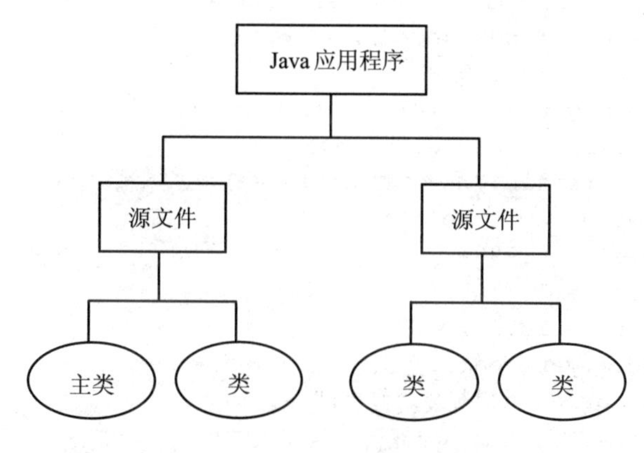

图 1.1 程序的结构

Java 程序以类为“基本单位”，即一个 Java 程序就是由若干个类所构成。一个 Java 程序可以将它使用的各个类分别存放在不同的源文件中，也可以将它使用的类存放在一个源文件中。一个源文件中的类可以被多个 Java 程序使用，从编译角度看，每个源文件都是一个独立的编译单位，当程序需要修改某个类时，只需要重新编译该类所在的源文件即可，不必重新编译其他类所在的源文件，这非常有利于系统的维护。从软件设计角度看，Java 语言中的类是可复用代码，编写具有一定功能的可复用代码是软件设计中非常重要的工作。

在下面的应用程序共有 3 个 Java 源文件，其中，Application.java 是主类。

Rect.java

```
public class Rect {
    double width;               //矩形的宽
    double height;              //矩形的高
    double getArea()  {
        double area = width*height;
        return area;
    }
}
```

Lader.java

```
public class Lader {
   double above;       //梯形的上底
   double bottom;      //梯形的下底
   double height;      //梯形的高
   double getArea() {
      return (above+bottom)*height/2;
   }
}
```

Application.java

```
public class Application {
   public static void main(String args[]) {
      Rect ractangle = new Rect();
      ractangle.width = 109.87;
      ractangle.height = 25.18;
      double area=ractangle.getArea();
      System.out.println("矩形的面积:"+area);
      Lader lader = new Lader();
      lader.above = 10.798;
      lader.bottom = 156.65;
      lader.height = 18.12;
      area = lader.getArea();
      System.out.println("梯形的面积:"+area);
   }
}
```

编译 Application.java 的过程中，Java 系统会自动地编译 Rect.java 和 Lader.java，这是因为应用程序要使用 Rect.java 和 Lader.java 源文件产生的字节码文件。

运行主类，程序的输出结果是：

```
矩形的面积: 2766.5266
梯形的面积: 1517.07888
```

注意：Lader 和 Circle 是可复用的代码，应用程序的主类只需让 Lader 和 Circle 对象分别计算面积即可，主类不必知道计算圆面积和梯形面积的算法。

1.4 使用的开发工具

本书使用Java SE（Java 标准版）提供的Java软件开发工具箱JDK（Java Development Kit）调试代码和运行程序。可登录Sun公司的网站（http://java.sun.com）免费下载Java SE 提供的JDK。登录网站后选择Software Downloads→Java SE→Java SE 7。本书选择的是针对Windows操作系统平台的JDK，因此下载的版本为jdk-7-windows-i586-.exe，如果读者使用64位机或其他的操作系统，可以在下载列表中选择下载相应的JDK。

有关 JDK 的使用细节可参见相应的教科书，如作者编写的《Java 2 实用教程》（第 4 版）。

第2章　封　装

在实际生活中，人们每时每刻都与具体的实物在打交道，比如，人们经常见到的卡车、公共汽车、轿车等都会涉及以下几个重要的物理量：可乘载的人数、运行速度、发动机的功率、耗油量、自重、轮子数目等，另外，还有几个重要的功能：加速、减速、刹车、转弯等。也可以把这些功能称做是它们具有的方法，而物理量是它们的状态描述，仅仅用物理量或功能不能很好地描述它们。在现实生活中，用这些共有的属性和功能给出一个概念：机动车类。也就是说，人们经常谈到的机动车类就是从具体的实例中抽取共同的属性和功能形成的一个概念，那么一个具体的轿车就是机动车类的一个实例，即对象。一个对象将自己的数据和对这些数据的操作合理有效地封装在一起，例如，每辆轿车调用"加速"、"减速"改变的都是自己的运行速度。

2.1　从类的角度看封装性

面向对象编程核心思想之一就是将数据和对数据的操作封装在一起。通过抽象，即从具体的实例中抽取共同的性质形成一般的概念，比如类的概念。

2.1.1　封装数据及操作

类是面向对象语言里的基本要素，是面向对象语言中最重要的"数据类型"，类声明的变量被称做对象，即通俗地讲，类是用来创建对象的模板。

类的定义包括两部分：类声明和类体。在 Java 语言中用如下格式定义一个类：

```
class 类名 {
  类体的内容
}
```

class 是关键字，用来定义类。"class　类名"是类定义中的声明部分，两个大括号以及之间的内容是类体。

类的目的是抽象出一类事物共有的数据及操作（也习惯地称为属性和行为），并用一定的语法格式来描述所抽象出的数据及操作。类使用类体描述所抽象出的数据及操作，类声明之后的一对大括号{、}以及它们之间的内容称做类体，大括号之间的内容称做类体的内容。定义类的目的是将数据及操作封装成一个整体，因此类体的内容由如下所述的两部分构成。

（1）变量的声明：用来存储属性的值（体现对象的属性）。

（2）方法的定义：方法可以对类中声明的变量进行操作，即给出算法（体现对象所具有的行为)。

下面是一个类名为Lader的类(用来描述梯形),类体中的声明变量部分声明了4个float类型变量：above、bottom、height 和 area；方法定义部分定义了两个方法：float computerArea()和 void setHeight(float h)。

```
class Lader {
    float above;                        //梯形的上底(变量声明)
    float bottom;                       //梯形的下底(变量声明)
    float height;                       //梯形的高(变量声明)
    float area;                         //梯形的面积(变量声明)
    float computerArea() {              //计算面积(方法)
        area = (above+bottom)*height/2.0f;
        return area;
    }
    void setHeight(float h) {           //修改高(方法)
        height = h;
    }
}
```

类体声明变量部分所声明的变量称为成员变量或域变量。成员变量在整个类内都有效，其有效性与它在类体中书写的先后位置无关，例如，前述的 Lader 类也可以等价地写成：

```
class Lader {
    float above;                    //梯形的上底(变量声明)
    float area;                     //梯形的面积(变量声明)
    float computerArea() {          //计算面积(方法)
        area = (above+bottom)*height/2.0f;
        return area;
    }
    float bottom;                   //梯形的下底(变量声明)
    void setHeight(float h) {       //修改高(定义)
        height = h;
    }
    float height;                   //梯形的高(变量声明)
}
```

定义一个方法和C语言中定义一个函数完全类似,只不过在面向对象语言中称为方法。

2.1.2 类的 UML 图

UML（Unified Modeling Language）图属于结构图，常用于描述一个系统的静态结构。一个 UML 中通常包含类（Class）的 UML 图、接口（Interface）的 UML 图以及泛化关系（Generalization）的 UML 图、关联关系（Association）的 UML 图、依赖关系（Dependency）的 UML 图和实现关系（Realization）的 UML 图。

本小节介绍类的 UML 图，后续章节会结合相应的内容介绍其余的 UML 图。图 2.1 是

2.1.1 小节中 Lader 类的 UML 图。

在类的 UML 图中，使用一个长方形描述一个类的主要构成，将长方形垂直地分为 3 层。

顶部第一层是名字层，如果类的名字是常规字形，表明该类是具体类；如果类的名字是斜体字形，表明该类是抽象类（抽象类在第 5 章讲述）。

第二层是变量层，也称属性层，列出类的成员变量及类型，格式是“变量名字：类型”。在用 UML 表示类时，可以根据设计的需要只列出最重要的成员变量的名字。

Lader
above:float bottom:float height:float area:float
computerArea():float setHeight(float):void

图 2.1　Lader 类的 UML 图

第三层是方法层，也称操作层，列出类中的方法，格式是“方法名字（参数列表）：类型”。在用 UML 表示类时，可以根据设计的需要只列出最重要的方法。

2.2　从对象的角度看封装性

定义一个类之后，就有了一种重要的数据类型，用类声明的变量称为对象或类的一个实例。比如，人们看到的一个具体的轿车就是机动车类的一个实例，机动车类的每个实例都封装着各自的运行速度，也就是说，从对象的角度看，每个对象都各自封装自己的属性。

2.2.1　创建对象所体现的封装性

1．构造方法

类中的构造方法的名字必须与它所在的类的名字完全相同，而且没有类型。允许一个类中编写若干个构造方法，但必须保证它们的参数不同，参数不同是指：参数的个数不同，或参数个数相同，但参数列表中对应的某个参数的类型不同。例如，下列 Circle 类有两个构造方法：

```
class Circle{
   double radius;
   Circle(){
      radius=1;
   }
   Circle(double r) {
      radius=r;
   }
}
```

如果类中没有编写构造方法，系统会默认该类只有一个构造方法，该默认构造方法是无参数的，且方法体中没有语句。例如，下列 Point 类有且只有一个默认的构造方法：

```
class Point{
   double x,y;
}
```

2．创建对象

声明对象后，例如，用前面的 Circle 类声明一个名字是 tomCat 的对象，那么对象 tomCat 的内存中存放的是 null，表明这是一个空对象，即还没有给 tomCat 对象分配半径（radius），tomCat 是一个没有半径的圆，内存模型如图 2.2 所示。

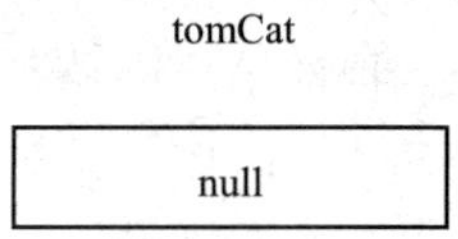

tomCat

null

图 2.2　未分配变量的对象

使用 new 运算符和类的构造方法创建对象，即为对象分配变量（赋予对象属性及其值）。如果类中没有构造方法，系统会调用默认的构造方法，默认的构造方法是无参数的，且方法体中没有语句。

为 Circle 类声明的 tomCat 对象分配变量的代码如下：

```
tomCat=new Circle();
```

这里 new 是为对象分配变量的运算符，Circle()是 Circle 类的构造方法。

new 运算符首先为变量 radius 分配内存，并计算出一个引用（引用包含着所分配的变量的有关内存地址等信息，是一个十六进制的数字），如果将该引用赋值到 tomCat 对象中：

```
tomCat=new Circle();
```

那么 tomCat 对象就诞生了，即给对象 tomCat 分配了一个名字是 radius 的变量，称做 tomCat 对象的（成员）变量。内存模型由声明对象时的模型（见图 2.2）变成如图 2.3 所示，箭头所给示意是对象可以操作属于它的变量。

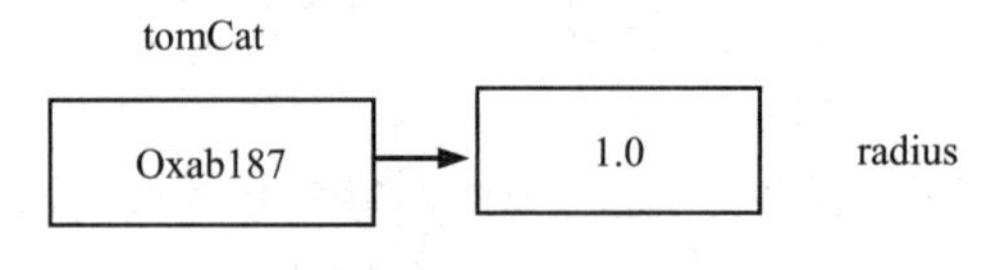

图 2.3　为对象分配变量后的内存模型

一个类可以创建多个不同的对象，这些对象将被分配不同的变量，因此，改变其中一个对象的变量不会影响其他对象的变量。例如，使用 Circle 类再创建一个对象 jerryMouse：

```
Circle jerryMouse=new Circle(5.8);
```

那么分配给 jerryMouse 的 radius 所占据的内存空间和分配给 tomCat 的 radius 所占据的内存空间是互不相同的。内存模型如图 2.4 所示。

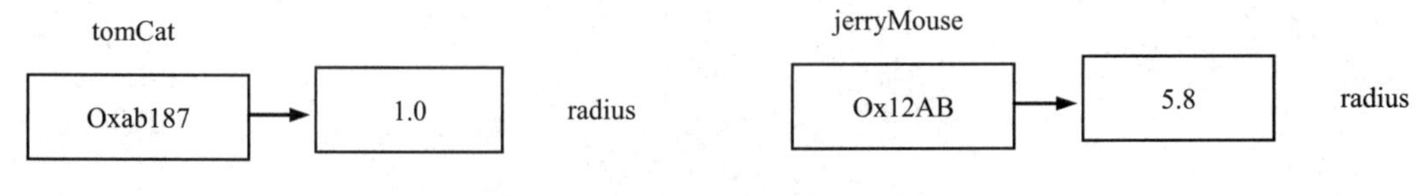

图 2.4　创建多个对象的内存模型

3．对象的引用与实体

类所声明的变量称为对象，对象中负责存放引用，以确保对象可以操作分配给该对象的变量以及调用类中的方法。分配给对象的变量习惯地称做对象的实体。例如，对象 tomCat

中存放着该对象的引用 Oxab187，分配给该对象的变量是 radius，其存储的值是 1.0。对象 jerryMouse 中存放着该对象的引用 Ox12AB，分配给该对象的变量是 radius，其存储的值是 5.8。

2.2.2 对象访问变量和调用方法所体现的封装性

对象通过使用.运算符访问自己的变量和调用方法。对象访问自己的变量的格式为：

```
对象.变量;
```

对象调用方法的格式为：

```
对象.方法;
```

从对象角度看，每个对象通过.运算符访问的都是自己的变量，这体现了属性的封装性。当对象调用方法时，方法中出现的成员变量是指分配给该对象的变量。在定义类时，类中的方法可以操作成员变量，那么当类创建的对象调用方法时，方法中出现的成员变量就是指分配给该对象的变量，这体现了行为过程的封装性。

下面的应用程序使用 Lader 类创建了两个对象 laderOne 和 laderTwo。程序运行效果如图 2.5 所示。

```
laderOne的面积: 2100.0
laderTwo的面积: 320000.0
```

图 2.5　两个梯形对象

Application.java

```
public class Application{
  public static void main(String args[]){
      double area1=0,area2=0;
      Lader laderOne,laderTwo;
      laderOne=new Lader();
      laderTwo=new Lader();
      laderOne.above=16;
      laderOne.bottom=26;
      laderOne.height=100;
      laderTwo.above=300;
      laderTwo.bottom=500;
      laderTwo.height=800;
      area1=laderOne.computerArea();
      area2=laderTwo.computerArea();
      System.out.println("laderOne的面积: "+area1);
      System.out.println("laderTwo的面积: "+area2);
   }
}
```

laderOne 调用 computerArea()方法时，其中的算术表达式（above+bottom）*height/2.0 中的 above、bottom 和 height 的值分别为 16、26 和 100。laderTwo 调用 computerArea()方法时，其中的算术表达式（above+bottom）*height/2.0 中的 above、bottom 和 height 的值分别为 300、500 和 800。

2.2.3 实例变量和类变量体现的封装性

类体中包括成员变量的声明和方法的定义，而成员变量又可细分为实例变量和类变量。在声明成员变量时，用关键字 static 给予修饰的称做类变量，否则称做实例变量（类变量也称为 static 变量或静态变量），例如：

```
class Dog {
   float x;          //实例变量
   static int y;     //类变量
}
```

上述 Dog 类中，x 是实例变量，而 y 是类变量。

1．不同对象的实例变量互不相同

一个类通过使用 new 运算符可以创建多个不同的对象，这些对象将被分配不同的（成员）变量，说得准确些就是：分配给不同的对象的实例变量占有不同的内存空间，改变其中一个对象的实例变量不会影响其他对象的实例变量。

2．所有对象共享类变量

如果类中有类变量，当使用 new 运算符创建多个不同的对象时，分配给这些对象的这个类变量占有相同的一处内存，改变其中一个对象的这个类变量会影响其他对象的这个类变量。也就是说对象共享类变量。

3．通过类名直接访问类变量

类变量是与类相关联的变量，也就是说，类变量是和该类创建的所有对象相关联的变量，改变其中一个对象的这个类变量的值就同时改变了其他对象的这个类变量的值。因此，类变量不仅可以通过某个对象访问，也可以直接通过类名访问。

4．通过对象访问实例变量

实例变量仅仅是和相应的对象关联的变量，也就是说，不同对象的实例变量互不相同，即分配不同的内存空间，改变其中一个对象的实例变量的值不会影响其他对象的这个实例变量的值。实例变量可以通过对象访问，不能使用类名访问。

类变量似乎破坏了封装性，其实不然，当对象调用实例方法时，该方法中出现的类变量也是该对象的变量，只不过这个变量和所有的其他对象共享而已。

例如，一个家族成员的姓名由两部分构成：姓氏和名字。那么姓氏就应该是一个类变量，而名字应该是一个实例变量，即这个家族的所有人应当有相同的姓氏，而名字应当互不相同。

在下列代码中，FamilyPerson 类有一个静态的 String 型成员变量 surname，用于存储姓氏；一个实例的 String 型成员变量 name，用于存储名字。在主类 Application 的 main 方法中首先用类名访问 surname，并为 surname 赋值，然后 FamilyPerson 创建 3 个对象：father、sonOne 和 sonTwo，并分别为 father、sonOne 和 sonTwo 的成员变量 name 赋值。程序运行效果如图 2.6 所示。

FamilyPerson.java

```
public class FamilyPerson {
```

```
    static String surname;
    String name;
    public static void setSurname(String s){
       surname = s;
    }
    public void setName(String s) {
      name=s;
    }
}
```

```
父亲:李向阳
大儿子:李抗日
二儿子:李抗战
父亲:张向阳
大儿子:张抗日
二儿子:张抗战
```

图 2.6　家庭成员的名字

Application.java

```
public class Application {
   public static void main(String args[]) {
       FamilyPerson.surname="李"; //用类名FamilyPerson访问surname,并赋值:"李"
       FamilyPerson father,sonOne,sonTwo;
       father = new  FamilyPerson();
       sonOne = new  FamilyPerson();
       sonTwo = new  FamilyPerson();
       father.setName("向阳"); //father调用setName(String s),并向s传递"向阳"
       sonOne.setName("抗日");
       sonTwo.setName("抗战");
       System.out.println("父亲:"+father.surname+father.name);
       System.out.println("大儿子:"+sonOne.surname+sonOne.name);
       System.out.println("二儿子:"+sonTwo.surname+sonTwo.name);
      father.setSurname("张");//father调用setSurName(String s),并向s传递"张"
       System.out.println("父亲:"+father.surname+father.name);
       System.out.println("大儿子:"+sonOne.surname+sonOne.name);
       System.out.println("二儿子:"+sonTwo.surname+sonTwo.name);
   }
}
```

2.2.4　关于实例方法和类方法

类中的方法也可分为实例方法和类方法。方法声明时，方法类型前面不加关键字 static 修饰的是实例方法，加 static 关键字修饰的是类方法（静态方法）。例如：

```
class A {
   int a;
   float max(float x,float y) {       //实例方法
     ⋮
   }
   static float jerry() {             //类方法
     ⋮
   }
   static void speak(String s) {      //类方法
```

```
        ⋮
    }
}
```


1．对象调用实例方法

实例方法中不仅可以操作实例变量，也可以操作类变量。当对象调用实例方法时，该方法中出现的实例变量就是分配给该对象的实例变量；该方法中出现的类变量也是分配给该对象的变量，只不过这个变量和所有的其他对象共享而已。

2．类名调用类方法

类方法不仅可以被类创建的任何对象调用执行，也可以直接通过类名调用。和实例方法不同的是，类方法不可以操作实例变量，只可以操作类变量，即类方法只可以操作被所有对象共享的变量。

2.3 从使用者角度看封装性

对象的使用者不需要知道对象的内部细节，就可以使用该对象，比如让对象调用方法产生行为，而行为的细节（算法的细节）封装在对象中，使用者是看不到的。

下面的示例代码中一共有 3 个 Java 源文件，其中，Application.java 是含有主类的 Java 源文件。Application 类使用了 HandleData 和 ComputerData 类的对象，但 Application 类并不知道这些对象的内部细节。Application 的运行效果如图 2.7 所示。

```
去掉一个最高分:100.000
去掉一个最低分:49.000
平均分:50.5
```

图 2.7 使用对象

HandleData.java

```
public class HandleData {
   void handleData(double [] a) {    //负责排序
      for(int i=0;i<a.length-1;i++){
         for(int j=i+1;j<a.length;j++) {
            if(a[j]<a[i]) {
               double temp=a[j];
               a[j]=a[i];
               a[i]=temp;
            }
         }
      }
   }
}
```

ComputerData.java

```
public class ComputerData {
   double computerData(double [] a){
      double aver=0;
      if(a.length>=3) {
         System.out.printf("去掉一个最高分:%5.3f\n",a[a.length-1]);
         System.out.printf("去掉一个最低分:%5.3f\n",a[0]);
```

```
        for(int i=1;i<a.length-1;i++)
            aver=aver+a[i];
        aver=aver/a.length-2;
    }
    else {
      for(int i=0;i<a.length;i++)
         aver=aver+a[i];
      aver=aver/a.length;
    }
    return aver;
  }
}
```

Application.java

```
public class Application44_1 {
   public static void main(String args[]) {
      double a[]={65,49,78,100,97,75};
      HandleData handle=new HandleData();
      handle.handleData(a);
      ComputerData computer=new ComputerData();
      double result=computer.computerData(a);
      System.out.println("平均分:"+result);
   }
}
```

2.4 有理数的类封装

2.4.1 Rational 类

分数也称做有理数，是人们很熟悉的一种数。有时希望程序能对分数进行四则运算，而且两个分数四则运算的结果仍然是分数（不希望看到 1/6+1/6 的结果是小数的近似值 0.333 而是 1/3）。

有理数有两个重要的成员：分子和分母，另外还有重要的四则运算。人们用 Rational 类实现对有理数的封装，Rational 类的 UML 图如图 2.8 所示。

Rational
numerator:int denominator:int
setNumeratorAndDenominator(int ,int):void add(Rational): Rational sub(Rational): Rational muti(Rational r): Rational div(Rational r): Rational

图 2.8 Rational 类的 UML 图

以下是 Rational 类的一个简单说明。

- numerator 和 denominator 表示有理数的分子和分母。
- Rational add(Rational r)方法能与参数 *r* 指定的有理数做加法运算，并返回一个 Rational 对象。
- Rational sub(Rational r)方法与参数 *r* 指定的

有理数做减法运算，并返回一个 Rational 对象。

- Rational muti(Rational r)方法与参数 *r* 指定的有理数做乘法运算，并返回一个 Rational 对象。
- Rational div(Rational r)方法与参数 *r* 指定的有理数做除法运算，并返回一个 Rational 对象。

Rational 类使用了 java.lang 包中的 Math 类，Math 类的 static double abs(double x)方法返回参数 *x* 指定的 double 数的绝对值。以下是 Rational 类的代码。

Rational.java

```
public class Rational {
   int numerator=1 ;                        //分子
   int denominator=1;                       //分母
   void setNumerator(int a) {               //设置分子
      int c=f(Math.abs(a),denominator); //计算最大公约数
      numerator=a/c;
      denominator=denominator/c;
      if(numerator<0&&denominator<0) {
          numerator=-numerator;
          denominator=-denominator;
      }
   }
   void setDenominator(int b) {             //设置分母
      int c=f(numerator,Math.abs(b));       //计算最大公约数
      numerator=numerator/c;
      denominator=b/c;
      if(numerator<0&&denominator<0) {
          numerator=-numerator;
          denominator=-denominator;
      }
   }
   int getNumerator() {
      return numerator;
   }
   int getDenominator() {
     return denominator;
   }
   int f(int a,int b) {                     //求a和b的最大公约数
      if(a==0) return 1;
      if(a<b) {
         int c=a;
         a=b;
         b=c;
      }
      int r=a%b;
```

```
    while(r!=0) {
        a=b;
        b=r;
        r=a%b;
    }
    return b;
}
Rational add(Rational r) {                                    //加法运算
    int a=r.getNumerator()                                    //返回有理数r的分子
    int b=r.getDenominator();                                 //返回有理数r的分母
    int newNumerator=numerator*b+denominator*a;               //计算出新分子
    int newDenominator=denominator*b;                         //计算出新分母
    Rational result=new Rational();
    result.setNumerator(newNumerator);
    result.setDenominator(newDenominator);
    return result;
}
Rational sub(Rational r) {                                    //减法运算
    int a=r.getNumerator();
    int b=r.getDenominator();
    int newNumerator=numerator*b-denominator*a;
    int newDenominator=denominator*b;
    Rational result=new Rational();
    result.setNumerator(newNumerator);
    result.setDenominator(newDenominator);
    return result;
}
Rational muti(Rational r) {                                   //乘法运算
    int a=r.getNumerator();
    int b=r.getDenominator();
    int newNumerator=numerator*a;
    int newDenominator=denominator*b;
    Rational result=new Rational();
    result.setNumerator(newNumerator);
    result.setDenominator(newDenominator);
    return result;
}
Rational div(Rational r)  {                                   //除法运算
    int a=r.getNumerator();
    int b=r.getDenominator();
    int newNumerator=numerator*b;
    int newDenominator=denominator*a;
    Rational result=new Rational();
    result.setNumerator(newNumerator);
    result.setDenominator(newDenominator);
```

```
        return result;
    }
}
```


2.4.2 用 Rational 对象做运算

既然已经有了 Rational 类，那么就可以让该类创建若干个对象，进行四则运算来完成程序要达到的目的。Application.java 的主类使用 Rational 对象计算两个分数的四则运算，并计算 2/1+3/2+5/3+…的前 10 项和。

Application.java

```
public class Application {
    public static void main(String args[]) {
        Rational r1=new Rational();
        r1.setNumerator(1);
        r1.setDenominator(5);
        Rational r2=new Rational();
        r2.setNumerator(3);
        r2.setDenominator(2);
        Rational result=r1.add(r2);
        int a=result.getNumerator();
        int b=result.getDenominator();
        System.out.println("1/5+3/2="+a+"/"+b);
        result=r1.sub(r2);
        a=result.getNumerator();
        b=result.getDenominator();
        System.out.println("1/5-3/2="+a+"/"+b);
        result=r1.muti(r2);
        a=result.getNumerator();
        b=result.getDenominator();
        System.out.println("1/5×3/2="+a+"/"+b);
        result=r1.div(r2);
        a=result.getNumerator();
        b=result.getDenominator();
        System.out.println("1/5÷3/2="+a+"/"+b);
        int n=10,k=1;
        System.out.println("计算2/1+3/2+5/3+8/5+13/8+…的前"+n+"项和.");
        Rational sum=new Rational();
        sum.setNumerator(0);
        Rational item=new Rational();
        item.setNumerator(2);
        item.setDenominator(1);
        while(k<=n) {
            sum=sum.add(item);
```

```
            k++;
            int fenzi=item.getNumerator();
            int fenmu=item.getDenominator();
            item.setNumerator(fenzi+fenmu);
            item.setDenominator(fenzi);
        }
        a=sum.getNumerator();
        b=sum.getDenominator();
        System.out.println("用分数表示:");
        System.out.println(a+"/"+b);
        double doubleResult=(a*1.0)/b;
        System.out.println("用小数表示:");
        System.out.println(doubleResult);
    }
}
```

上述程序的运行结果如下：

```
1/5+3/2=17/10
1/5-3/2=-13/10
1/5×3/2=3/10
1/5÷3/2=2/15
计算2/1+3/2+5/3+8/5+13/8+…的前10项和.
用分数表示:
998361233/60580520
用小数表示:
16.479905306194137
```

2.5 从访问权限看封装性

在 2.3 节曾论述了从使用者角度看封装性，即对象的使用者不需要知道对象的内部细节，就可以使用该对象，比如让对象通过.运算符访问自己的变量、调用类中的方法。但从封装角度看，有时候可能不希望对象的使用者让对象通过.运算符直接访问自己的变量，这就需要进一步加强类的封装性。

2.5.1 访问限制修饰符

所谓访问权限，是指对象是否可以通过.运算符访问自己的变量或通过.运算符调用类中的方法。访问限制修饰符有 private、protected 和 public，都是 Java 的关键字，用来修饰成员变量或方法。访问限制修饰符按访问权限从高到低的排列顺序是 public、protected、private。

1. private

用关键字 private 修饰的成员变量和方法称为私有变量和私有方法。例如，下列 Tom 类中的 weight 是私有成员变量，f 是私有方法。

```
class Tom {
    private float weight;                   //weight是private的float型变量
    private float f(float a,float b) {   //方法f是private方法
       return a+b;
    }
}
```

当在另外一个类中用类 Tom 创建了一个对象后，该对象不能访问自己的私有变量、调用类中的私有方法。例如：

```
class Jerry {
   void g() {
       Tom cat=new Tom();
       cat.weight=23f;            //非法
       float sum=cat.f(3,4);      //非法
   }
}
```

2．public

用 public 修饰的成员变量和方法称为共有变量和共有方法。例如：

```
class Tom {
   public float weight;                         //weight是public的float型变量
   public float f(float a,float b) {          //方法f是public方法
        return a+b;
    }
}
```

当在任何一个类中用类 Tom 创建了一个对象后，该对象能访问自己的 public 变量和类中的 public 方法。例如：

```
class Jerry {
  void g() {
        Tom cat=new Tom();
        cat.weight=23f;               //合法
        float sum=cat.f(3,4);         //合法
  }
}
```

3．友好

不用 private、public、protected 修饰符的成员变量和方法称为友好变量和友好方法。例如：

```
class Tom {
     float weight;                       //weight是友好的float型变量
     float f(float a,float b) {        //方法f是友好方法
        return a+b;
```

```
   }
}
```

当在另外一个类中用类 Tom 创建了一个对象后，如果这个类与 Tom 类在同一个包中，那么该对象能访问自己的友好变量和友好方法。

4．protected

当在另外一个类中用类 Tom 创建了一个对象后，如果这个类与 Tom 类在同一个包中，那么该对象能访问自己的 protected 变量和 protected 方法。在后面阐述继承性时，可看到 protected 和“友好”之间的区别。

2.5.2 加强封装性

当用某个类在另外一个类中创建对象后，如果不希望该对象直接访问自己的变量，即通过.运算符访问自己的成员变量，就应当将该成员变量访问权限设置为 private。面向对象编程提倡对象应当调用方法来改变自己的属性，类应当提供操作数据的方法，这些方法可以经过精心的设计，使得对数据的操作更加合理。因此，如果不希望对象的使用者让对象通过.运算符直接访问自己的变量，就应当将这个变量访问权限设置为 private。下面的 Student 将成员变量 age 设置为 private。

Student.java

```
public class Student {
  private int age;
  public void setAge(int age) {
    if(age>=7&&age<=28) {
       this.age=age;
    }
  }
  public int getAge() {
    return age;
  }
}
```

下面使用 Student 对象的使用者 User 类不能让 Student 对象直接访问自己的 age。

User.java

```
public class User {
  public static void main(String args[]) {
    Student zhang=new Student();
    Student geng=new Student();
    zhang.setAge(23);
    System.out.println("zhang的年龄: "+zhang.getAge());
    geng.setAge(25);
    //zhang.age=23;或geng.age=25;都是非法的,因为zhang和geng已经不在
    //Student类中
    System.out.println("geng的年龄: "+geng.getAge());
  }
}
```

2.6 包与类的封装

包是 Java 语言有效地管理类的一个机制。不同 Java 源文件中可能出现名字相同的类，如果想区分这些类，就需要使用包名。包名的目的是有效地区分名字相同的类，不同 Java 源文件中两个类名字相同时，它们可以通过隶属不同的包来相互区分。

2.6.1 包封装

可以使用包语句将若干个类封装在同一个包中，一个基本原则是：同一个包中的类应当是内聚的，即不要把没有紧密联系的类放在一个包中。

通过关键字 package 声明包语句。package 语句作为 Java 源文件的第一条语句，指明该源文件定义的类所在的包，即为该源文件中声明的类指定包名。package 语句的一般格式为：

```
package 包名;
```

如果源程序中省略了 package 语句，源文件中所定义命名的类被隐含地认为是无名包的一部分，只要这些类的字节码被存放在相同的目录中，那么它们就属于同一个包，但没有包名。

包名可以是一个合法的标识符，也可以是若干个标识符加.分割而成。例如：

```
package sunrise;
package sun.com.cn;
```

如果一个类有包名，那么就不能在任意位置存放它，否则虚拟机将无法加载这样的类。

程序如果使用了包语句，例如：

```
package tom.jiafei;
```

那么存储文件的目录结构中必须包含如下的结构：

```
…\tom\jiafei
```

比如：

```
C:\1000\tom\jiafei
```

并且要将源文件编译得到的类的字节码文件保存在目录 C:\1000\tom\jiafei 中（源文件可以任意存放）。

当然，可以将源文件保存在 C:\1000\tom\jiafei 中，然后进入 tom\jiafei 的上一层目录 1000 中编译源文件：

```
C:\1000> javac tom\jiafei\源文件
```

那么得到的字节码文件默认地保存在当前目录 C:\1000\tom\jiafei 中。

如果主类的包名是 tom.jiafei，那么主类的字节码一定存放在...\tom\jiafei 目录中，那么必须到 tom\jiafei 的上一层（即 tom 的父目录）目录中去运行主类。假设 tom\jiafei 的上一层目录是 1000，那么必须按照如下格式来运行：

```
C:\1000> java tom.jiafei.主类名
```

即运行时，必须写主类的全名。因为使用了包名，主类全名是“包名.主类名”（就好比大连的全名是“中国.辽宁.大连”）。

下面的 Student.java 和 Application.java 被封装在同一包中。

Student.java

```
package tom.jiafei;
public class Student{
   int number;
   Student(int n){
      number=n;
   }
   void speak(){
      System.out.println("Student类的包名是tom.jiafei,我的学号: "+number);
   }
}
```

Application.java

```
package tom.jiafei;
public class Application {
   public static void main(String args[]){
      Student stu=new Student(10201);
      stu.speak();
      System.out.println("主类的包名也是tom.jiafei");
   }
}
```

由于 Application.java 用到了同一包中的 Student 类，所以在编译 Application.java 时，需在包的上一层目录使用 javac 来编译 Application.java。

以下说明怎样编译和运行上述代码。

1．编译

将上述两个源文件保存到 C:\1000\tom\jiafei 中，然后进入 tom\jiafei 的上一层目录 1000 中编译两个源文件：

```
C:\1000> javac tom\jiafei\Student.java
C:\1000> javac tom\jiafei\Application.java
```

2．运行

运行程序时必须到 tom\jiafei 的上一层目录 1000 中来运行。例如：

```
C:\1000> java tom.jiafei.Application
```

2.6.2 引入类库中的类

用户编写的类肯定和类库中的类不在一个包中。如果用户需要类库中的类就可以使用import语句。使用import 语句可以引入包中的类。在编写源文件时，除了自己编写类外，经常需要使用Java提供的许多类，这些类可能在不同的包中。

如果要引入一个包中的全部类，则可以用通配符号星号（*）来代替。例如：

```
import java.util.*;
```

表示引入java.util包中所有的类，而

```
import java.util.Date;
```

只是引入java.util包中的Date类。

如果使用import语句引入了整个包中的类，那么可能会增加编译时间。但绝对不会影响程序运行的性能，因为当程序执行时，只是将程序真正使用的类的字节码文件加载到内存。

2.6.3 引入自定义包中的类

用户程序也可以使用import语句引入非类库中有包名的类。例如：

```
import tom.jiafei.*;
```

用户为了能使自己的程序使用tom.jiafei包中的类，可以在classpath中指明tom.jiafei包的位置，假设包 tom.jiafei 的位置是 C:\1000，即包名为 tom.jiafei 的类的字节码存放在C:\1000\tom\jiafei目录中。用户可以更新classpath的设置，比如，在命令行执行如下命令：

```
set classpath=c:\jdk1.7\jre\lib\rt.jar;.;C:\1000
```

其中的C:\1000就表示可以加载C:\1000目录中的无名包类，而且C:\1000目录下的子孙目录可以作为包的名字来使用。也可以将上述命令添加到 classpath 值中。对于 Windows 2000/Windows XP，右击“我的电脑”，弹出菜单，然后选择“属性”，弹出“系统特性”对话框，再单击该对话框中的高级选项，然后单击“环境变量”按钮。

如果用户不希望更新classpath的值，一个简单的、常用的办法是，在用户程序所在目录下建立和包相对应的子目录结构，比如用户程序中某个类所在目录是C:\ch2，该类想使用import语句引入tom.jiafei包中的类，那么根据包名建立如下的目录结构：

```
C:\ch2\tom\jiafei
```

那么，就不必去修改classpath的值，因为默认的classpath的值是：

```
C:\jdk1.6\jre\lib\rt.jar;.;
```

其中的“.;”就表示可以加载应用程序当前目录中的无名包类，而且当前目录下的子孙目录可以作为包的名字来使用。

编写一个有价值的类是令人高兴的事情，可以将这样的类打包（自定义包），形成有价值的“软件产品”，供其他软件开发者使用。

下面的 Triangle.java 含有一个 Triangle 类，Triangle 类被封装在 sohu.com 包中。Triangle 类可以创建“三角形”对象。一个需要三角形的用户，可以使用 import 语句引入 Triangle 类。

Triangle.java

```
package sohu.com;
public class Triangle {
   double sideA,sideB,sideC;
   public double getArea() {
      double p=(sideA+sideB+sideC)/2.0;
      double area=Math.sqrt(p*(p-sideA)*(p-sideB)*(p-sideC));
      return area;
   }
   public void setSides(double a,double b,double c) {
       sideA=a;
       sideB=b;
       sideC=c;
   }
}
```

下面的 Application.java 使用 import 语句引入 tom.jiafei 包中的 Triangle 类，以便创建三角形，并计算面积。如果将 Application.java 保存在 C:\ch2 目录中，那么需要将编译 Triangle.java 源文件得到的字节码文件 Triangle.class 复制到 C:\ch2\sohu\com 中。

Application.java

```
import sohu.com.Triangle;
public class Application {
    public static void main(String args[]) {
        Triangle tri=new Triangle();
        tri.setSides(30,40,50);
        System.out.println(tri.getArea());
    }
}
```

第 3 章　继承、接口与多态

求职者在介绍自己的基本情况时不必“从头说起”，比如，不必介绍自己所具有的人的一般属性等，因为人们已经知道求职者肯定是一个人，已经具有了人的一般属性，求职者只要介绍自己独有的属性就可以了。

当准备编写一个类的时候，发现某个类有我们所需要的成员变量和方法，如果想复用这个类中的成员变量和方法，即在所编写的类中不用声明成员变量就相当有了这个成员变量，不用定义方法就相当有了这个方法，那么可以将编写的类声明为这个类的子类，子类通过继承可以不必一切“从头做起”。

3.1　子类与父类

继承是一种由已有的类定义出新类的机制。利用继承，可以先定义一个共有属性的一般类，根据该一般类再定义具有特殊属性的子类，子类继承一般类的属性和行为，并根据需要增加它自己的新的属性和行为。

由继承而得到的类称为子类，被继承的类称为父类（超类）。需要读者特别注意的是 Java 不支持多重继承，即子类只能有一个父类（和 C++不同）。人们习惯地称子类与父类的关系是 is-a 关系。

在类的声明中，通过使用关键字 extends 定义一个类的子类，格式如下：

```
class 子类名 extends 父类名 {
⋮
}
```

例如：

```
class Student extends People {
⋮
}
```

把 Student 类定义为 People 类的子类，People 类是 Student 类的父类（超类）。人们习惯地称子类与父类的关系是 is-a 关系（“学生是一个人”是正确的说法）。

如果一个类是另一个类的子类，那么 UML 通过使用一个实线连接两个类的 UML 图来表示二者之间的继承关系，实线的起始端是子类的 UML 图，终点端是父类的 UML 图，但终点端使用一个空心的三角形表示实线的结束。图 3.1 是 Student 类和 People 类之间的继承关系的 UML 图。

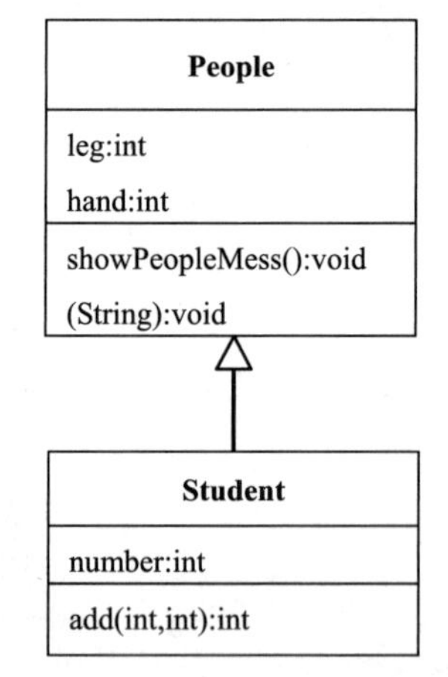

图 3.1　继承关系的 UML 图

如果 C 是 B 的子类，B 又是 A 的子类，习惯上称 C 是 A 的子孙类。Java 的类按继承关系形成树形结构（将类看做树上的结点），在这个树形结构中，根结点是 Object 类（Object 是 java.lang 包中的类），即 Object 是所有类的祖先类。任何类都是 Object 类的子孙类，每个类（除了 Object 类）有且仅有一个父类，一个类可以有多个或零个子类。如果一个类（除了 Object 类）的声明中没有使用 extends 关键字，这个类被系统默认为是 Object 的子类，即类声明 class A 与 class A extends Object 是等同的。

3.2 子类的继承性

1．继承性

类可以有两种重要的成员：成员变量和方法。子类的成员中有一部分是子类自己声明、定义的，另一部分是从它的父类继承的。那么，什么叫继承呢？所谓子类继承父类的成员变量作为自己的一个成员变量，就好像它们是在子类中直接声明一样，可以被子类中自己定义的任何实例方法操作，也就是说，一个子类继承的成员应当是这个类的完全意义的成员，如果子类中定义的实例方法不能操作父类的某个成员变量，该成员变量就没有被子类继承；所谓子类继承父类的方法作为子类中的一个方法，就好像它们是在子类中直接定义了一样，可以被子类中自己定义的任何实例方法调用。

如果子类和父类在同一个包中，那么子类自然地继承了其父类中不是 private 的成员变量作为自己的成员变量，并且也自然地继承了父类中不是 private 的方法作为自己的方法，继承的成员变量或方法的访问权限保持不变。

当子类和父类不在同一个包中时，父类中的 private 和友好访问权限的成员变量不会被子类继承，也就是说，子类只继承父类中的 protected 和 public 访问权限的成员变量作为子类的成员变量；同样，子类只继承父类中的 protected 和 public 访问权限的方法作为子类的方法。

2．耦合关系

类与类之间一旦确定是父子关系，那么这种关系就是永久的，不会再发生变化（就像生活中儿子与父亲的关系是永久的、不可改变的），而且父类对方法的修改都会影响到子类，这也是称子类与父类的关系是 is-a 关系的原因。因此，面向对象程序将子类与父类的关系看做强耦合关系（组合关系是弱耦合关系，见后续的第 4 章）。

3.3 关于 protected 的进一步说明

一个类 A 中的 protected 成员变量和方法可以被它的子孙类继承，比如 B 是 A 的子类，C 是 B 的子类，D 又是 C 的子类，那么 B、C 和 D 类都继承了 A 类的 protected 成员变量和方法。在没有讲述子类之前，曾对访问修饰符 protected 进行了讲解，现在需要对 protected 总结的更全面些。如果用 D 类在 D 本身中创建了一个对象，那么该对象总是可以通过.运算符访问继承的或自己定义的protected变量和protected方法的，但是如果在另外一个类中，比如在 Other 类中用 D 类创建了一个对象 object，该对象通过.运算符访问 protected 变量和

protected 方法的权限如下所述。

（a）对于子类 D 自己声明的 protected 成员变量和方法，只要 Other 类和 D 类在同一个包中，object 就可以访问这些 protected 成员变量和方法。

（b）对于子类 D 从父类继承的 protected 成员变量或 protected 方法，需要追溯到这些 protected 成员变量或方法所在的“祖先”类，比如可能是 A 类，只要 Other 类和 A 类在同一个包中，object 对象能访问继承的 protected 变量和 protected 方法。

3.4 子类对象的特点

当用子类的构造方法创建一个子类的对象时，不仅子类中声明的成员变量被分配了内存，而且父类的成员变量也都分配了内存空间（技术细节见后面的 3.5 节），但只将其中一部分，即子类继承的那部分成员变量，作为分配给子类对象的变量。也就是说，父类中的 private 成员变量尽管分配了内存空间，也不作为子类对象的变量，即子类不继承父类的私有成员变量。同样，如果子类和父类不在同一包中，尽管父类的友好成员变量分配了内存空间，但也不作为子类对象的变量，即如果子类和父类不在同一包中，子类不继承父类的友好成员变量。

通过上面的讨论，我们有这样的感觉：子类创建对象时似乎浪费了一些内存，因为当用子类创建对象时，父类的成员变量也都分配了内存空间，但只将其中一部分作为分配给子类对象的变量，比如，父类中的 private 成员变量尽管分配了内存空间，也不作为子类对象的变量，当然它们也不是父类某个对象的变量，因为我们根本就没有使用父类创建任何对象。这部分内存似乎成了垃圾一样。但是，实际情况并非如此，我们需注意到，子类中还有一部分方法是从父类继承的，这部分方法却可以操作这部分未继承的变量。

在下面的代码中，子类 ChinaPeople 的对象调用继承的方法操作未被子类继承却分配了内存空间的变量。程序运行效果如图 3.2 所示。

```
子类对象未继承的averageHeight的值是:166
子类对象的实例变量height的值是:178
```

图 3.2　对象调用继承的方法

People.java

```
public class People {
   private int averHeight=166;
   public int getAverHeight() {
      return averHeight;
   }
}
```

ChinaPeople.java

```
public class ChinaPeople extends People {
    int height;
    public void setHeight(int h) {
        height=h;
    }
    public int getHeight() {
      return height;
```

```
    }
}
```

Application.java

```
public class Application {
  public static void main(String args[]) {
      ChinaPeople zhangSan = new ChinaPeople();
      System.out.println("子类对象未继承的averageHeight的值是:"+
      zhangSan.getAverHeight());
      zhangSan.setHeight(178);
      System.out.println("子类对象的实例变量height的值是:"+
      zhangSan.getHeight());
  }
}
```

3.5 隐藏继承的成员

定义子类时，仍然可以声明成员变量，一种特殊的情况就是，所声明的成员变量的名字和从父类继承来的成员变量的名字相同（声明的类型可以不同），在这种情况下，子类就会隐藏掉所继承的成员变量。

子类隐藏继承的成员变量的特点如下：

（1）子类对象以及子类自己定义的方法操作与父类同名的成员变量是指子类重新声明的这个成员变量。

（2）子类对象仍然可以调用从父类继承的方法操作被子类隐藏的成员变量，也就是说，子类继承的方法所操作的成员变量一定是被子类继承或隐藏的成员变量。

（3）子类继承的方法只能操作子类继承和隐藏的成员变量。子类新定义的方法可以操作子类继承和子类新声明的成员变量，但无法操作子类隐藏的成员变量。

下面的代码演示货物价格的计算。父类在按重量计算货物的价格时，重量的计算精度是 double 型，对客户的优惠程度较小。子类在按重量计算货物的价格时，重量的计算精度是 int 型，对客户的优惠程度较大。代码中，父类 Goods 有一个名字为 weight 的 double 型成员变量，子类 CheapGoods 本来可以继承这个成员变量，但是子类 CheapGoods 又重新声明了一个 int 型的名字为 weight 的成员变量，这样就隐藏了继承的 double 型的名字为 weight 的成员变量。但是，子类对象可以调用从父类继承的方法操作隐藏的 double 型成员变量，按照 double 型重量计算价格，子类对象可以调用子类新定义的方法操作新声明的 int 型成员变量，按照 int 型重量计算价格。程序运行效果如图 3.3 所示。

```
对象cheapGoods的weight的值是:198
cheapGoods用子类新增的优惠方法计算价格：1980.0
cheapGoods使用继承的方法（无优惠）计算价格：1989.87
```

图 3.3　隐藏成员变量

Goods.java

```
public class Goods {
    public double weight;
    public void setDoubleWeight(double w) {
```

```
        weight=w;
    }
    public double getPrice() {
        double price=weight*10;
        return price;
    }
}
```

CheapGoods.java

```
public class CheapGoods extends Goods {
  public int weight;
    public void setIntWeight(int w) {
      weight=w;
    }
    public double getCheapPrice() {
        double price=weight*10;
        return price;
    }
}
```

Application.java

```
public class Application {
  public static void main(String args[]) {
    CheapGoods cheapGoods=new CheapGoods();
     cheapGoods.setIntWeight(198);
     System.out.println("对象cheapGoods的weight的值是:"+
     cheapGoods.weight);
     System.out.println("cheapGoods用子类新增的优惠方法计算价格: "+
                    cheapGoods.getCheapPrice());
     cheapGoods.setDoubleWeight(198.987);
                              //调用继承的方法操作隐藏的double型变量weight
     System.out.println("cheapGoods使用继承的方法（无优惠）计算价格: "+
                    cheapGoods.getPrice());
  }
}
```

3.6 通过重写实现多态

子类通过重写可以隐藏已继承的方法（方法重写称为方法覆盖（method overriding））。

1. 重写的语法规则

如果子类可以继承父类的某个方法，那么子类就有权利重写这个方法。方法重写是指子类中定义一个方法，这个方法的类型和父类的方法的类型一致或者是父类的方法的类型的子类型（所谓子类型，是指如果父类的方法的类型是“类”，那么允许子类的重写方法的类型是“子类”），并且这个方法的名字、参数个数、参数的类型和父类的方法完全相同。子类如此定义的方法称做子类重写的方法（不属于新增的方法）。

2．重写与多态

多态性就是指父类的某个方法被其子类重写时，可以各自产生自己的行为功能。子类通过方法的重写可以隐藏继承的方法，子类通过方法的重写可以把父类的状态和行为改变为自身的状态和行为。如果父类的方法 f()可以被子类继承，子类就有权利重写 f()，一旦子类重写了父类的方法 f()，就隐藏了继承的方法 f()，那么子类对象调用方法 f()一定调用的是重写方法 f()；如果子类没有重写，而是继承了父类的方法 f()，那么子类创建的对象当然可以调用 f()方法，只不过方法 f()产生的行为和父类的相同而已。

重写方法既可以操作继承的成员变量、调用继承的方法，也可以操作子类新声明的成员变量、调用新定义的其他方法，但无法操作被子类隐藏的成员变量和方法。

3.7　上转型对象体现多态

人们经常说“老虎是哺乳动物”、“狗是哺乳动物”等。若哺乳类是老虎类的父类，这样说当然正确，因为人们习惯地称子类与父类的关系是 is-a 关系。但需要注意的是，当说老虎是哺乳动物时，老虎将失掉老虎独有的属性和功能。从人的思维方式上看，说“老虎是哺乳动物”属于上溯思维方式。

1．上转型对象

假设 A 类是 B 类的父类，当用子类创建一个对象，并把这个对象的引用放到父类的对象中时，例如：

```
A a;
a=new B();
```

或

```
A a;
B b=new B();
a=b;
```

这时，称对象 a 是对象 b 的上转型对象（好比说“老虎是哺乳动物”）。

对象的上转型对象的实体是子类负责创建的，但上转型对象会失去原对象的一些属性和功能（上转型对象相当于子类对象的一个“简化”对象）。上转型对象具有如下特点（如图 3.4 所示）：

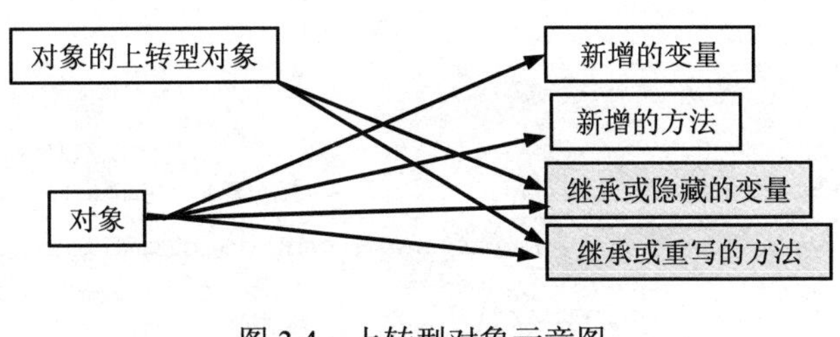

图 3.4　上转型对象示意图

（1）上转型对象不能操作子类新增的成员变量（失掉了这部分属性），不能调用子类新增的方法（失掉了一些行为）。

（2）上转型对象可以访问子类继承或隐藏的成员变量，也可以调用子类继承的方法或子类重写的实例方法。上转型对象操作子类继承的方法或子类重写的实例方法，其作用等价于子类对象去调用这些方法。因此，如果子类重写了父类的某个实例方法后，当对象的上转型对象调用这个实例方法时一定是调用了子类重写的实例方法。

（3）如果子类重写了父类的静态方法，那么子类对象的上转型对象不能调用子类重写的静态方法，只能调用父类的静态方法。

2．用上转型对象体现多态

当一个类有很多子类时，并且这些子类都重写了父类中的某个实例方法，那么当把子类创建的对象的引用放到一个父类的对象中时，就得到了该对象的一个上转型对象，那么这个上转型对象在调用这个方法时就可能具有多种形态，因为不同的子类在重写父类的方法时可能产生不同的行为。

人们经常说："哺乳动物有很多种叫声"，比如，"吼"、"嚎"、"汪汪"、"喵喵"等，这就是叫声的多态。比如，狗类的上转型对象调用"叫声"方法时产生的行为是"汪汪"，而猫类的上转型对象调用"叫声"方法时，产生的行为是"喵喵"，等等。

下面的代码使用上转型对象体现多态。程序运行效果如图 3.5 所示。

```
汪汪.....
喵喵.....
```

图 3.5　多态

Animal.java

```
public class Animal {
   void cry() {
   }
}
```

Dog.java

```
public class Dog extends Animal {
   void cry() {
      System.out.println("汪汪.....");
   }
}
```

Cat.java

```
public class Cat extends Animal  {
   void cry() {
      System.out.println("喵喵.....");
   }
}
```

Application.java

```
public class Application {
   public static void main(String args[]) {
      Animal animal;
```

```
        animal=new Dog();
        animal.cry();
        animal=new Cat();
        animal.cry();
    }
}
```

3.8 通过 final 禁止多态

可以使用 final 将类声明为 final 类。final 类不能被继承，即不能有子类。例如：

```
final class A {
⋮
}
```

A 就是一个 final 类，将不允许任何类声明成 A 的子类。有时候是出于安全性的考虑，将一些类修饰为 final 类。例如，Java 在 java.lang 包中提供的 String 类对于编译器和解释器的正常运行有很重要的作用，Java 不允许用户程序扩展 String 类，为此 Java 将它修饰为 final 类。

如果用 final 修饰父类中的一个方法，那么这个方法不允许子类重写，也就是说，不允许子类隐藏可以继承的 final 方法（老老实实继承，不许做任何篡改）。

3.9 通过 super 解决多态带来的问题

子类一旦隐藏了继承的成员变量，那么子类创建的对象就不再拥有该变量，该变量将归关键字 super 所拥有，同样，子类一旦隐藏了继承的方法，那么子类创建的对象就不能调用被隐藏的方法，该方法的调用由关键字 super 负责。因此，如果在子类中想使用被子类隐藏的成员变量或方法，就需要使用关键字 super。比如，super.x、super.play()就是访问和调用被子类隐藏的成员变量 *x* 和方法 play()。

在下面的代码中，父类 WaterUser 有 double waterMoney(int amount)方法，该方法根据参数 amount 的值，即根据用水量（吨）返回水费。水费按每吨 2 元计算。

但 WaterUser 的子类 BeijingWaterUser 决定重写 double waterMoney(int amount)方法，重写的方法按参数 amount 的值，即根据用水量（吨）返回水费。重写规则是：对于小于或等于 6 吨的水量，按父类 WaterUser 类的 double waterMoney(int amount)方法计算水费；对于大于 6 吨的水量，按每吨 3 元计算。这样一来，BeijingWaterUser 类就必须使用 super 调用被隐藏的 double waterMoney(int amount)方法。程序运行效果如图 3.6 所示。

WaterUser.java

```
public class WaterUser {
   double unitPrice;
   WaterUser() {
      unitPrice=2;
   }
```

```
水量:6吨,水费:12.000000元
水量:11吨,水费:27.000000元
```

图 3.6　使用 super

```
    public double waterMoney(int amount) {
        double money=amount*unitPrice;  //每吨2元
        if(money>0)
            return money;
        else
            return 0;
    }
}
```

BeijingWaterUser.java

```
public class BeijingWaterUser extends WaterUser {
    double unitPrice;
    BeijingWaterUser() {
        unitPrice=3;
    }
    public double waterMoney(int amount) {
        double money=0;
        if(amount<=6) {
            money= super.waterMoney(amount);//使用super调用隐藏的waterMoney方法
        }
        else if(amount>6){
            money=(super.waterMoney(6)+(amount-6)*3);
                                        //使用super调用隐藏的waterMoney方法
        }
        return money;
    }
}
```

Application.java

```
public class Application {
    public static void main(String args[]) {
        BeijingWaterUser user=new  BeijingWaterUser();
        int waterAmount=6;
        System.out.printf("水量:%d吨,水费:%f元\n",
                    waterAmount,user.waterMoney(waterAmount));
        waterAmount=11;
        System.out.printf("水量:%d吨,水费:%f元\n",
                    waterAmount,user.waterMoney(waterAmount));
    }
}
```

3.10 接　　口

1. 定义接口与实现接口

1）定义接口

使用关键字 interface 来定义一个接口。接口的定义和类的定义很相似，分为接口的声明和接口体。例如：

```
interface Printable {
  public final static int MAX=100;
   public abstract void add();
   public abstract float sum(float x ,float y);
}
```

接口使用关键字 interface 来声明自己是一个接口，格式如下：

```
interface 接口的名字
```

接口体中包含常量的声明（没有变量）和抽象方法两部分。接口体中只有抽象方法，没有普通的方法，而且接口体中所有的常量的访问权限一定都是 public，而且是 static 常量（允许省略 public、final 和 static 修饰符，因此，接口中是声明不出变量的）。所有的抽象方法的访问权限一定都是 public（允许省略 public、abstract 修饰符）。例如：

```
interface Printable {
    int MAX=100;     //等价于public final static int MAX=100;
    void add();      //等价于public abstract void add();
    float sum(float x,float y);
                     //等价于public abstract float sum(float x,float y);
}
```

2）实现接口

接口由类来实现，即由类重写接口中的方法。一个类可以在类声明中使用关键字 implements 声明实现一个或多个接口。如果类实现多个接口，用逗号隔开接口名，如 A 类实现 Printable 和 Addable 接口：

```
class A implements Printable,Addable
```

如果一个非抽象类实现了某个接口，那么这个类必须重写这个接口中的所有方法。需要注意的是，由于接口中的方法一定是 public abstract 方法，所以类在重写接口方法时不仅要去掉 abstract 修饰符、给出方法体，而且方法的访问权限一定要明显地用 public 修饰（否则就降低了访问权限，这是不允许的）。

3）耦合关系

类与接口之间一旦确定是实现关系，那么这种关系是强耦合关系，接口方法的修改都会影响到实现接口的类，因此，面向对象将类与其实现的接口之间的关系看做强耦合关系（组合关系是弱耦合关系，见后续的第 4 章）。

2．接口的 UML 图

表示接口的 UML 图和表示类的 UML 图类似，使用一个长方形描述一个接口的主要构成，将长方形垂直地分为 3 层。

顶部第一层是名字层，接口的名字必须是斜体字形，而且需要用<<interface>>修饰名字，并且该修饰和名字分列在两行。

第二层是常量层，列出接口中的常量及类型，格式是“常量名字：类型”。

第三层是方法层，也称操作层，列出接口中的方法及返回类型，格式是“方法名字（参数列表）：类型”。

图 3.7 是接口 Computable 的 UML 图。

如果一个类实现了一个接口，那么类和接口的关系是实现关系，称类实现接口。UML 通过使用虚线连接类和它所实现的接口，虚线起始端是类，虚线的终点端是它实现的接口，但终点端使用一个空心的三角形表示虚线的结束。

图 3.8 是 China 和 Japan 类实现 Computable 接口的 UML 图。

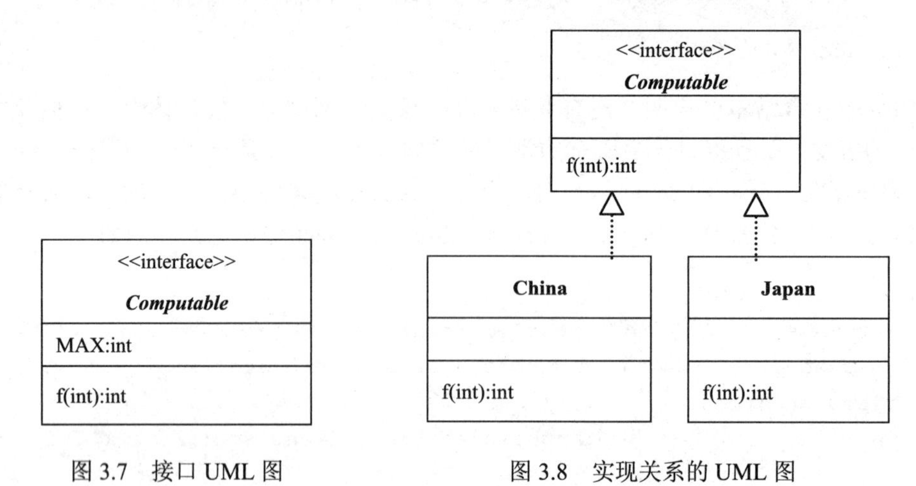

图 3.7　接口 UML 图　　　　图 3.8　实现关系的 UML 图

3.11　接口回调体现的多态

1．接口回调

和类一样，接口也是 Java 中的一种重要数据类型，用接口声明的变量称做接口变量。那么接口变量中可以存放怎样的数据呢？

接口属于引用型变量，接口变量中可以存放实现该接口的类的实例的引用，即存放对象的引用。比如，假设 Com 是一个接口，那么就可以用 Com 声明一个变量：

```
Com com;
```

内存模型如图 3.9 所示。称此时的 com 是一个空接口，因为 com 变量中还没有存放实现该接口的类的实例（对象）的引用。

假设 ImpleCom 类是实现 Com 接口的类，用 ImpleCom 创建名字为 object 的对象：

```
ImpleCom object=new ImpleCom();
```

那么 object 对象不仅可以调用 ImpleCom 类中原有的方法，而且可以调用 ImpleCom 类实现的接口方法，如图 3.10 所示。

接口回调是指可以把实现某一接口的类创建的对象的引用赋给该接口声明的接口变量，那么该接口变量就可以调用被类实现的接口方法。实际上，当接口变量调用被类实现的接口方法时，就是通知相应的对象调用这个方法。

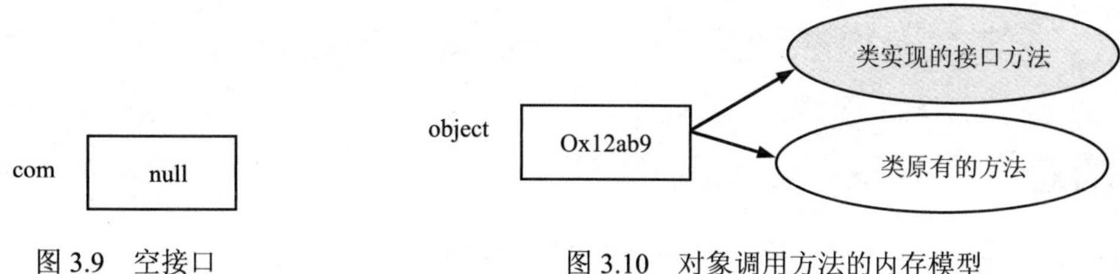

图 3.9　空接口　　　　图 3.10　对象调用方法的内存模型

比如，将上述 object 的对象的引用赋值给 com 接口：

```
com=object;
```

那么内存模型如图 3.11 所示，箭头示意接口 com 变量可以调用类实现的接口方法（这一过程被称为接口回调）。

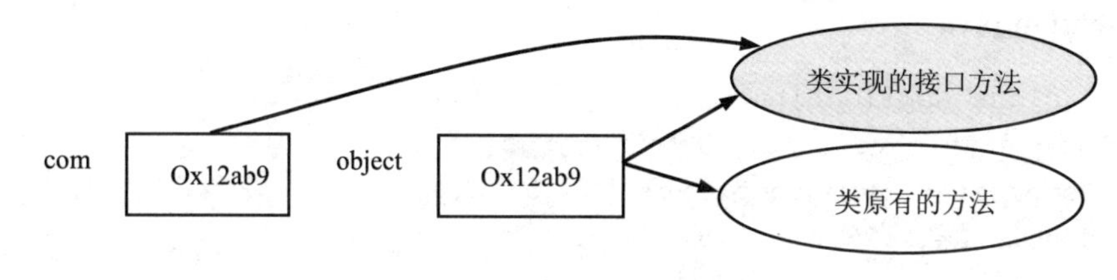

图 3.11　接口回调的内存模型

接口回调非常类似于上转型对象调用子类重写的方法。

2．回调体现的多态性

把实现接口的类的实例的引用赋值给接口变量后，该接口变量就可以回调类重写的接口方法。由接口产生的多态就是指不同的类在实现同一个接口时可能具有不同的实现方式，那么接口变量在回调接口方法时就可能具有多种形态。

例如，对于两个正数 a 和 b，有的人使用算术平均公式：

$$(a+b)/2$$

计算（算术）平均值，而有的人使用几何平均公式：

$$\sqrt{a \times b}$$

计算（几何）平均值。

在下面的代码中，A 类和 B 类都实现了 ComputerAverage 接口，但实现的方式不同。程序运行效果如图 3.12 所示。

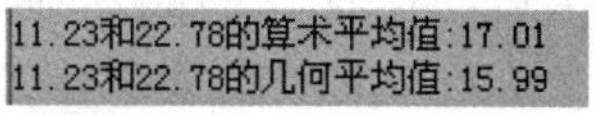

```
11.23和22.78的算术平均值:17.01
11.23和22.78的几何平均值:15.99
```

图 3.12　接口与多态

ComputerAverage.java

```
public interface ComputerAverage {
   public double average(double a,double b);
}
```

A.java

```
public class A implements ComputerAverage {
   public double average(double a,double b) {
      double aver=0;
      aver=(a+b)/2;
```

```
        return aver;
    }
}
```

B.java

```
public class B implements ComputerAverage {
    public double average(double a,double b) {
        double aver=0;
        aver=Math.sqrt(a*b);
        return aver;
    }
}
```

Application.java

```
public class Application {
    public static void main(String args[]) {
        ComputerAverage computer;
        double a=11.23,b=22.78;
        computer=new A();
        double result=computer.average(a,b);
        System.out.printf("%5.2f和%5.2f的算术平均值:%5.2f\n",a,b,result);
        computer=new B();
        result=computer.average(a,b);
        System.out.printf("%5.2f和%5.2f的几何平均值:%5.2f",a,b,result);
    }
}
```

3.12 重载体现的多态

通过子类或接口体现多态是最重要的多态体现形式，但 Java 也提供另一种所谓的重载多态（Overload）。重载多态和子类进行重写所体现的多态不同，重载体现的多态是指一个类可以有多个方法有相同的名字，但参数必须不同，而重写体现的多态是指一个类的多个子类可以对父类某个方法采取不同的重写方式。

重载体现的多态习惯称为行为多态，重写体现的多态习惯称为继承多态。例如，让一个人执行“求面积”操作时，他可能会问你求什么面积，在这里“求面积”操作是一个行为多态。因此，必须向“求面积”操作传递所需要的消息，以便让对象根据相应的消息来产生相应的行为。对象的行为通过类中的方法来体现，那么行为的多态性就是方法的重载。

方法重载的意思是：一个类中可以有多个方法具有相同的名字，但这些方法的参数必须不同。两个方法的参数不同是指满足下列条件之一：

（1）参数的个数不同。

（2）参数个数相同，但参数列表中对应的某个参数的类型不同。

下面的代码中 Student 类中的 computerArea 方法是重载方法。程序运行效果如图 3.13

所示。

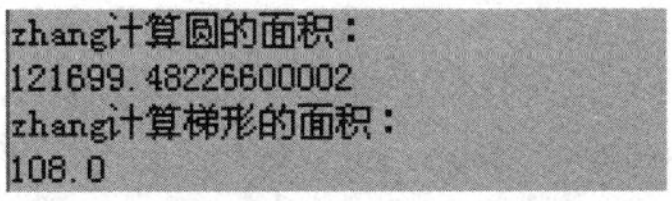

Circle.java

```
public class Circle {
    double radius,area;
    void setRadius(double r) {
        radius=r;
    }
    double getArea(){
        area=3.14*radius*radius;
        return area;
    }
}
```

zhang计算圆的面积：
121699.48226600002
zhang计算梯形的面积：
108.0

图 3.13 computerArea 方法是重载方法

Tixing.java

```
public class Tixing {
   double above,bottom,height;
   Tixing(double a,double b,double h) {
      above=a;
      bottom=b;
      height=h;
   }
   double getArea() {
      return (above+bottom)*height/2;
   }
}
```

Student.java

```
public class Student {
   double computerArea(Circle c) {       //是重载方法
      double area=c.getArea();
      return area;
   }
   double computerArea(Tixing t) {       //是重载方法
      double area=t.getArea();
      return area;
   }
}
```

Application.java

```
public classApplication{
  public static void main(String args[]) {
     Circle circle=new Circle();
     circle.setRadius(196.87);
```

```
        Tixing lader=new Tixing(3,21,9);
        Student zhang=new Student();
        System.out.println("zhang计算圆的面积: ");
        double result=zhang.computerArea(circle);
        System.out.println(result);
        System.out.println("zhang计算梯形的面积: ");
        result=zhang.computerArea(lader);
        System.out.println(result);
    }
}
```

第 4 章　组　合

在实际生活中经常能见到对象组合的例子，例如一个公司（对象）组合若干个职员（对象），一个房屋（对象）组合若干个家具（对象）等。组合是面向对象中的一个重要手段，通过组合，可以让对象之间进行必要的交互。

4.1　引用的重要作用

1．引用与实体

类是体现封装的一种数据类型，类声明的变量称为对象，对象中负责存放引用，以确保可以操作分配给它的变量以及调用类中的方法。分配给对象的变量习惯地称为对象的实体。

2．具有相同引用的对象

一个类声明的两个对象如果具有相同的引用，二者就具有完全相同的变量（实体）。

例如，对于下列 Point 类：

Point.java

```
class Point {
   int x,y;
   Point(int a,int b) {
      x=a;
      y=b;
   }
}
```

对于 Point 类创建的两个对象 p1 和 p2：

```
Point p1=new Point(5,15);
Point p2=new Point(8,18);
```

此时 p1 和 p2 的引用不相同，因此 p1 与 p2 的变量（实体）x、y 所占据的位置也不同（分配给 p1 和 p2 的变量 x 与 y 各自占有不同的内存空间）。p1 和 p2 的引用和实体的示意图如图 4.1 所示。

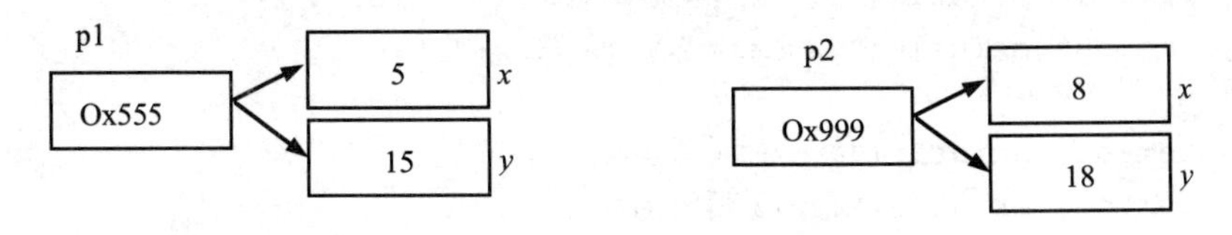

图 4.1　p1 和 p2 的引用不同

如果进行如下的赋值操作：

```
p1 = p2
```

即把 p2 中的引用赋给了 p1，虽然在源程序中 p1 和 p2 是两个名字，但在系统看来它们的名字是一个：0x999。此时，p1 和 p2 的引用相同，对象 p1 不再拥有最初分配给它的变量（即不再"引用"最初分配给它的变量），而是和 p2 具有相同的变量，即 p1 和 p2 有相同的变量（实体）。如果输出 p1.x 的结果是 8，而不是 5，p1 和 p2 的引用和实体的示意图由图 4.1 变成图 4.2 所示。

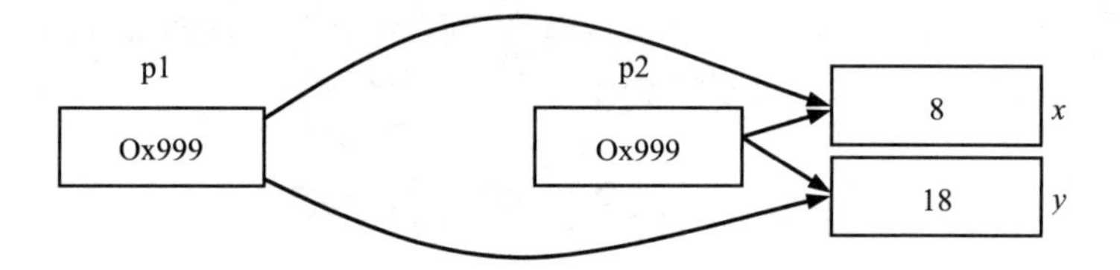

图 4.2　p1 和 p2 的引用相同

下面的代码用 Point 创建了两个对象 p1 和 p2，并将 p2 的引用赋值给了 p1。运行结果如图 4.3 所示。

```
p1的引用:Point@de6ced
p2的引用:Point@c17164
p1的x,y坐标:1111,2222
p2的x,y坐标:-100,-200
将p2的引用赋给p1后：
p1的引用:Point@c17164
p2的引用:Point@c17164
p1的x,y坐标:-100,-200
p2的x,y坐标:-100,-200
```

图 4.3　对象的引用与实体

Point.java

```
public class Point {
    int x,y;
    void setXY(int m,int n) {
        x=m;
        y=n;
    }
}
```

Application.java

```
public class Application {
   public static void main(String args[]) {
      Point p1,p2;
      p1=new Point();
      p2=new Point();
      System.out.println("p1的引用:"+p1);
      System.out.println("p2的引用:"+p2);
      p1.setXY(1111,2222);
      p2.setXY(-100,-200);
      System.out.println("p1的x,y坐标:"+p1.x+","+p1.y);
      System.out.println("p2的x,y坐标:"+p2.x+","+p2.y);
      p1=p2;
      System.out.println("将p2的引用赋给p1后: ");
      System.out.println("p1的引用:"+p1);
      System.out.println("p2的引用:"+p2);
```

```
        System.out.println("p1的x,y坐标:"+p1.x+","+p1.y);
        System.out.println("p2的x,y坐标:"+p2.x+","+p2.y);
    }
}
```

3. 传递引用

Java 的引用型数据包括对象、接口。当方法的参数是引用类型时，“传值”传递的是变量中存放的“引用”，而不是变量所引用的实体。

需要注意的是，对于两个同类型的引用型变量，如果具有同样的引用，就会用同样的实体，因此，如果改变参数变量所引用的实体，就会导致原变量的实体发生同样的变化，反之亦然，如图 4.4 所示。

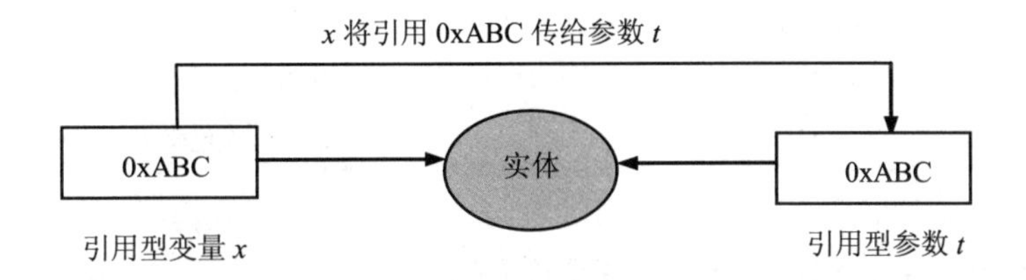

图 4.4　引用类型参数的“传值”

下面的代码模拟收音机使用电池。主要类如下：

- Radio 类负责创建一个“收音机”对象（Radio 类在 Radio.java 中）。
- Battery 类负责创建“电池”对象（Battery 类在 Battery.java 中）。
- Radio 类创建的“收音机”对象调用 openRadio(Battery battery)方法时，需要将一个 Battery 类创建的“电池”对象传递给该方法的参数 battery，即模拟收音机使用电池。
- 在主类 Application 中将 Battery 类创建的“电池”对象 nanfu 传递给 openRadio(Battery battery）方法的参数 battery，该方法消耗了 battery 的储电量（打开收音机会消耗电池的储电量），那么 nanfu 的储电量就发生了同样的变化。

收音机使用电池的示意图以及程序的运行效果如图 4.5 和图 4.6 所示。

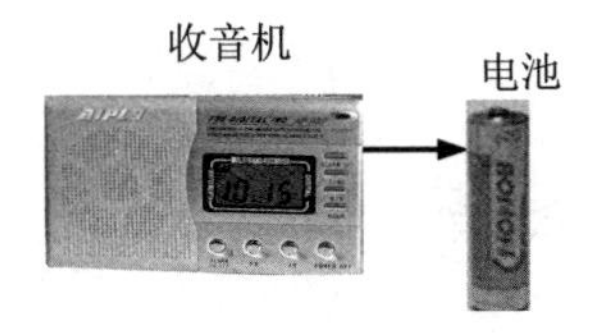

图 4.5　收音机使用电池

```
南孚电池的储电量是:100
收音机开始使用南孚电池
目前南孚电池的储电量是:90
```

图 4.6　收音机消耗电池的电量

Battery.java

```
public class Battery {
    int electricityAmount;
    Battery(int amount){
        electricityAmount=amount;
    }
}
```

Radio.java

```
public class Radio {
    void openRadio(Battery battery){
        battery.electricityAmount=battery.electricityAmount - 10;
                                                    //消耗了电量
    }
}
```

Application.java

```
public class Application {
   public static void main(String args[]) {
      Battery nanfu=new Battery(100);               //创建电池对象
      System.out.println("南孚电池的储电量是:"+nanfu.electricityAmount);
      Radio radio=new Radio();                      //创建收音机对象
      System.out.println("收音机开始使用南孚电池");
      radio.openRadio(nanfu);                       //打开收音机
      System.out.println("目前南孚电池的储电量是:"+nanfu.electricityAmount);
   }
}
```

4.2 对象的组合

类的成员变量可以是 Java 允许的任何数据类型，因此，一个类可以把对象作为自己的成员变量，如果用这样的类创建对象，那么该对象中就会有其他对象，也就是说，该对象将其他对象作为自己的组成部分（这就是人们常说的 Has-A）。一个对象 a 通过组合对象 b 来复用对象 b 的方法，即对象 a 委托对象 b 调用其方法。当前对象随时可以更换所组合对象，使得当前对象与所组合的对象是弱耦合关系。

现在，让我们对圆锥体作一个抽象。

- 属性：底圆，高
- 操作：计算体积

那么圆锥体的底圆应当是一个对象，比如 Circle 类声明的对象，圆锥体的高可以是 double 型的变量，即圆锥体将 Circle 类的对象作为自己的成员。

下面代码中的 Circular.java 中的 Circular 类负责创建“圆锥体”对象，Application.java 是主类。在主类的 main 方法中使用 Circle 类创建一个“圆”对象 circle，使用 Circular 类创建一个“圆锥”对象，然后“圆锥”对象调用 setBottom(Circle c)方法将 circle 的引用传递给圆锥对象的成员变量 bottom，即让“圆锥”对象组合 circle。程序运行效果如图 4.7 所示。

圆锥的体积:69708.000

图 4.7 圆锥组合了圆对象

Circular.java

```
class Circle {
   double radius;
   double getArea() {
```

```
        double area=3.14*radius*radius;
        return area;
    }
}
public class Circular {      //圆锥类
    Circle bottom;
    double height;
    void setBottom(Circle c) {
        bottom=c;
    }
    void setHeight(double h) {
        height=h;
    }
    double getVolme() {
        return bottom.getArea()*height/3.0;
    }
}
```

Application.java

```
public class Eample4_6 {
    public static void main(String args[]) {
        Circle circle = new Circle();
        circle.radius=100;
        Circular circular = new Circular();
        circular.setBottom(circle);
                                    //将circle的引用传递给圆锥对象的成员变量bottom
        circular.setHeight(6.66);
        System.out.printf("圆锥的体积:%5.3f\n",circular.getVolme());
    }
}
```

在上述 Application 类中，当执行代码：

```
Circle circle = new Circle(10);
```

后，内存中诞生了一个 circle 对象（圆），circle 的 radius（半径）是 100。内存中对象的模型如图 4.8 所示。

circle

1fb8ee3	→	100.0	radius

图 4.8 circle（圆）对象

执行代码：

```
Circular circular = new Circular(circle,20);
```

后，内存中又诞生了一个 circular 对象（圆锥），然后执行代码：

```
circular.setBottom(circle);
```

将 circle 对象的引用传递给 circular 对象的 bottom（底），因此，bottom 对象和 circle 对象

就有同样的实体（radius）。内存中对象的模型如图 4.9 所示。

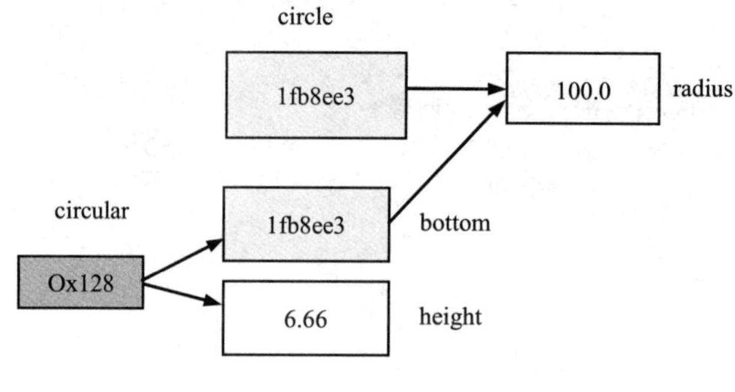

图 4.9　circular（圆锥）对象

4.3　组合关系和依赖关系

1. 组合关系

如果 A 类中的成员变量是用 B 类声明的对象，那么 A 和 B 的关系是组合关系或关联关系，称 A 组合了 B 或 A 关联了 B。如果 A 组合了 B，那么 UML 通过使用一个实线连接 A 和 B 的 UML 图，实线的起始端是 A 的 UML 图，终点端是 B 的 UML 图，但终点端使用一个指向 B 的 UML 图的方向箭头表示实线的结束。

图 4.10 是前面 4.2 节中给出的 Circular 类组合 Circle 类的 UML 图。

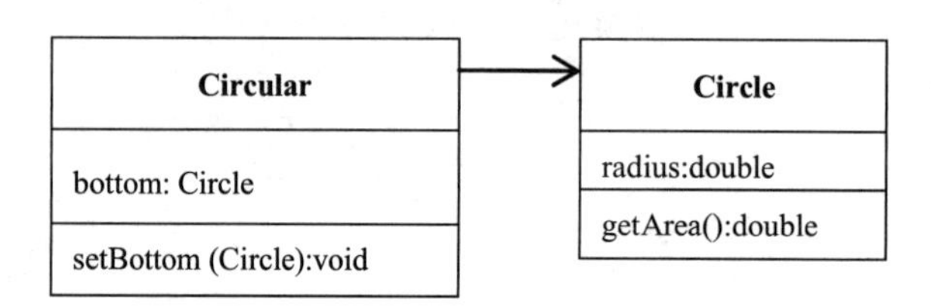

图 4.10　关联关系的 UML 图

2. 依赖关系

如果 A 类中某个方法的参数是用 B 类声明的对象，或某个方法返回的数据类型是 B 类对象，那么 A 和 B 的关系是依赖关系，称 A 依赖于 B。如果 A 依赖于 B，那么 UML 通过使用一个虚线连接 A 和 B 的 UML 图，虚线的起始端是 A 的 UML 图，终点端是 B 的 UML 图，但终点端使用一个指向 B 的 UML 图的方向箭头表示虚线的结束。

图 4.11 是 Radio 依赖于 Battery 的 UML 图。

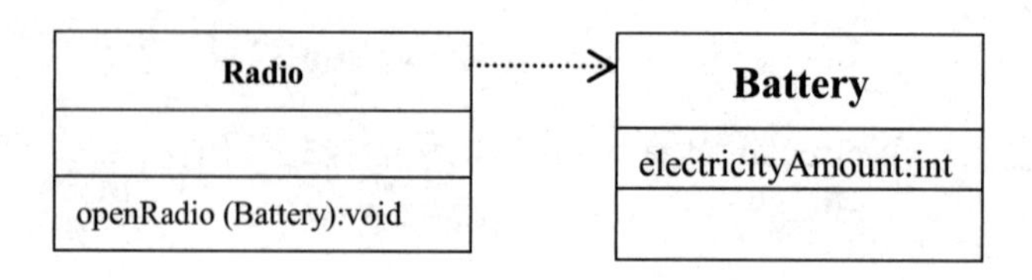

图 4.11　依赖关系的 UML 图

注意：习惯上将 A 关联于 B 也称做 A 依赖于 B，当需要强调 A 是通过方法参数依赖于 B 时，就在 UML 图中使用虚线连接 A 和 B 的 UML 图。

4.4 组合关系是弱耦合关系

子类与父类的关系是强耦合关系（见 3.2 节），父子关系体现在是类层次上的，不是对象层次上的。组合关系最终体现在对象层次上，即一个对象将另一个对象作为自己的一部分。面向对象将对象与对象之间的组合关系归为弱耦合关系，主要原因是以下两点：

（1）如果修改当前对象所组合的对象的类的代码，不必修改当前对象的类的代码。

（2）当前对象可以在运行时刻动态指定所包含的对象。

公司和职员的关系是组合关系，一个公司可以随时聘用或解聘某个职员。比如，Employee 是描述职员的类，Corp 是描述公司的类，让 Corp 和 Employee 类形成组合关系。那么 Corp 类的对象可以在运行时动态指定所包含的 Employee 子类的对象，即运行期间，Corp 类的实例可调用 setEmployee(Employee em)方法让 employee 变量存放任何 Employee 子类的对象的引用。具体代码如下，运行效果如图 4.12 所示。

```
本公司当前聘用的职员信息:
男性职员
本公司当前聘用的职员信息:
女性职员
```

图 4.12　组合关系

Employee.java

```
public class Employee{
   public void showMess() {
   }
}
```

ManEmployee.java

```
public class ManEmployee extends Employee{
   public void showMess() {
      System.out.println("男性职员");
   }
}
```

WomanEmployee.java

```
public class WomanEmployee extends Employee {
   public void showMess() {
      System.out.println("女性职员");
   }
}
```

Corp.java

```
public class Corp {
   Employee employee;
   public void setEmployee(Employee em) {
        employee=em;
   }
```

```
    public void outEmployeeMess() {
        System.out.println("本公司当前聘用的职员信息:");
        employee.showMess();
    }
}
```

Application.java

```
public class Application {
  public static void main(String args[]){
      Corp IBMCorp=new Corp();
      Employee employee=new ManEmployee();
                                     //employee是ManEmployee对象的上转型
      IBMCorp.setEmployee(employee);
      IBMCorp.outEmployeeMess();
      employee=new WomanEmployee();
      IBMCorp.setEmployee(employee);
      IBMCorp.outEmployeeMess();
  }
}
```

4.5 基于组合的流水线

如果对象 a 含有对象 b 的引用，对象 b 含有对象 c 的引用，那么就可以使用 a、b、c 搭建流水线，即建立一个类，该类同时组合 a、b、c 这 3 个对象。流水线的作用是用户只需将要处理的数据交给流水线，流水线会依次让流水线上的对象来处理数据，即流水线上首先由对象 a 处理数据，a 处理数据后，自动将处理的数据交给 b，b 处理数据后，自动将处理的数据交给 c。比如，在歌手比赛时，只需将评委给出的分数交给设计好的流水线，就可以得到选手的最后得分，流水线上的第一个对象负责录入裁判给选手的分数，第二个对象负责去掉一个最高分和一个最低分，最后一个对象负责计算出平均成绩。

下列代码中，InputScore 类的对象负责录入分数，并组合了 DelScore 类的对象。DelScore 类的对象负责去掉一个最高分和一个最低分，并组合了 ComputerAver 类的对象。ComputerAver 类的对象负责计算平均值。Line 类组合了 InputScore、DelScore、ComputerAver 这 3 个类的实例。程序运行效果如图 4.13 所示。

Application.java

```
public class Application {
  public static void main(String args[]){
      Line line=new Line();
      line.givePersonScore();
  }
}
```

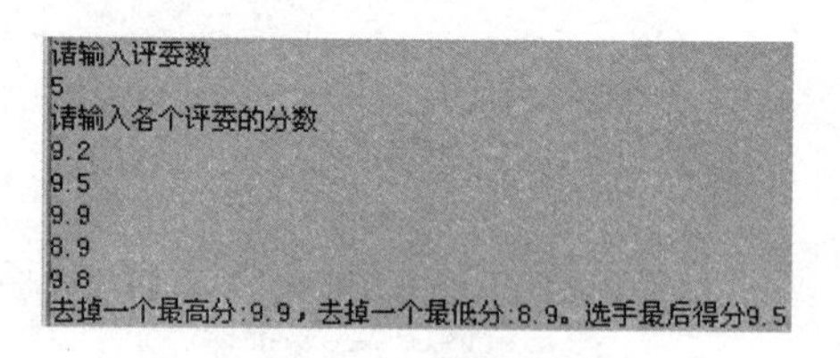

图 4.13　打分流水线

InputScore.java

```
import java.util.Scanner;
public class InputScore {
   DelScore del;
   InputScore(DelScore del) {
       this.del=del;
   }
   public void inputScore() {
      System.out.println("请输入评委数");
      Scanner read=new Scanner(System.in);
      int count=read.nextInt();
      System.out.println("请输入各个评委的分数");
      double []a=new double[count];
      for(int i=0;i<count;i++) {
          a[i]=read.nextDouble();
      }
      del.doDelete(a);
   }
}
```

DelScore.java

```
public class DelScore {
   ComputerAver computer;
   DelScore(ComputerAver computer) {
       this.computer=computer;
   }
   public void doDelete(double [] a) {
      java.util.Arrays.sort(a);                //数组a从小到大排序
      System.out.print("去掉一个最高分:"+a[a.length-1]+", ");
      System.out.print("去掉一个最低分:"+a[0]+"。");
      double b[]=new double[a.length-2];
      for(int i=1;i<a.length-1;i++) {          //去掉最高分和最低分
        b[i-1]=a[i];
      }
      computer.giveAver(b);
   }
}
```

ComputerAver.java

```
public class ComputerAver {
   public void giveAver(double [] b) {
      double sum=0;
      for(int i=0;i<b.length;i++) {
         sum=sum+b[i];
      }
```

```
        double aver=sum/b.length;
        System.out.println("选手最后得分"+aver);
    }
}
```

Line.java

```
public class Line {
    InputScore one;
    DelScore two;
    ComputerAver three;
    Line(){
        three=new ComputerAver();
        two=new DelScore(three);
        one=new InputScore(two);
    }
    public void givePersonScore(){
        one.inputScore();
    }
}
```

4.6 汽车动态更换驾驶员

组合关系是弱耦合关系，当前对象可以在运行时刻动态指定所包含的对象。本节通过一个简单形象的例子“汽车动态更换驾驶员”来体会当前对象可以在运行时刻动态指定所包含的对象。

所谓汽车动态更换驾驶员，就是在不停车的情况下更换驾驶员。步骤如下：

（1）将下列 Car 类和 Person 类编译通过。

Person.java

```
public abstract class Person {
   public abstract String getMess();
}
```

Car.java

```
public class Car {
   Person person;              //组合驾驶员
   public void setPerson(Person p) {
      person=p;
   }
   public void show() {
      if(person==null) {
        System.out.println("目前没人驾驶汽车.");
      }
```

```
      else {
        System.out.println("目前驾驶汽车的是:");
        System.out.println(person.getMess());
      }
    }
}
```

(2）将下列主类 MainClass.java 编译通过，并运行起来。

MainClass.java

```
public class MainClass {
   public static void main(String arg[]) {
      Car car=new Car();
      int i=1;
      while(true) {
         try{
           car.show();
           Thread.sleep(2000);    //每隔2000毫秒更换驾驶员
           //如果没有第i个驾驶员就跳到catch,即当前驾驶员继续驾驶
           Class cs=Class.forName("Driver"+i);
           Person p=(Person)cs.newInstance();
           car.setPerson(p);      //更换驾驶员
           i++;
         }
         catch(Exception exp){
           i++;
         }
         if(i>10) i=1;            //最多10个驾驶员轮换开车
      }
   }
}
```

(3）不要终止在上述第 2 步运行起来的程序，继续编辑、编译 Person 类的子类。

在这一步骤，不要终止在上述第 2 步运行起来的程序（模拟不停车)。继续编辑 Person 类的子类，但子类的名字必须是 Driver1、Driver2、…、Driver10（顺序可任意)，即单词 Driver 后缀一个不超过 10 的正整数，例如：

Driver2.java

```
public class Driver3 extends Person {
   public String getMess(){
      return "美国驾驶员";
   }
}
```

在编辑、编译类名形如 Driver1、Driver2、…、Driver10 的 Person 类的子类时，要密切注意第 2 步运行起来的程序的运行效果的变化（观察汽车更换的驾驶员)。

这里的运行效果如图 4.14 所示（你的运行效果可能和这里的不同）。

```
目前驾驶汽车的是:
英国驾驶员
目前驾驶汽车的是:
中国驾驶员
目前驾驶汽车的是:
美国驾驶员
目前驾驶汽车的是:
英国驾驶员
目前驾驶汽车的是:
中国驾驶员
```

图 4.14　动态更换驾驶员

在上面的 MainClass.java 中，我们使用 Class 对象得到一个类名形如 Driver1、Driver2、…、Driver10 的类的实例。

得到一个类的实例的最常用的方式就是使用 new 运算符和类的构造方法。但是，Java 通过使用 Class 也可以得到一个类的实例。

为了使用 Class 得到一个类的实例，可以先得到一个和该类相关的 Class 对象，做到这一点并不困难，只要使用 Class 的类方法

```
public static Class forName(String className) throws ClassNotFoundException
```

就可以返回一个和参数 className 指定的类相关的 Class 对象。再让这个 Class 对象调用

```
public Object newInstance() throws InstantiationException,
IllegalAccessException
```

方法就可以得到一个 className 类的实例。

要特别注意的是：使用 Class 对象调用 newInstance()实例化一个 className 类的实例时，className 类必须有无参数的构造方法。

第5章 面向对象的几个基本原则

本章给出面向对象设计的几个基本原则，了解这些基本原则，有助于知道如何使用面向对象语言编写出易维护、易扩展和易复用的程序代码。本书从下一章开始将探讨一些重要的设计模式，许多模式都体现了本章所述的一些基本原则。需要强调的一点是，本章介绍的这些原则是在许多设计中总结出的指导性原则，并不是任何设计都必须遵守的“法律”规定。

5.1 抽象类与接口

5.1.1 抽象类

“抽象”(abstract) 一词的字面意思是体现信息的本质，即不要详细地讲解信息的细节，像生活中的图书、论文最前面给出的“摘要”就是对整个图书或论文的一个“抽象”。面向对象语言通过定义抽象类来体现信息的本质，即定义出最重要的操作和属性。

用关键字 abstract 修饰的类称为 abstract 类（抽象类）。例如：

```
abstract class A {
 …
}
```

用关键字 abstract 修饰的方法称为 abstract 方法（抽象方法）。例如：

```
abstract int min(int x,int y);
```

对于 abstract 方法，只允许声明，不允许实现（没有方法体），而且不允许使用 final 和 abstract 同时修饰一个方法或类，也不允许使用 static 修饰 abstract 方法，即 abstract 方法必须是实例方法。

1. abstract 类中可以有 abstract 方法

和普通类（非 abstract 类）相比，abstract 类中可以有 abstract 方法（非 abstract 类中不可以有 abstract 方法），也可以有非 abstract 方法。

下面的 A 类中的 min()方法是 abstract 方法，max()方法是普通方法（非 abstract 方法）。

```
abstract class A {
  abstract int min(int x,int y);
   int max(int x,int y) {
      return x>y?x:y;
   }
}
```

2．abstract 类不能用 new 运算符创建对象

对于 abstract 类，不能使用 new 运算符创建该类的对象。如果一个非抽象类是某个抽象类的子类，那么它必须重写父类的抽象方法，给出方法体，这就是为什么不允许使用 final 和 abstract 同时修饰一个方法的原因。

3．abstract 类的对象做上转型对象

可以使用 abstract 类声明对象。尽管不能使用 new 运算符创建 abstract 类的对象，但 abstract 类声明的对象可以成为其子类对象的上转型对象，那么该上转型对象就可以调用子类重写的方法。

注意：（1）abstract 类也可以没有 abstract 方法。

（2）如果一个 abstract 类是 abstract 类的子类，它可以重写父类的 abstract 方法，也可以继承父类的 abstract 方法。

4．abstract 类的目的

在设计程序时，经常会使用 abstract 类，其原因是，abstract 类允许定义者只关心操作（定义抽象方法），但不必去关心这些操作具体实现的细节，可以使程序的设计者把主要精力放在程序的设计上，而不必拘泥于细节的实现（将这些细节留给子类的设计者），即避免设计者把大量的时间和精力花费于具体的算法上。比如，在设计地图时，首先考虑地图最重要的轮廓，不必去考虑诸如城市中的街道牌号等细节，细节应当由抽象类的非抽象子类去实现，这些子类可以给出具体的实例，来完成程序功能的具体实现。在设计一个程序时，可能需要通过在 abstract 类中声明若干个 abstract 方法，表明这些方法在整个系统设计中的重要性，方法体的内容细节由它的非 abstract 子类去完成。

5.1.2　接口

我们曾在第 3 章讲解了接口，其特点如下：

（1）接口中只可以有 public 权限的 abstract 方法，不能有非 abstract 方法。

（2）接口由类去实现，即一个类如果实现一个接口，那么它必须重写接口中的 abstract 方法。

（3）接口回调。接口回调是指可以把实现接口的类的对象的引用赋给该接口声明的接口变量，那么该接口变量就可以调用被类重写的接口方法。

接口和 abstract 类的目的都是只关心操作（定义抽象方法），但不关心这些操作具体实现的细节，可以使程序的设计者把主要精力放在程序的设计上，而不必拘泥于细节的实现。但二者也有一定的区别：

（1）接口中只可以有常量，不能有变量；而 abstract 类中既可以有常量也可以有变量。

（2）abstract 类中也可以有非 abstract 方法，接口不可以。

在设计程序时应当根据具体的分析来确定是使用抽象类还是接口。abstract 类除了提供重要的需要子类重写的 abstract 方法外，也提供了子类可以继承的变量和非 abstract 方法。如果某个问题需要使用继承才能更好地解决，比如，子类除了需要重写父类的 abstract 方法，还需要从父类继承一些变量或继承一些重要的非 abstract 方法，就可以考虑用 abstract

类。如果某个问题不需要继承，只是需要若干个类给出某些重要的 abstract 方法的实现细节，就可以考虑使用接口。

5.2 面向抽象原则

所谓面向抽象编程，是指当设计一个类时，不让该类面向具体的类，而是面向抽象类或接口，即所设计类中的重要数据是抽象类或接口声明的变量，而不是具体类声明的变量。

以下通过一个简单的问题来说明面向抽象编程的思想。

比如，我们已经有了一个 Circle 类，该类创建的对象 circle 调用 getArea()方法可以计算圆的面积，Circle 类的代码如下：

Circle.java

```
public class Circle {
    double r;
    Circle(double r){
        this.r=r;
    }
    public double getArea() {
        return(3.14*r*r);
    }
}
```

现在要设计一个 Pillar 类（柱类），该类的对象调用 getVolume()方法可以计算柱体的体积，Pillar 类的代码如下：

Pillar.java

```
public class Pillar {
    Circle  bottom;    //将Circle对象作为成员,bottom是用具体类Circle声明的变量
    double height;
    Pillar (Circle bottom,double height) {
        this.bottom=bottom;this.height=height;
    }
    public double getVolume() {
        return bottom.getArea()*height;
    }
}
```

上述 Pillar 类中，bottom 是用具体类 Circle 声明的变量，如果不涉及用户需求的变化，上面 Pillar 类的设计没有什么不妥，但是在某个时候，用户希望 Pillar 类能创建出底是三角形的柱体。显然，上述 Pillar 类无法创建出这样的柱体，即上述设计的 Pillar 类不能应对用户的这种需求。

现在重新设计 Pillar 类。首先，我们注意到柱体计算体积的关键是计算出底面积，一

个柱体在计算底面积时不应该关心它的底是怎样形状的具体图形，只应该关心这种图形是否具有计算面积的方法。因此，在设计 Pillar 类时，不应当让它的底是某个具体类声明的变量，一旦这样做，Pillar 类就依赖该具体类，缺乏弹性，难以应对需求的变化。

下面面向抽象重新设计 Pillar 类。首先编写一个抽象类 Geometry（或接口），该抽象类（接口）中定义了一个抽象的 getArea()方法。Geometry 类如下：

Geometry.java

```
public abstract class Geometry { //如果使用接口,需用interface来定义Geometry
    public abstract double getArea();
}
```

现在 Pillar 类的设计者可以面向 Geometry 类编写代码，即 Pillar 类应当把 Geometry 对象作为自己的成员，该成员可以调用 Geometry 的子类重写的 getArea()方法（如果 Geometry 是一个接口，那么该成员可以回调实现 Geometry 接口的类所实现的 getArea()方法）。这样一来，Pillar 类就可以将计算底面积的任务指派给 Geometry 类的子类的实例（如果 Geometry 是一个接口，Pillar 类就可以将计算底面积的任务指派给实现 Geometry 接口的类的实例）。

以下 Pillar 类的设计不再依赖具体类，而是面向 Geometry 类，即 Pillar 类中的 bottom 是用抽象类 Geometry 声明的变量，而不是具体类声明的变量。重新设计的 Pillar 类的代码如下：

Pillar.java

```
public class Pillar {
   Geometry  bottom;                      //bottom是抽象类Geometry声明的变量
   double height;
   Pillar(Geometry bottom,double height) {
      this.bottom=bottom; this.height=height;
   }
   public double getVolume() {
      return bottom.getArea()*height;  //bottom可以调用子类重写的getArea方法
   }
}
```

下列 Circle 和 Rectangle 类都是 Geometry 的子类，二者都必须重写 Geometry 类的 getArea()方法来计算各自的面积。

Circle.java

```
public class Circle extends Geometry {
   double r;
   Circle(double r) {
      this.r=r;
   }
   public double getArea() {
      return(3.14*r*r);
   }
```

```
}
```

Rectangle.java

```
public class Rectangle extends Geometry {
    double a,b;
    Lader(double a,double b) {
        this.a=a; this.b=b;
    }
    public double getArea() {
        return a*b;
    }
}
```

现在就可以用 Pillar 类创建出具有矩形底或圆形底的柱体了，如下列 Application.java 所示：

Application.java

```
public class Application{
    public static void main(String args[]){
        Pillar pillar;
        Geometry bottom;
        bottom=new Rectangle(12,22,100);
        pillar=new Pillar(bottom,58);  //pillar是具有矩形底的柱体
        System.out.println("矩形底的柱体的体积"+pillar.getVolume());
        bottom=new Circle(10);
        pillar=new Pillar(bottom,58); //pillar是具有圆形底的柱体
        System.out.println("圆形底的柱体的体积"+pillar.getVolume());
    }
}
```

通过面向抽象来设计 Pillar 类，使得该 Pillar 类不再依赖具体类，因此每当系统增加新的 Geometry 的子类时，比如增加一个 Triangle 子类，那么不需要修改 Pillar 类的任何代码，就可以使用 Pillar 创建出具有三角形底的柱体。

5.3 “开-闭”原则

5.3.1 什么是“开-闭”原则

所谓“开-闭”原则（Open-Closed Principle），就是让你的设计对扩展开放，对修改关闭。怎么理解对扩展开放，对修改关闭呢？实际上这句话的本质是指当一个设计中增加新的模块时，不需要修改现有的模块。在给出一个设计时，应当首先考虑到用户需求的变化，将应对用户变化的部分设计为对扩展开放，而设计的核心部分是经过精心考虑之后确定下来的基本结构，这部分应当是对修改关闭的，即不能因为用户的需求变化而再发生变化，因为这部分不是用来应对需求变化的。如果一个设计遵守了“开-闭”原则，那么这个设计

一定是易维护的，因为在设计中增加新的模块时，不必去修改设计中的核心模块。比如，在5.2节给出的设计中有4个类，UML类图如图5.1所示。

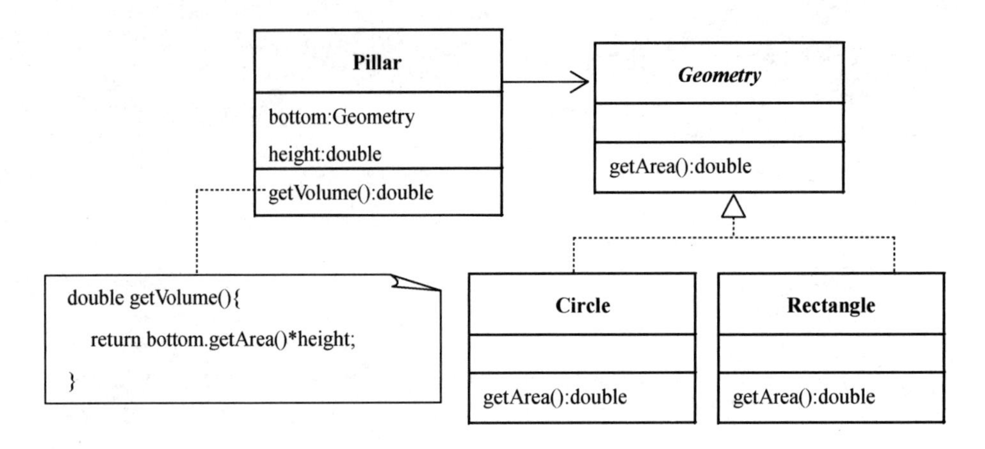

图5.1　UML类图

该设计中的Geometry和Pillar类就是系统中对修改关闭的部分，而Geometry的子类是对扩展开放的部分。当向系统再增加任何Geometry的子类时（对扩展开放），不必修改Pillar类，就可以使用Pillar创建出具有Geometry的新子类指定的底的柱体。

通常无法让设计的每个部分都遵守“开-闭”原则，甚至不应当这样去做（这样会增加系统的层次结构，降低效率），应当把主要精力集中在应对设计中最有可能因需求变化而需要改变的地方，然后想办法应用“开-闭”原则。

当设计某些系统时，经常需要面向抽象来考虑系统的总体设计，不用考虑具体类，这样就容易设计出满足“开-闭”原则的系统，在程序设计好后，首先对abstract类的修改关闭，否则，一旦修改abstract类，将可能导致它的所有子类都需要做出修改；应当对增加abstract类的子类开放，即再增加新子类时，不需要修改其他面向抽象类而设计的重要类。

5.3.2　标准、标准构件和面向标准的产品

在本节中，我们提出了“标准”、“标准构件”和“面向标准的产品”3个新概念，这些概念更有利于理解抽象类、接口和面向抽象编程的思想。

1. 标准与接口及抽象类

“标准”是指软件产品必须具有哪些行为功能，但不指定行为功能的具体体现形式，即一个标准可以是一个抽象类或一个接口。比如，希望某些电器产品类都有on()和off()功能，那么就应该将on()和off()形成一个标准，即事先定义一个抽象类，该抽象类中定义名字是on和off的抽象方法，因此该抽象类并不需要具体给出on和off的具体实现，而on和off的具体行为（怎样打开和关闭电器设备）应当由该抽象类的具体子类（具体的电器产品）去实现。在软件开发中，面对用户的需求不仅要有能力抓住用户的需求，而且更重要的是要有前瞻性，让设计的软件产品能应对用户需求的变化，即易维护、可扩展。在某些情况下经常需要将用户的需求抽象成“一句话”，即抽象成一个抽象方法，以便应对用户需求的变化。

例如，用户需要的软件产品能播放各种声音，显然在设计“声音”模拟器的类中不能只引用狗的声音，即不能用“狗”声明对象，否则编写的“声音”模拟器的类所创建的对象（软件产品）只能播放狗的声音。也不能在“声音”模拟器的类中编写若干个模拟声音的具体方法，因为一旦这样做，当用户需要播放某种新的声音时，就会导致我们去修改模拟器的类的代码（需要添加一个模拟新声音的方法），这显然不利于软件的后期维护。

如果用户对产品的某个行为功能的需求经常发生变化，就应当把这部分需求概括成一句话，即根据需求定义出一个抽象方法，比如 playSound()方法，并将该方法封装在接口或抽象类中，即将用户的需求形成一个标准。代码如下：

Sound.java

```
public interface Sound {
    public abstract void playSound();
}
```

2．面向标准的产品

现在，按照面向抽象的设计思想，只需面向“标准”，即面向接口或抽象类设计用户需要的产品。以下的 Simulator 类（模拟器）有一个成员变量是 Sound 接口类型（Simulator 类面向了 Sound 接口），代码如下：

Simulator.java

```
public class Simulator {
   Sound sound;
   public void setSound(Sound sound) {
      this.sound=sound;
   }
   public void play() {
      if(sound!=null) {
         sound.playSound();
      }
      else {
         System.out.println("没有可播放的声音");
      }
   }
}
```

现在用户程序使用 Simulator 类创建的对象还无法播放声音，因为还没有具体的能产生“声音”的类。例如，下列用户程序可以编译通过，但输出的结果是“没有可播放的声音”。

Application.java

```
public class Application {
   public static void main(String args[]) {
      Simulator simulator=new Simulator();
      simulator.play();
```

```
    }
}
```

3. 标准构件

有了标准之后，就可以根据标准生产具体的“标准构件”。标准构件是标准的具体实现，是抽象类的子类或实现接口的类。下面的 Dog 类（狗的声音）、Violin 类（小提琴的声音）都是“标准构件”。

Dog.java

```
public class Dog implements Sound {
    public void playSound() {
        System.out.println("汪汪...汪汪");
    }
}
```

Violin.java

```
public class Violin implements Sound {
    public void playSound() {
        System.out.println("小提琴的声音...梁祝");
    }
}
```

4. 在“开-闭”原则中的角色

“面向标准的产品”和“标准”之间的关系是组合关系，属于弱耦合关系，这有利于产品的维护和升级。而“标准构件”和标准之间是继承或实现关系，属于强耦合关系，即必须是符合标准的构件。由于“面向标准的产品”是面向抽象类或接口设计的类，因此可以使用任何一个“标准构件”，即引用任何一个“标准构件”的实例。

“标准”通过接口或抽象类来体现，表明其重要性，而“标准”的具体实现由“标准构件”来负责。因此，“标准”一旦确定，就不要轻易修改，否则将导致修改所有的“标准构件”。

按照“开-闭”原则，“面向标准的产品”和“标准”都是“闭”部分，而“标准构件”是“开”部分，即“标准构件”是应对用户需求变化的部分，每当有新的“标准构件”产生，都无须修改“面向标准的产品”，该产品就可以使用新的“标准构件”，如图 5.2 所示。

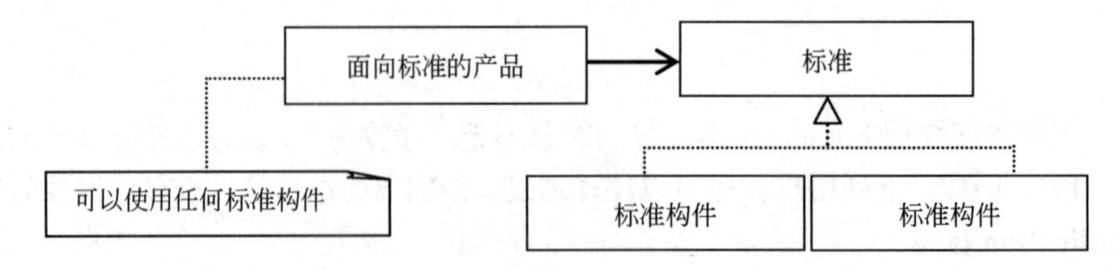

图 5.2　面向标准的产品、标准和标准构件

5. 用户程序

以下用户程序播放了狗和小提琴声音。

Application.java

```
public class Application {
   public static void main(String args[]) {
      Simulator simulator=new Simulator();
      simulator.setSound(new Dog());
      simulator.play();
      simulator.setSound(new Violin());
      simulator.play();
   }
}
```

6．构成的框架

如果将上述中的Sound接口、Simulator类以及Dog和Violin类看做一个小的开发框架，将Application.java看做使用该框架进行应用开发的用户程序，那么框架满足“开-闭”原则，该框架相对用户的需求就比较容易维护，因为当用户程序需要模拟老虎的声音时，系统只需简单地扩展框架，即在框架中增加一个实现Sound的Tiger类即可，而无须修改框架中的其他类，如图5.3所示。

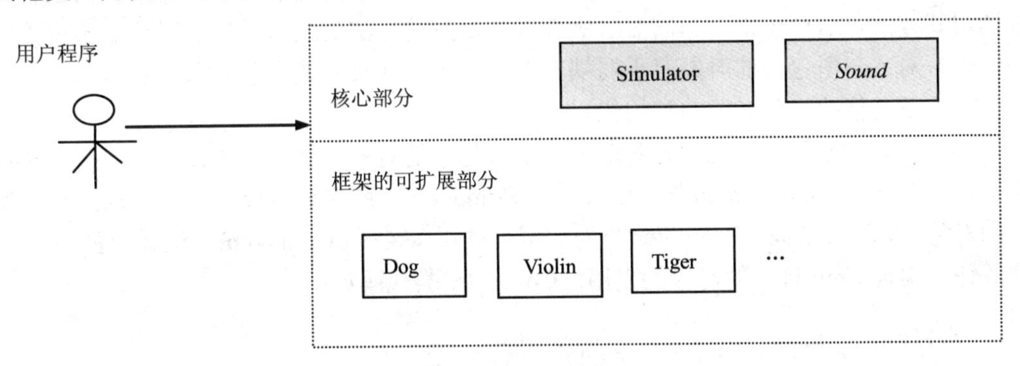

图5.3　满足“开-闭”原则的框架

5.4 “多用组合，少用继承”原则

方法复用的两种最常用的技术就是类的继承和对象的组合。

5.4.1 继承与复用

子类继承父类的方法作为自己的一个方法，就好像它们是在子类中直接声明一样，可以被子类中自己声明的任何实例方法调用。也就是说，父类的方法可以被子类以继承的方式复用。

通过继承来复用父类的方法的优点是：子类可以重写父类的方法，即易于修改或扩展那些被复用的方法。

通过继承复用方法的缺点是：

（1）子类从父类继承的方法在编译时刻就确定下来了，所以无法在运行期间改变从父类继承的方法的行为。

（2）子类和父类的关系是强耦合关系，也就是说，当父类的方法的行为更改时，必然导致子类发生变化。

（3）通过继承进行复用也称“白盒”复用，其缺点是父类的内部细节对于子类而言是可见的。

5.4.2 组合与复用

我们已经知道，一个类的成员变量可以是 Java 允许的任何数据类型，因此，一个类可以把对象作为自己的成员变量，如果用这样的类创建对象，那么该对象中就会有其他对象，也就是说，该对象将其他对象作为自己的组成部分（这就是人们常说的 Has-A），或者说该对象是由几个对象组合而成。

如果一个对象 a 组合了对象 b，那么对象 a 就可以委托对象 b 调用其方法，即对象 a 以组合的方式复用对象 b 的方法。

通过组合对象来复用方法的优点是：

（1）通过组合对象来复用方法也称“黑盒”复用，因为当前对象只能委托所包含的对象调用其方法，这样一来，当前对象所包含的对象的方法的细节对当前对象是不可见的。

（2）对象与所包含的对象属于弱耦合关系，因为如果修改当前对象所包含的对象的类的代码，不必修改当前对象的类的代码。

（3）当前对象可以在运行时刻动态指定所包含的对象，例如，假设 Com 是一个接口，该接口中有一个 computer()方法，那么下列 Computer 类的对象可以在运行时动态指定所包含的对象，即运行期间，Computer 类的实例可调用 setCom(Com com)方法使它的 com 变量存放任何实现 Com 接口的对象的引用。Computer 类代码如下：

```
public class Computer {
   Com com;
   public void setCom(Com com) {
      this.com=com;
   }
   public void f() {
      com.computer();
   }
}
```

通过组合对象来复用方法的缺点是：

（1）容易导致系统中的对象过多。

（2）为了能组合多个对象，必须仔细地对接口进行定义。

5.4.3 多用组合，少用继承

之所以提倡“多用组合，少用继承”，是因为在许多设计中，人们希望系统的类之间尽量是弱耦合关系，而不希望是强耦合关系。设计的低层结构中通常会出现较多的继承结构，而许多应用层需要避开继承的缺点，而需要组合的优点，比如，在设计“中国人”时，会出现“中国人”与“人”的继承关系，当一个“中国人”的对象，比如“张三”，参与应用活动时，比如成为一个公司的职员时，公司和“张三”应当是组合关系。要合理地使用组合，而不是使用继承来获得方法的复用，需要经过一定时间的认真思考、学习和编程实践。关于“多用组合，少用继承”，在后面探讨重要的设计模式时，将结合中介者模式、装饰模式给予重点讲解。

5.5 “高内聚-弱耦合”原则

如果类中的方法是一组相关的行为，则称该类是高内聚的，反之称为低内聚的。高内聚便于类的维护，而低内聚不利于类的维护。弱耦合就是尽量不要让一个类含有太多的其他类的实例的引用，以避免修改系统的其中一部分会影响到其他部分，比如在后面学习模板方法模式时就会体会到这一原则。

第6章 设计模式简介

由于本书是面向有一定 Java 语言基础和一定编程经验的读者，因此前几章重点介绍了面向对象的核心内容，后续章节将探讨在程序设计中怎样使用一些重要模式（在 GOF 的 23 个模式中选择了 20 个重要的设计模式）。本章简要介绍设计模式，包括设计模式的起源、GOF 著作的贡献以及设计模式与框架的区别。

6.1 什么是设计模式

一个设计模式是针对某一类问题的最佳解决方案，而且已经被成功应用于许多系统的设计中，它解决了在某种特定情景中重复发生的某个问题，因此，可以这样定义设计模式："设计模式（pattern）是从许多优秀的软件系统中总结出的成功的可复用的设计方案。"GOF 在《设计模式》一书中引用了建筑大师 Alexander 关于设计模式的经典定义："每一个设计模式描述一个在我们周围不断重复发生的问题，以及该问题的解决方案的核心。这样，你就能一次一次地使用该方案而不必做重复劳动。"GOF 在《设计模式》一书中还指出："尽管 Alexander 所指的是城市和建筑设计模式，但他的思想也同样适用于面向对象设计模式，只是在面向对象的解决方案里，用对象和接口代替了墙壁和门窗。两类模式的核心都在于提供了相关问题的解决方案。"

记录一个设计模式需有 4 个基本要素。

（1）名称：一个模式的名称高度概括该模式的本质，有利于该行业统一术语、便于交流使用。

（2）问题：描述应该在何时使用模式，解释设计问题和问题存在的前因后果，描述在怎样的环境下使用该模式。

（3）方案：描述设计的组成部分、它们之间的相互关系及各自的职责和协作方式。

（4）效果：描述模式的应用效果及使用模式应当权衡的问题。主要效果包括使用模式对系统的灵活性、扩充性和复用性的影响。

例如，GOF 的《设计模式》一书中如下记录中介者模式。

（1）名称：中介者。

（2）问题：用一个中介者来封装一系列的对象交互。中介者使各对象不需要显式地相互引用，从而使其耦合松散，而且可以独立地改变它们之间的交互。

（3）方案：中介者（Mediator）接口、具体中介者（ConcreteMediator）、同事（Colleague）、具体同事（ConcreteColleague）。

（4）效果：减少了子类的生成，将各个同事解耦，简化了对象协议，控制集中化。

6.2 设计模式的起源

软件领域的设计模式起源于建筑学。1977 年，建筑大师 Alexander 出版了 *A Pattern Language：Towns, Building, Construction* 一书，Alexander 在该著作中将其建筑行业中的许多问题的最佳解决方案记录为 200 多种模式，这些模式为房屋与城市的建设制定了一些规则。Alexander 著作中的思想不仅在建筑行业影响深远，而且很快影响到了软件设计领域。1987 年，受 Alexander 著作的影响，Kent Beck 和 Ward Cunningham 将 Alexander 在建筑学上的模式观点应用于软件设计，开发了一系列模式，并用 Smalltalk 语言实现了雅致的用户界面。Kent Beck 和 Ward Cunningham 在 1987 年举行的一次面向对象的会议上发表了论文《在面向对象编程中使用模式》，该论文发表后，有关软件的设计模式论文以及著作相继出版。

6.3 GOF 之著作

目前，被公认在设计模式领域最具影响力的著作是 Erich Gamma、Richard Helm、Ralph Johnson 和 John Vlissides 在 1994 年合作出版的著作 *Design Patterns：Elements of Reusable Object-Oriented Software*（中译本《设计模式：可复用的面向对象软件的基本原理》由机械工业出版社在 2000 年出版），该书的 4 位作者在其著作中记录了他们在四年多的工作中所发现的 23 个模式。4 位作者的著作成为空前的畅销书，对软件设计人员学习、掌握和使用设计模式产生了巨大的影响。《设计模式》一书被广大喜爱者昵称为 GOF（Gang of Four）之书（四人帮之书），被认为是学习设计模式的必读著作，GOF 之书已经被公认为是设计模式领域的奠基之作。

自 GOF 的《设计模式》出版后，受其影响，陆续出版了许多具有一定影响力的书籍，比如，1998 年，Alpert、Brown 和 Woolf 出版 *The Design Pattern Smalltalk Companion*，该书使用 Smalltalk 语言讲解了 GOF 之书中的 23 个模式；2000 年，James W.cooper 出版 *Java Design Patterns：A Tutorial*，该书使用 Java 语言讲解了 GOF 之书中的 23 个模式（中译本《Java 设计模式》由中国水利出版社在 2003 年出版），该书尤其侧重使用 GUI 程序设计来讲解怎样使用 GOF 之书中的 23 个模式；特别要提到的是 Eric Freema 等在 2004 年出版的 *Head First Design Pattern*（中译本《Head First 设计模式》由中国水利出版社在 2007 年出版），该书使用 Java 语言重点讲解 GOF 之书中的部分模式（13 个模式），书中图文并茂、独具匠心的写作风格更是令人耳目一新，语言叙述及结构安排非常适合初学者；我们在本书的参考文献部分还列出了部分具有一定影响力的有关设计模式的著作。

6.4 学习设计模式的重要性

一个好的设计系统往往是易维护、易扩展、易复用的，有过一定代码编写量的程序开发人员可能会逐渐思考程序设计问题，想知道一些优秀的设计者或团队是怎样设计出一个好的软件系统的。有经验的设计人员或团队知道如何使用面向对象语言编写出易维护、易扩展和易复用的程序代码，《设计模式》一书正是从这些优秀的设计系统中总结出的设计精髓，因此学习好设计模式对提高设计能力无疑是非常有帮助的。尽管 GOF 之书并没有收集全部的模式（这似乎是不可能的，也是不必要的），但所阐述的 23 种模式无疑是使用频率最高的模式。

设计模式的目的不是针对软件设计和开发中的每个问题都给出解决方案，而是针对某种特定环境中通常都会遇到的某种软件开发问题给出可重用的一些解决方案，因此学习设计模式不仅可以使我们使用好这些成功的模式，更重要的是可以使我们更加深刻地理解面向对象的设计思想，非常有利于我们更好地使用面向对象语言解决设计中的问题。另外，学习设计模式对于进一步学习、理解和掌握框架是非常有帮助的，比如，Java EE 中就大量使用了《设计模式》一书中的模式，对于熟悉设计模式的开发人员，很容易理解这些框架的结构，继而很好地使用框架来设计他们的系统。《设计模式》一书所总结的成功模式不仅适合于面向对象语言，其思想及解决问题的方式也适合于任何和设计相关的行业，因此学习掌握设计模式无疑是非常有益的。

6.5　合理使用模式

不是软件的任何部分都需要套用模式来设计，必须针对具体问题合理地使用模式。

1．正确使用

当设计某个系统，并确认所遇到的问题刚好适合使用某个模式时，就可以考虑将该模式应用到系统设计中，毕竟该模式已经被公认是解决该问题的成功方案，能使设计的系统易维护、可扩展性强、复用性好，而且这些经典的模式也容易让其他开发人员了解你的系统和设计思想。

2．避免教条

模式不是数学公式，也不是物理定律，更不是软件设计中的“法律”条文，一个模式只是成功解决某个特定问题的设计方案，完全可以修改模式中的部分结构以符合设计要求。

3．模式挖掘

模式不是用理论推导出来的，而是从真实世界的软件系统中被发现、按照一定规范总结出来的、可以被复用的方案。目前，许多文献或书籍里阐述的众多模式实际上都是 GOF 书中经典模式的变形，这些变形都经过所谓的“三次规则”，即该模式已经在真实世界的 3 个方案中被成功地采用。也可以从某个系统中洞察出某种新模式，只要经过“三次规则”就会被行业认可。需要注意的是，在寻找新的模式之前，必须先精通现有的模式，尤其是 GOF 之书中的 23 个模式，因为许多模式事实上只是现有模式的变种。通过研究学习现有的模式，不仅可以比较容易地识别模式，而且也可以学会怎样综合地使用各种模式，即使用复合模式。如果认为自己真的发现了一种新的模式，那么就可以按照 GOF 书中提供的格式将“准模式”写成一份文档，按照 6.1 节中给出的模式定义，该文档至少需要包括名称、问题、方案和效果 4 个方面，当然，“准模式”需要经过“三次规则”才能成为真正的模式。

4．避免乱用

不是所有的设计中都需要使用模式，因为模式不是发明出来的，而是总结出来的。事实上，真实世界中的许多设计实例都没有使用过GOF之书中的经典模式。在进行设计时，尽可能用最简单的方式满足系统的要求，而不是费尽心机地琢磨如何在这个问题中使用模式，一个设计中可能并不需要使用模式就可以很好地满足系统的要求，如果牵强地使用某个模式，可能会在系统中增加许多额外的类和对象，影响系统的性能，因为大部分设计模式往往会在系统中加入更多的层，这不但增加复杂性，而且系统的效率也会下降。

5．了解反模式

所谓反模式，就是从某些软件系统中总结出的不好的设计方案，反模式就是告诉你如何采用一个不好的方案解决一个问题。既然是一个不好的方案，为何还有可能被重复使用呢？这是因为这些不好的方案表面上往往有很强的吸引力，人们很难一眼就发现它的弊端，因此，发现一个反模式也是非常有意义的工作。在有了一定的设计模式的基础之后，可以用搜索引擎查找有关反模式的信息，这对于学习好设计模式也是非常有帮助的。

6.6　什么是框架

框架不是模式，框架是针对某个领域，提供用于开发应用系统的类的集合。程序设计者可以使用框架提供的类设计一个应用程序，而且在设计应用程序时可以针对特定的问题使用某个模式。

框架与模式的区别如下。

1．层次不同

模式比框架更抽象，模式是在某种特定环境中，针对一个软件设计出现的问题而给出的可复用的解决方案，不能向使用者提供可以直接使用的类，设计模式只有在被设计人员使用时才能表示为代码。例如，GOF描述的中介者模式“用一个中介对象来封装一系列的对象交互。中介者使各对象不需要显式地相互引用，从而使其耦合松散，而且可以独立地改变它们之间的交互”，该模式在解决方案中并没有提供任何类的代码，只是说明设计者可以针对特定的问题使用该模式给出的方案。框架和模式不同，它不是一种可复用的设计方案，它是由可用于设计解决某个问题的一些类组成的集合，程序设计人员通过使用框架提供的类或扩展框架提供的类进行应用程序的设计。例如，在Java中，开发人员使用Swing框架提供的类设计用户界面，使用Set（集合）框架提供的类处理数据结构相关的算法等。

2．范围不同

模式本质上是逻辑概念，以概念的形式存在，模式所描述的方案独立于编程语言。Java程序员、C++程序员或SmallTalk程序员都可以在自己的系统设计中使用某个模式。框架的应用范围是很具体的，它们不是以概念的形式存在，而是以具体的软件组织存在，只能被特定的软件设计者使用，比如，Java提供的Swing框架只能被Java应用程序使用。

3．相互关系

一个框架往往会包括多个设计模式，它们是面向对象系统获得最大复用的方式，较大的面向对象应用由多层彼此合作的框架组成，例如，Java Web设计中的Struts、Spring和Hibernate等框架。框架变得越来越普遍和重要，导致许多开源框架的出现，而且一个著名的框架往往是许多设计模式的具体体现，甚至可以在一些成功的框架中挖掘出新的模式。

6.7 模式分类

GOF 根据模式的目标将模式分为 3 个类目：创建型、行为型和结构型。

1．行为型模式

行为型模式涉及怎样合理地设计对象之间的交互通信，以及怎样合理地为对象分配职责，让设计富有弹性、易维护、易复用。

在第 7 章～第 14 章将分别讲解的下列 8 个模式属于行为型模式：

- 策略模式；
- 状态模式；
- 命令模式；
- 中介者模式；
- 责任链模式；
- 模板方法模式；
- 观察者模式；
- 访问者模式。

2．结构型模式

结构型模式涉及如何组合类和对象以形成更大的结构，和类有关的结构型模式涉及如何合理地使用继承机制，和对象有关的结构型模式涉及如何合理地使用对象组合机制。

在第 15 章～第 21 章将分别讲解的下列 7 个模式属于结构型模式：

- 装饰模式；
- 组合模式；
- 适配器模式；
- 外观模式；
- 代理模式；
- 享元模式；
- 桥接模式。

3．创建型模式

创建型模式涉及对象的实例化，这类模式的特点是：不让用户代码依赖于对象的创建或排列方式，避免用户直接使用 new 运算符创建对象。

在第 22 章～第 26 章将分别讲解的下列 5 个模式属于创建型模式：

- 工厂方法模式；
- 抽象工厂模式；
- 生成器模式；
- 原型模式；
- 单件模式。

6.8 设计模式资源

如果在搜索引擎中搜索“设计模式”会得到许多链接，会看到许多热情的模式使用者发表的有关帖子以及和设计模式相关的社区，比如，http://hillside.net 网站就包含了许多模式相关的资源信息，如文章、书籍、邮件列表、有关研讨会的内容等。

第7章 策略模式

策略模式（别名：政策）定义一系列算法，把它们一个个封装起来，并且使它们可相互替换。本模式使得算法可独立于使用它的客户而变化。

策略模式属于行为型模式（见6.7节）。

7.1 策略模式的结构与使用

7.1.1 策略模式的结构

结构中包含以下3种角色。

（1）策略（Strategy）：策略是一个接口，该接口定义若干个算法标识，即定义了若干个抽象方法（如图7.1中的algorithm()方法）。

（2）上下文（Context）：上下文是依赖于策略接口的类（是面向策略设计的类，如图7.1中的Context类），即上下文包含策略声明的变量（如图7.1中的Context类中的strategy成员变量）。上下文中提供一个方法（如图7.1中的Context类中的lookAlgorithm()方法），该方法委托策略变量调用具体策略所实现的策略接口中的方法。

（3）具体策略（ConcreteStrategy）：具体策略是实现策略接口的类（如图7.1中的ConcreteStrategyA和ConcreteStrategyB类）。具体策略实现策略接口所定义的抽象方法，即给出算法标识的具体算法。

策略模式结构中的角色形成的UML类图如图7.1所示。

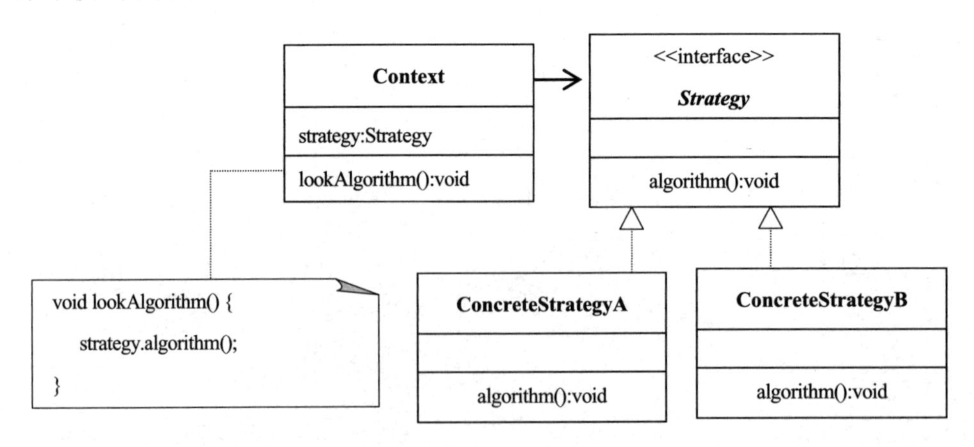

图7.1　策略模式的类图

下面通过一个简单的问题来描述策略模式中所涉及的各个角色。

简单问题：

在某种比赛中有若干个裁判，每位裁判给选手一个得分。选手的最后得分是根据全体裁判的得分计算出来的。请给出几种计算选手得分的评分方案（策略），对于某次比赛，可以从你的方案中选择一种方案作为本次比赛的评分方案。

1．策略（Strategy）

方法是类中最重要的组成部分，一个方法的方法体由一系列语句构成，也就是说，一个方法的方法体是一个算法。在某些设计中，一个类的设计人员经常可能涉及这样的问题：由于用户需求的变化，导致经常需要修改类中某个方法的方法体，即需要不断地变化算法。

我们首先设计一个不易维护的类，然后通过分析这个类引出“策略”。

假设设计了 AverageScore 类，该类中有 computerAverage(double [] a)方法，该方法将返回数组 a 的元素的平均值，AverageScore 类的代码见下面的 AverageScore.java，类图如图 7.2 所示。

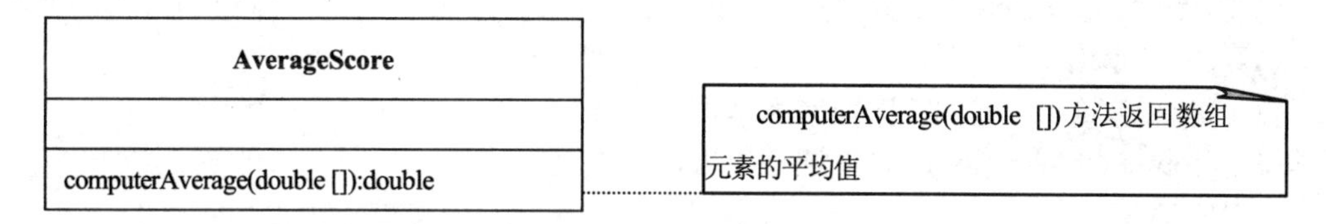

图 7.2　AverageScore 类

AverageScore.java

```
public class AverageScore {
   public double computerAverage(double [] a){
      double score=0,sum=0;
      for(int i=0;i<a.length;i++){
           sum=sum+a[i];
      }
      score=sum/a.length;
      return score;
   }
}
```

那么 AverageScore 类创建的任何对象调用 computerAverage(double [] a)方法可以返回数组 a 的元素的平均值。

但有些用户希望 AverageScore 类创建的对象能调用 computerAverage(double [] a)方法不是返回数组的全部元素的平均值，而是要求去掉数组中的最小值和最大值元素之后，返回其余元素的平均值，显然，AverageScore 类提供的对象无法满足用户的要求。

我们只好修改 computerAverage(double [] a)的方法体，但马上就发现这样做也不行，因为一旦将 computerAverage(double [] a)的方法体修改成返回去掉数组中的最小值和最大值元素之后的其余元素的平均值，那么又无法满足某些用户希望 AverageScore 类创建的对象调用 computerAverage(double [] a)方法可以返回数组 a 的全部元素的平均值。也许可以在 computerAverage(double [] a)方法中添加多重条件语句，以便根据用户的具体需求决定需要计算数组的哪些元素的平均值，但这也不是一个好办法，因为只要一旦有新的需求，就要修改 computerAverage(double [] a)方法添加新的判断语句，而且针对某个条件语句的代码也可能因该用户的需求变化导致重新编写。

我们发现，问题的症结就是 AverageScore 类的 computerAverage(double [] a)方法体中的代码（具体算法）需要经常地发生变化。不用担心，面向对象编程有一个很好的设计原则——“面向抽象编程”，该原则的核心就是将类中经常需要变化的部分分割出来，并将每种可能的变化对应地交给抽象类的一个子类或实现接口的一个类去负责，从而让类的设计者不去关心具体实现，避免所设计的类依赖于具体的实现。基于该原则就容易使设计的类应对用户需求的变化。关于“面向抽象编程”曾在第 5 章讨论过，其关键点是分割变化。

如果每当用户有新的需求，就会导致修改类的某部分代码，那么就应当将这部分代码从该类中分割出去，使它和类中其他稳定的代码之间是松耦合关系，即将每种可能的变化对应地交给实现某接口的类或某个抽象类的子类去负责完成。

现在，针对 AverageScore 类中的 computerAverage(double [] a)方法体中的内容，抽象出一个“算法”标识，即一个抽象方法 abstract double computerAverage(double [] a)（该抽象方法的名字不一定非得是 computerAverage），并将该抽象方法封装在一个接口或抽象类中。

在策略模式中，这个接口被命名为 Strategy（在具体应用中，这个角色的名字可以根据具体问题来命名）。Strategy 接口的 UML 图如图 7.3 所示。Strategy 接口的代码如下：

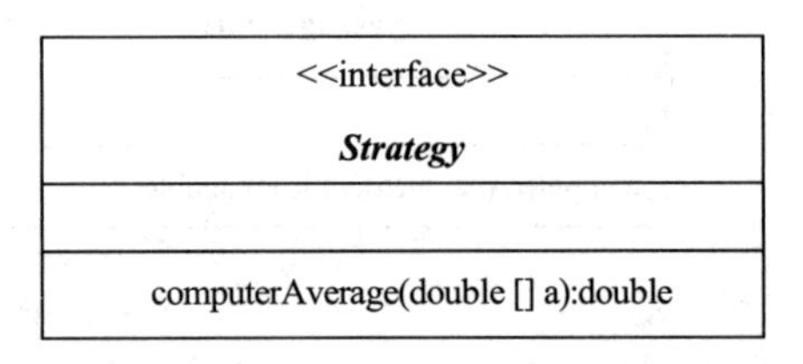

图 7.3 策略接口：Strategy

Strategy.java

```
public interface Strategy {
  public double computerAverage(double [] a);
}
```

2．上下文（Context）

现在重新设计 AverageScore 类，即让 AverageScore 类是策略模式中的“上下文”角色。上下文面向策略，是面向接口（抽象类）的类，在本问题中将上下文命名为 AverageScore，即让 AverageScore 类依赖于 Strategy 接口。

AverageScore 类和 Strategy 策略之间是组合关系，即 AverageScore 类含有一个 Strategy 声明的变量 strategy，并在 AverageScore 类重新定义一个方法 double getAverage(double [] a)，其主要代码是委托接口变量 strategy 调用 computerAverage(double [] a)方法。AverageScore 上下文和 Strategy 策略形成的 UML 图如图 7.4 所示。AverageScore 类的代码如下：

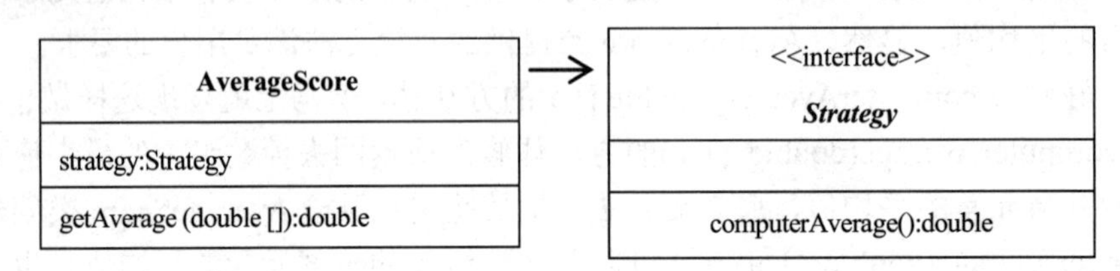

图 7.4 上下文与策略

AverageScore.java

```
public class  AverageScore{
     Strategy strategy;
     public void setStrategy(Strategy strategy){
         this.strategy=strategy;
     }
     public double getAverage  (double [] a){
        if(strategy!=null)
          return strategy.computerAverage(a);
        else {
          System.out.println("没有求平均值的算法,得到的-1不代表平均值");
          return -1;
        }
     }
```

3．具体策略

具体策略是实现 Strategy 接口的类，即必须重写接口中的 abstract double computerAverage(double [] a)方法。每个具体策略负责一系列算法中的一个，也就是说，这些具体策略把一系列算法分别封装起来，并且让使用者可以随时使用这些策略中的任何一个。这也是策略模式的关键所在（见本章开头给出的策略模式的定义）。

对于本小节前面提出的简单问题，给出两个具体策略：StrategyA 和 StrategyB。这两个具体策略与 Strategy 策略以及 AverageScore 上下文形成的 UML 图如图 7.5 所示。

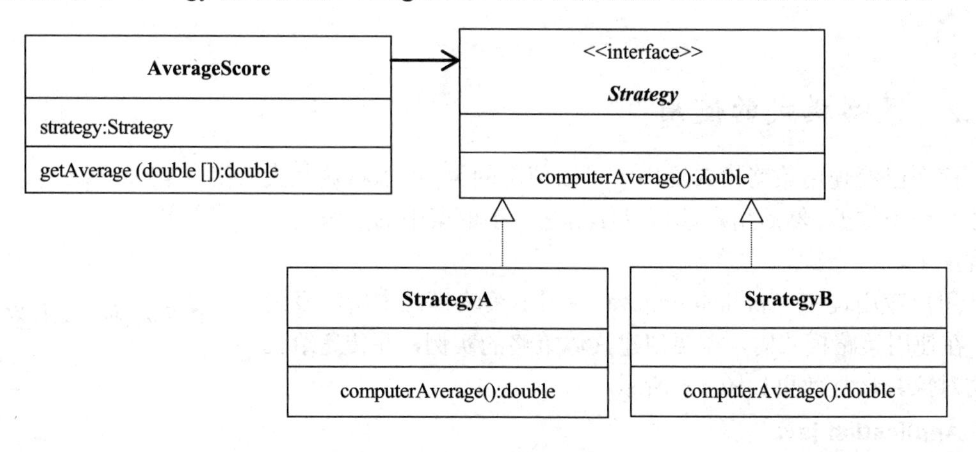

图 7.5　上下文、策略与具体策略

StrategyA 类将 computerAverage(double [] a)方法实现为计算数组 a 的元素的代数平均值，StrategyB 类将 computerAverage(double [] a)方法实现为去掉数组 a 的元素中的一个最大值和一个最小值，然后计算剩余元素的代数平均值。

StrategyA、StrategyB 的代码如下：

StrategyA.java

```
public class StrategyA implements Strategy{
```

```
    public double computerAverage(double [] a){
        double score=0,sum=0;
        for(int i=0;i<a.length;i++){
            sum=sum+a[i];
        }
        score=sum/a.length;
        return score;
    }
}
```

StrategyB.java

```
import java.util.Arrays;
public class StrategyB implements Strategy{
    public double computerAverage(double [] a){
        if(a.length<=2)
            return 0;
        double score=0,sum=0;
        Arrays.sort(a);   //排序数组
        for(int i=1;i<a.length-1;i++){
           sum=sum+a[i];
        }
        score=sum/(a.length-2);
        return score;
    }
}
```

7.1.2 策略模式的使用

前面已经使用策略模式给出了可以使用的类，可以将这些类看做一个小框架，然后用户就可以使用这个小框架中的类编写应用程序了。

用户应用程序 Application.java 使用了策略模式中所涉及的类，在使用策略模式时，需要创建具体策略的实例，并传递给上下文对象。运行效果如图 7.6 所示。

```
算法A:
张三最后得分:8. 683
算法B:
张三最后得分:8. 780
```

图 7.6　程序运行效果

Application.java

```
public class Application{
   public static void main(String args[]){
     AverageScore game=new AverageScore();  //上下文对象game
     game.setStrategy(new StrategyA());     //上下文对象使用具体策略
     Person zhang=new Person();
     zhang.setName("张三");
     double [] a={9.12,9.25,8.87,9.99,6.99,7.88};
     double aver=game.getAverage(a);         //上下文对象得到平均值
     zhang.setScore(aver);
```

```
        System.out.println("算法A:");
        System.out.printf("%s最后得分:%5.3f%n",zhang.getName(),zhang.getScore());
        game.setStrategy(new StrategyB());
        aver=game.getAverage(a) ;              //上下文对象得到平均值
        zhang.setScore(aver);
        System.out.println("算法B:");
        System.out.printf("%s最后得分:%5.3f%n",zhang.getName(),zhang.getScore());
    }
}
class Person{
    String name;
    double score;
    public void setScore(double t){
        score=t;
    }
    public void setName(String s){
        name=s;
    }
    public double getScore(){
        return score;
    }
    public String getName(){
        return name;
    }
}
```

7.2 策略模式的优点

策略模式具有以下优点：

（1）上下文（Context）和具体策略（ConcreteStrategy）是松耦合关系。因此上下文只知道它要使用某一个实现 Strategy 接口类的实例，但不需要知道具体是哪一个类。

（2）策略模式满足“开-闭”原则。当增加新的具体策略时，不需要修改上下文类的代码，上下文就可以引用新的具体策略的实例。

7.3 适合使用策略模式的情景

适合使用策略模式的情景如下：

（1）一个类定义了多种行为，并且这些行为在这个类的方法中以多个条件语句的形式出现，那么可以使用策略模式避免在类中使用大量的条件语句。

（2）程序的主要类（相当于上下文角色）不希望暴露复杂的、与算法相关的数据结构，那么可以使用策略模式封装算法，即将算法分别封装到具体策略中。

（3）需要使用一个算法的不同变体。

7.4 策略模式相对继承机制的优势

我们知道，通过继承也可改进对象的行为，子类可以重写（覆盖）父类的方法来改变该方法的行为，使得子类的对象具有和父类对象不同的行为。如果将父类的某个方法的内容的不同变体交给对应的子类去实现，就使得这些实现和父类中的其他代码是紧耦合关系，因为父类的任何改动都会影响到子类。如果考虑到系统扩展性和复用性，就应当注意面向对象的一个基本原则之一，即少用继承，多用组合（见第5章）。策略模式的应用层次采用的是组合结构，即将上下文类的某个方法的内容的不同变体分别封装在不同的具体策略中，而该上下文类仅仅依赖这些具体策略所实现的一个共同接口——策略。策略模式的底层结构采用的是继承结构，即每个具体策略都必须是策略的子类。

7.5 举例——加密、解密文件

7.5.1 设计要求

对已有的文件进行加密处理，请使用策略模式提供几种加密方案。

7.5.2 设计实现

1．策略（Strategy）

本问题中，策略接口的名字是EncryptStrategy，该接口有3个抽象方法：public abstract void encryptFile(File file)（加密参数file指定的文件）、public abstract void decrypt File(File file)（解密参数file指定的文件）和public void setPassword(String s)（设置密码）。EncryptStrategy接口的代码如下：

EncryptStrategy.java

```
import java.io.*;
public interface EncryptStrategy{
   public abstract void encryptFile(File file);
   public abstract String decryptFile(File file);
   public void setPassword(String s);
}
```

2．具体策略

对于本问题，有两个具体策略：StrategyOne和StrategyTwo。

1）StrategyOne类使用的加密算法

使用一个字符串做密码，比如password，将password编码到一个字节数：

```
byte [] p=password.getBytes();
```

假设p的长度为n，那么就将文件的内容按顺序以n个字节为一组（最后一组中的字节个数可小于n），对每一组中的字节，用数组p的对应字节做加法运算。比如，某一组中

的 n 个字节是 $a_0a_1\cdots a_{n-1}$，那么对该组字节的加密结果 $c_0c_1\cdots c_{n-1}$ 是：

$c_0=(\text{byte})(a_0+p[0])$，$c_1=(\text{byte})(a_1+p[1])$，…，$c_{n-1}=(\text{byte})(a_{n-1}+p[n-1])$

上述加密算法的解密算法是对密文做减法运算。

2）StrategyTwo 类使用的加密算法

使用一个字符串做密码，比如 password，将 password 编码到一个字节数组：

```
byte [] p=password.getBytes();
```

假设 p 的长度为 n，那么就将文件的内容按顺序以 n 个字节为一组（最后一组中的字节个数可小于 n），对每一组中的字节，用数组 p 的对应字节做“异或”运算。比如，某组中的 n 个字节是 $a_0a_1\cdots a_{n-1}$，那么对该组字节的加密结果 $c_0c_1\cdots c_{n-1}$ 是：

$c_0=(\text{byte})(a_0\wedge \text{p}[0])$，$c_1=(\text{byte})(a_1\wedge \text{p}[1])$，…，$c_{n-1}=(\text{byte})(a_{n-1}\wedge \text{p}[n-1])$

因为 a^b^b=b，所以上述加密算法的解密算法就是对密文进行“异或”运算。

StrategyOne 和 StrategyTwo 类的代码如下：

StrategyOne.java

```
import java.io.*;
public class StrategyOne implements EncryptStrategy{
    String password;
     public void setPassword(String s) {
       password=s;
     }
    public void encryptFile(File file){
      try{
           File tempFile=new File(".","temp.txt");
           byte [] secret=password.getBytes();
           FileInputStream in=new FileInputStream(file);
           FileOutputStream out=new FileOutputStream(tempFile);
           int n=secret.length,m=-1;
           byte [] content=new byte[n];
           while((m=in.read(content,0,n))!=-1) {
              for(int k=0;k<m;k++){
               content[k]=(byte)(content[k]+secret[k]); //加密
              }
              out.write(content,0,m);      //将加密写入临时文件中
           }
           in.close();
           out.close();
           in=new FileInputStream(tempFile);
           out=new FileOutputStream(file);
           byte c []=new byte[10];
           while((m=in.read(c,0,10))!=-1) {
               out.write(c,0,m);            //用加密文件替换原来的文件
           }
```

```
            tempFile.delete();
            in.close();
            out.close();
        }
        catch(IOException exp){}
    }
    public String decryptFile(File file){
        try{
            byte [] a=password.getBytes();
            long length=file.length();
            FileInputStream in=new FileInputStream(file);
            byte [] c=new byte[(int)length];
            int m=in.read(c);
            for(int k=0;k<m;k++){
              int n=c[k]-a[k%a.length];
              c[k]=(byte)n;                                         //解密
            }
            in.close();
            return new String(c);
        }
        catch(IOException exp){
            return exp.toString();
        }
    }
}
```

StrategyTwo.java

```
import java.io.*;
public class StrategyTwo implements EncryptStrategy{
    String password;
    public void setPassword(String s) {
      password=s;
    }
    public void encryptFile(File file){
      try{
          File tempFile=new File(".","temp.txt");
          byte [] secret=password.getBytes();
          FileInputStream in=new FileInputStream(file);
          FileOutputStream out=new FileOutputStream(tempFile);
          int n=secret.length,m=-1;
          byte [] content=new byte[n];
          while((m=in.read(content,0,n))!=-1) {
            for(int k=0;k<m;k++){
              content[k]=(byte)(content[k]^secret[k]);   //加密
            }
```

```
                out.write(content,0,m);      //将加密写入临时文件中
            }
            in.close();
            out.close();
            in=new FileInputStream(tempFile);
            out=new FileOutputStream(file);
            byte c []=new byte[10];
            while((m=in.read(c,0,10))!=-1) {
                out.write(c,0,m);            //用加密文件替换原来的文件
            }
            tempFile.delete();
            in.close();
            out.close();
        }
        catch(IOException exp){}
    }
    public String decryptFile(File file){
        try{
            byte [] a=password.getBytes();
            long length=file.length();
            FileInputStream in=new FileInputStream(file);
            byte [] c=new byte[(int)length];
            int m=in.read(c);
            for(int k=0;k<m;k++){
                int n=c[k]^a[k%a.length];
                c[k]=(byte)n;                //解密
            }
            in.close();
            return new String(c);
        }
        catch(IOException exp){
            return exp.toString();
        }
    }
}
```

3. 上下文

上下文是 EncodeContext 类，该类包含策略声明的用于保存具体策略的引用的变量。EncodeContext 类的代码如下：

EncodeContext.java

```
import java.io.File;
public class EncodeContext{
    EncryptStrategy strategy;
    public void setStrategy(EncryptStrategy strategy){
```

```
        this.strategy=strategy;
    }
    public void encryptFile(File file){
       if(strategy!=null)
         strategy.encryptFile(file);
       else
         System.out.println("没有加密策略可用");
    }
    public String decryptFile(File file){
       if(strategy!=null)
         return strategy.decryptFile(file);
       else
         return "";
    }
}
```

4. 应用程序

下列应用程序中，Application.java 使用了策略模式中所涉及的类，应用程序使用两种策略分别加密、解密文件 A.txt。Application.java 运行效果如图 7.7 所示。

```
A.txt加密后的内容:
霸銓虚蒴濂斑r⬇(A-!, ?Er4B@IA,ぅgiEr
A.txt解密后的内容:
How are you
大家都来了
现在是8:12

B.txt加密后的内容:
瑢豌M→L E 覩?ゲ◀H◀焐x*0]◆⬆◆
B.txt解密后的内容:
你好,hello
国庆是10月1日
welcome
```

图 7.7　客户程序运行效果

Application.java

```
import java.io.*;
public class Application{
   public static void main(String args[]){
     File fileOne=new File("A.txt");
     File fileTwo=new File("B.txt");
     EncodeContext encode=new EncodeContext();        //上下文对象
     EncryptStrategy one=new StrategyOne();
     String password="hellowell678";
     one.setPassword(password);
     encode.setStrategy(one);                         //上下文对象使用策略一
```

```
    encode.encryptFile(fileOne);
    System.out.println(fileOne.getName()+"加密后的内容:");
    String s="";
    try{  FileReader inOne=new FileReader(fileOne);
          BufferedReader inTwo=new BufferedReader(inOne);
          while((s=inTwo.readLine())!=null){
            System.out.println(s);
          }
          inOne.close();
          inTwo.close();
    }
    catch(IOException exp){}
    String str=encode.decryptFile(fileOne);
    System.out.println(fileOne.getName()+"解密后的内容:");
    System.out.println(str);
    EncryptStrategy two=new StrategyTwo();
    password="how are you 88";
    two.setPassword(password);
    encode.setStrategy(two);                //上下文对象使用策略二
    encode.encryptFile(fileTwo);
    System.out.println(fileTwo.getName()+"加密后的内容:");
    try{  FileReader inOne=new FileReader(fileTwo);
          BufferedReader inTwo=new BufferedReader(inOne);
          while((s=inTwo.readLine())!=null){
            System.out.println(s);
          }
          inOne.close();
          inTwo.close();
    }
    catch(IOException exp){}
    str=encode.decryptFile(fileTwo);
    System.out.println(fileTwo.getName()+"解密后的内容:");
    System.out.println(str);

  }
}
```

第8章　状态模式

状态模式（别名：状态对象）允许一个对象在其内部状态改变时改变它的行为。对象看起来似乎修改了它的类。

状态模式属于行为型模式（见6.7节）。

8.1　状态模式的结构与使用

8.1.1　状态模式的结构

状态模式包括3种角色。

（1）抽象状态（State）：抽象状态是一个接口或抽象类。抽象状态中定义了与环境的一个特定状态相关的若干个方法（如图8.1中的State接口中的handle()方法）。

（2）环境（Context）：环境是一个类，该类含有抽象状态（State）声明的变量，可以引用任何具体状态类的实例（如图8.1中的Context类中的state变量）。用户对该环境类的实例在某种状态下的行为（如图8.1中的Context类中的request()方法）感兴趣。

（3）具体状态（Concrete State）：具体状态是实现（扩展）抽象状态（抽象类）的类（如图8.1中的ConcreteStateA类和Concrete StateB类）。

状态模式结构中的角色形成的UML类图如图8.1所示。

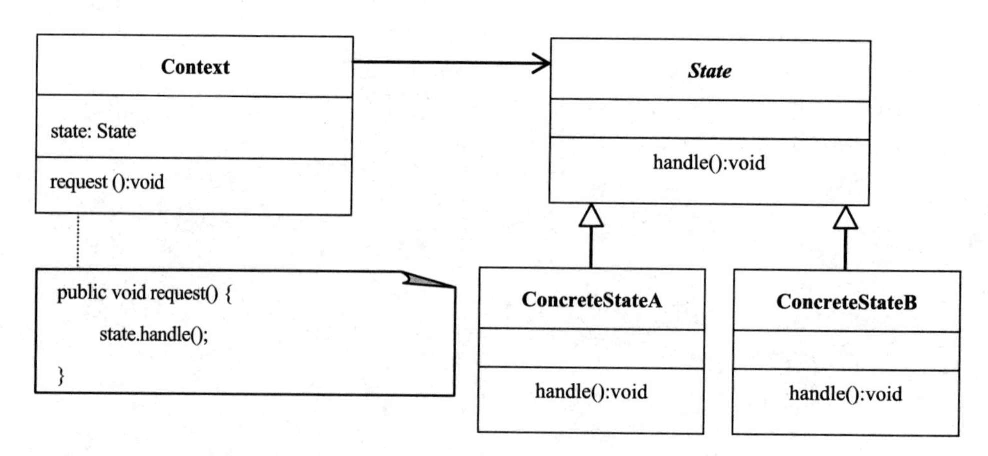

图8.1　状态模式的类图

下面通过一个简单的问题来描述状态模式中所涉及的各个角色。

简单问题：

设计一个Dog类，让Dog类的对象通过调用cry方法能体现“高兴”、“愤怒”和“害怕”3种状态。即用户对Dog类的实例在某种状态下的cry行为感兴趣。

1．抽象状态（State）

在某些应用中，对象需要用一个称为“状态”的成员变量来刻画自己的某种行为（或者说通过某种行为来体现自己的当前状态），那么该行为就依赖于对象当前的状态，也就是说该行为和状态实施了绑定。比如，小狗的cry（叫）行为就依赖于小狗当前是“高兴”、“愤怒”或“害怕”等状态，或者说小狗使用cry行为体现自己目前是“高兴”、“愤怒”或“害怕”（人们关注狗在某种状态下的cry行为）。

我们首先设计一个不可维护的Dog类，然后通过分析这个类，引出“抽象状态”。

假如设计如下的Dog类，该类用cry ()方法显示狗的状态。

Dog.java

```
public class Dog {
    public void cry(){
      System.out.println("高兴:wangwang");
    }
}
```

上述Dog类的实例（小狗）调用cry()方法只能体现“高兴”，无法体现“愤怒”和“害怕”。如果想让Dog类的实例（小狗）调用cry()方法能体现“愤怒”，就需要修改代码，但这样一来，又导致无法体现“高兴”。问题的症结就是Dog类中缺少一个称为“状态”的成员变量来刻画狗的状态。由于狗的状态可能有很多（可能不只3种），因此需要用接口或抽象类封装狗的状态（不建议扩展Dog类，即多用组合，少用继承）。

对于本问题，抽象状态（State）是名字为DogState的接口（在具体应用中，这个角色的名字可以根据具体问题来命名），DogState 接口的代码如下，UML图如图8.2所示。

DogState.java

```
public interface DogState{
   public void voiceHandle();
}
```

DogState
voiceHandle():void

图8.2　抽象状态

2．环境（Context）

在本问题中环境是Dog类。Dog类含有DogState接口声明的变量，可以引用任何实现DogState接口的类的实例。用户对Dog类的实例在某种状态下的行为（cry行为）感兴趣。现在按照状态模式重新编写Dog类。

Dog类（环境）和DogState接口（抽象状态）之间是组合关系，即Dog类含有一个DogState声明的变量state，并在Dog类中的cry方法委托接口变量state调用voiceHandle()方法。

Dog类和DogState接口（抽象状态）形成的UML图如图8.3所示，Dog类的代码如下：

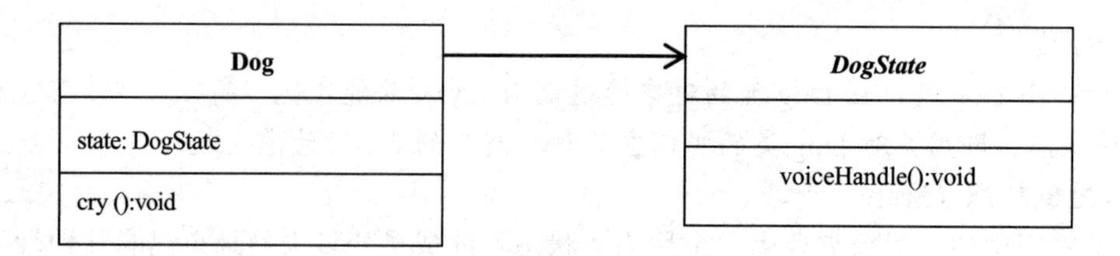

图 8.3　环境与抽象状态

Dog.java

```
public class  Dog{
     DogState state;
     public void setDogState(DogState state){
         this.state=state;
     }
     public void cry(){
        if(state!=null)
           state.voiceHandle();
        else {
          System.out.println("狗没有状态可表示");
        }
     }
}
```

3．具体状态

具体状态是实现 DogState 接口的类，即必须重写接口中的 abstract void voiceHandle() 方法来体现狗用某种特殊声音所表示的一种特定状态。每个具体状态负责狗的一系列状态中的一个。对于本节前面提出的简单问题，给出 3 个具体状态：StateHappy、StateAngry 和 State Afraid。这 3 个具体状态与抽象状态（DogState）以及环境（Dog）形成的 UML 图如图 8.4 所示。

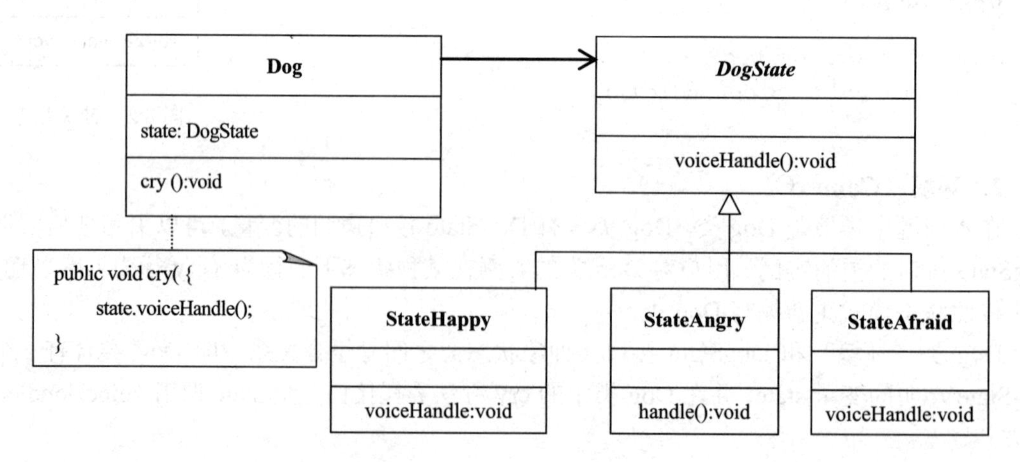

图 8.4　环境、抽象状态、具体状态的类图

StateHappy、StateAngry 和 StateAfraid 的代码如下：

StateHappy.java

```
public class StateHappy implements DogState{
   public void voiceHandle(){
      System.out.println("高兴:wang..wang");
   }
}
```

StateAngry.java

```
public class StateAngry implements DogState{
   public void voiceHandle(){
      System.out.println("愤怒:heng..wang..heng wang");
   }
}
```

StateAfraid.java

```
public class StateAfraid implements DogState{
   public void voiceHandle(){
      System.out.println("害怕:ou..wang..ou wang");
   }
}
```

8.1.2 状态模式的使用

前面已经使用状态模式给出了可以使用的类，可以将这些类看做一个小框架，然后用户就可以使用这个小框架中的类编写应用程序了。

用户程序 Application.java 使用了状态模式中所涉及的类，在使用状态模式时，需要创建具体状态的实例，并传递给环境对象。运行效果如图 8.5 所示。

```
高兴:wang..wang
愤怒:heng..wang..heng wang
害怕:ou..wang..ou wang
```

图 8.5 程序运行效果

Application.java

```
public class Application{
  public static void main(String args[]){
    Dog dog=new Dog();                         //环境对象dog
    dog.setDogState(new StateHappy());         //dog目前是高兴状态
    dog.cry();
    dog.setDogState(new StateAngry());         //dog目前是愤怒状态
    dog.cry();
    dog.setDogState(new StateAfraid());        //dog目前是害怕状态
    dog.cry();
  }
}
```

8.2 状 态 切 换

环境实例在某种状态下执行一个方法后，可能导致该实例的状态发生变化。程序通过使用状态模式可方便地将环境实例从一个状态切换为另一个状态。当一个环境实例有确定的若干个状态时，可以由环境实例本身负责状态的切换，该环境实例可以含有所有状态的引用，并提供设置改变状态的方法，比如 setState(State state)方法。

下面通过一个简单的问题来说明状态切换。

一个使用弹夹大小为 3 颗子弹的手枪通过更换弹夹重新获取子弹。使用弹夹大小为 3 颗子弹的手枪共有 4 种状态：有 3 颗子弹、有两颗子弹、有一颗子弹、没有子弹。手枪只有在有子弹的状态下可以调用 fire()方法进行射击，只有在没有子弹的状态下可以调用 load()方法装载新弹夹获得子弹。需要注意的是，手枪调用 fire()方法和 load()方法都会导致手枪的状态发生变化，如图 8.6 所示。

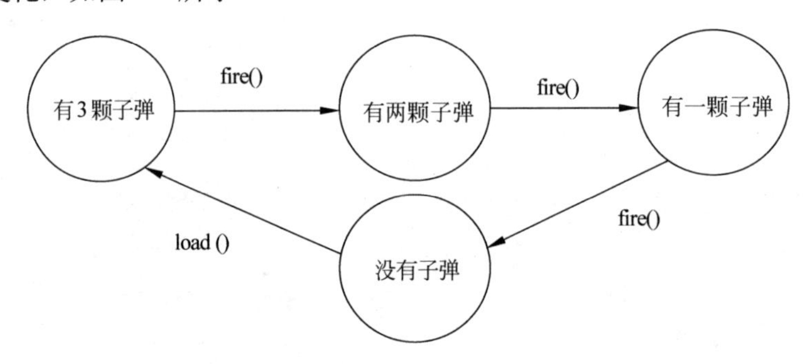

图 8.6　对象的状态切换

1．抽象状态（State）

对于本问题，抽象状态是 State 抽象类，代码如下：

State.java

```
public abstract class State{
   public abstract void shoot();
   public abstract void loadBullet();
}
```

2．环境（Context）

本问题中，环境角色是 Gun 类，代码如下：

Gun.java

```
public class Gun{
   public State stateThree,stateTwo,stateOne,stateNull;
   public State state;
   Gun(){
      stateThree=new BulletStateThree(this);
      stateTwo=new BulletStateTwo(this);
```

```
      stateOne=new BulletStateOne(this);
      stateNull=new BulletStateNull(this);
      state=stateThree;        //手枪的默认状态是有3颗子弹
   }
   public void setState(State state){
      this.state=state;
   }
   public void fire(){
      state.shoot();
   }
   public void load(){
      state.loadBullet();
   }
}
```

3．具体状态（Concrete State）

对于本问题，共有 4 个具体状态角色，分别是 BulletStateThree、BulletStateTwo、BulletStateOne 和 BulletStateNull 类，代码如下：

BulletStateThree.java

```
public class BulletStateThree extends State{
   Gun gun;
   BulletStateThree(Gun gun){
      this.gun=gun;
   }
   public void shoot(){
      System.out.println("射出一颗子弹----●");
      gun.setState(gun.stateTwo);
   }
   public void loadBullet(){
      System.out.println("无法装弹");
   }
}
```

BulletStateTwo.java

```
public class BulletStateTwo extends State{
   Gun gun;
   BulletStateTwo(Gun gun){
      this.gun=gun;
   }
   public  void shoot(){
      System.out.println("射出一颗子弹----●");
          gun.setState(gun.stateOne);
   }
   public  void loadBullet(){
```

```
        System.out.println("无法装弹");
    }
}
```


BulletStateOne.java

```
public class BulletStateOne extends State{
    Gun gun;
    BulletStateOne(Gun gun){
        this.gun=gun;
    }
    public  void shoot(){
        System.out.println("射出一颗子弹----●");
        gun.setState(gun.stateNull);
    }
    public  void loadBullet(){
        System.out.println("无法装弹");
    }
}
```

BulletStateNull.java

```
public class BulletStateNull extends State{
    Gun gun;
    BulletStateNull(Gun gun){
        this.gun=gun;
    }
    public void shoot(){
        System.out.println("没有子弹了----");
    }
    public void loadBullet(){
        System.out.println("装弹");
        gun.setState(gun.stateThree);
    }
}
```

4. 应用程序

应用程序 Application.java 使用了状态模式中所涉及的类，演示了手枪在射击过程中的状态变化，运行效果如图 8.7 所示。

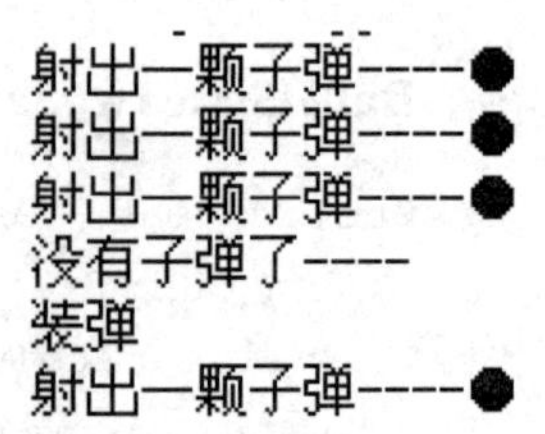

图 8.7 程序运行效果

Application.java

```
public class Application{
    public static void main(String args[]){
        Gun gun=new Gun();
        gun.fire();
        gun.fire();
```

```
        gun.fire();
        gun.fire();
        gun.load();
        gun.fire();
    }
}
```

8.3 状态模式的优点

状态模式具有以下优点：

（1）使用一个类封装对象的一种状态，很容易增加新的状态。

（2）在状态模式中，环境中不必出现大量的条件判断语句。环境实例所呈现的状态变得更加清晰、容易理解。

（3）使用状态模式可以让用户程序很方便地切换环境实例的状态。

（4）使用状态模式不会让环境的实例中出现内部状态不一致的情况。

8.4 适合使用状态模式的情景

适合使用状态模式的情景如下：

（1）一个对象的行为依赖于它的状态，并且它必须在运行时刻根据状态改变它的行为。

（2）需要编写大量的条件分支语句来决定一个操作的行为，而且这些条件恰好表示对象的一种状态。

8.5 举例——模拟咖啡自动售货机

8.5.1 设计要求

我们经常见到一些自动售货机，比如咖啡自动售货机。当用户把一元硬币投入咖啡自动售货机，就会得到一杯热咖啡。

咖啡自动售货机一共有 3 种状态，分别是 “有咖啡，无人投币”、“有咖啡，有人投币”和“无咖啡”。咖啡自动售货机有两个方法：needAnCoin()和 sellCoffee()。

咖啡自动售货机的默认初始状态是“有咖啡，无人投币”。当咖啡自动售货机处于“有咖啡，无人投币”状态时，调用 sellCoffee()方法将显示“需投入一元硬币，才可以得到一杯咖啡”,并保持当前的状态;调用 needAnCoin()方法将显示“咖啡机里被投入了一元硬币”,然后咖啡自动售货机将处于“有咖啡，有人投币”状态，此时，如果调用 sellCoffee()方法将显示“送出一杯咖啡”，然后咖啡自动售货机将处于“有咖啡，无人投币”状态或“无咖啡”状态；当咖啡自动售货机处于“无咖啡”状态时，调用 giveAnCupCoffee()方法将显示“没有咖啡了，请拨 126799 服务电话”，调用 needAnCoin()方法将显示“投币无效，退回！”

请使用状态模式模拟咖啡自动售货机。

8.5.2 设计实现

设计的类图如图 8.8 所示。

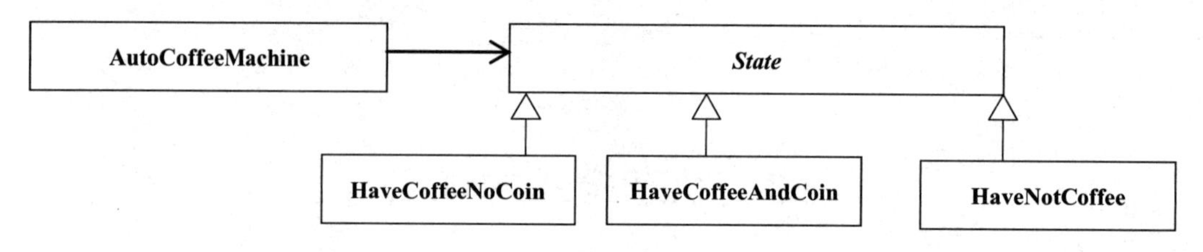

图 8.8 设计的类图

1. 抽象状态（State）

对于本问题，抽象状态是 State 抽象类，代码如下：

State.java

```
public abstract class State{
   int coffeeCount;                              //记录一共有多少杯咖啡
   public abstract void giveAnCupCoffee();
   public abstract void comeInCoin();
}
```

2. 环境（Context）

本设计中，环境角色是 AutoCoffeeMachine 类，代码如下：

AutoCoffeeMachine.java

```
public class AutoCoffeeMachine {
   State haveCoffeeNoCoin,haveCoffeeAndCoin,haveNotCoffee;
   State state;
   AutoCoffeeMachine(){
      init();
   }
   public void init() {
      haveCoffeeNoCoin=new HaveCoffeeNoCoin(this);
      haveCoffeeAndCoin=new HaveCoffeeAndCoin(this);
      haveNotCoffee=new HaveNotCoffee(this);
      haveCoffeeNoCoin.coffeeCount=3;     //咖啡机初始有3杯咖啡
      state=haveCoffeeNoCoin;             //咖啡机的默认状态是有咖啡但无人投币
   }
   public void sellCoffee(){
      state.giveAnCupCoffee();
   }
   public void needAnCoin(){
      state.comeInCoin();
   }
   public void setState(State state){
```

```
      this.state=state;
   }
}
```

3. 具体状态（Concrete State）

对于本问题，共有 3 个具体状态角色，分别是 HaveCoffeeNoCoin、HaveCoffeeAndCoin 和 HaveNotCoffee 类，代码如下：

HaveCoffeeNoCoin.java

```
public class HaveCoffeeNoCoin extends State{
   AutoCoffeeMachine machine;
   HaveCoffeeNoCoin(AutoCoffeeMachine machine){
      this.machine=machine;
   }
   public void giveAnCupCoffee(){
      System.out.println("需投入一元硬币,才可以得到一杯咖啡");
   }
   public void comeInCoin(){
      System.out.println("咖啡机里被投入了一元硬币");
      machine.setState(machine.haveCoffeeAndCoin); //切换到有咖啡和硬币状态
   }
}
```

HaveCoffeeAndCoin.java

```
public class HaveCoffeeAndCoin extends State{
   AutoCoffeeMachine machine;
   HaveCoffeeAndCoin(AutoCoffeeMachine machine){
      this.machine=machine;
   }
   public void giveAnCupCoffee(){
      int n=machine.haveCoffeeNoCoin.coffeeCount;
      if(n>1) {
         n--;
         System.out.println("送出一杯咖啡");
         machine.haveCoffeeNoCoin.coffeeCount=n;
         machine.setState(machine.haveCoffeeNoCoin); //切换到有咖啡没有投币状态
      }
      else if(n==1) {
         n--;
         System.out.println("送出一杯咖啡");
         machine.setState(machine.haveNotCoffee); //切换到没有咖啡状态
      }
   }
   public void comeInCoin(){
      System.out.println("目前不允许投币");
```

```
    }
}
```

HaveNotCoffee.java

```
public class  HaveNotCoffee extends State{
   AutoCoffeeMachine machine;
   HaveNotCoffee(AutoCoffeeMachine machine){
      this.machine=machine;
   }
   public void giveAnCupCoffee(){
      System.out.println("没有咖啡了，请拨126799服务电话");
   }
   public void comeInCoin(){
      System.out.println("投币无效，退回！");
   }
}
```

4. 应用程序

Application.java 使用了状态模式中所涉及的类，程序运行效果如图 8.9 所示。

```
需投入一元硬币,才可以得到一杯咖啡
咖啡机里被投入了一元硬币
送出一杯咖啡
咖啡机里被投入了一元硬币
送出一杯咖啡
咖啡机里被投入了一元硬币
送出一杯咖啡
投币无效，退回！
没有咖啡了，请拨126799服务电话
```

图 8.9　程序运行效果

Application.java

```
public class Application{
   public static void main(String args[]){
      AutoCoffeeMachine machine=new AutoCoffeeMachine();
      machine.sellCoffee();
      machine.needAnCoin();
      machine.sellCoffee();
      machine.needAnCoin();
      machine.sellCoffee();
      machine.needAnCoin();
      machine.sellCoffee();
      machine.needAnCoin();
      machine.sellCoffee();
   }
}
```

第9章 命 令 模 式

命令模式（别名：动作、事务）：将一个请求封装为一个对象，从而使你可用不同的请求对客户进行参数化，对请求排队或记录请求日志，以及支持可撤销的操作。

命令模式属于行为型模式（见 6.7 节）。

9.1 命令模式的结构与使用

9.1.1 命令模式的结构

命令模式的结构中包括 4 种角色。

（1）命令（Command）接口：命令是一个接口，规定了用来封装“请求”的若干个方法，比如 execute()、undo()等方法。

（2）请求者（Invoker）：请求者是一个包含 Command 接口变量的类的实例。请求者中的 Command 接口的变量可以存放任何具体命令的引用。请求者负责调用具体命令，让具体命令执行那些封装了“请求”的方法，比如 execute()方法。

（3）接收者（Receiver）：接收者是一个类的实例，该实例负责执行与请求相关的操作。

（4）具体命令（ConcreteCommand）：具体命令是实现命令接口的类的实例。具体命令必须实现命令接口中的方法，比如 execute()方法，使该方法封装一个“请求”。

命令模式结构中的角色形成的 UML 类图如图 9.1 所示。

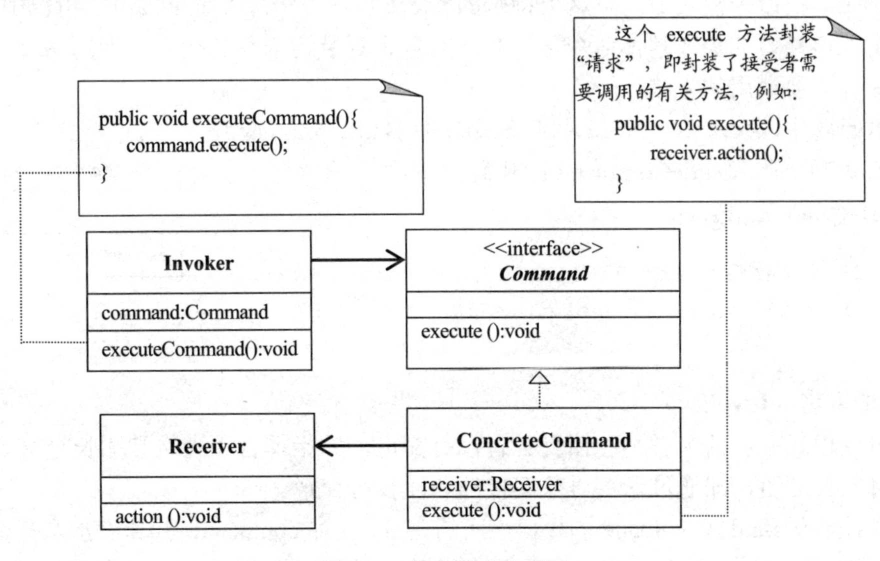

图 9.1 命令模式的类图

下面通过一个简单的问题来描述命令模式中所涉及的各个角色。

简单问题：

一个指挥官请求（命令）独立团攻打县城A，三团堵击敌人的增援，独立营负责佯攻县城B。

1．命令（Command）接口

在许多设计中，经常涉及一个对象请求另一个对象调用其方法达到某种目的。在命令模式中，请求者不直接和被请求者打交道。例如，在军队作战中，当指挥官要求“独立团攻打县城A”时，指挥官不需要和团长直接见面来告知他的要求。

在程序设计中，指挥官和独立团是两个对象，指挥官是请求者的角色，独立团是接受者的角色。那么“独立团攻打县城A”就是指挥官的一个“请求”。独立团需要接受“攻打县城A”的任务，比如，独立团调用attack()方法完成“攻打县城A”的任务。

在指挥官的请求“独立团攻打县城A”中，要求的接受者是“独立团”这个对象，并要求接受者执行attack()方法，即指挥官的“请求”是：

```
独立团.attack()方法        //独立团调用attack()方法完成"攻打县城A"的任务
```

可以将指挥官的“请求”形成一个命令。在命令模式中，通过在一个命令对象中体现“独立团攻打县城A”，即命令对象封装了“独立团调用attack()方法”，比如在命令对象的execute方法中封装“独立团调用attack()方法”：

```
public void execute(){
      独立团.attack();  //独立团调用attack()方法完成"攻打县城A"的任务
}
```

也就是说，命令对象通过使用execute方法封装了指挥官的“请求”，即封装了接受者需要调用的有关方法（命令对象就像军队中制定的作战命令）。

我们希望使用execute方法封装请求者的各种不同的“请求”，即形成内容不同的命令对象，因此，在命令模式中，将这个特殊的execute方法作为“命令接口”角色中的方法，以便让实现该接口的类（具体命令角色）的对象来封装请求者的请求，即用execute方法封装接受者需要调用的方法。

在本问题中，命令(Command)接口的名字是BattleCommand，类图如图9.2所示。BattleCommand的代码如下：

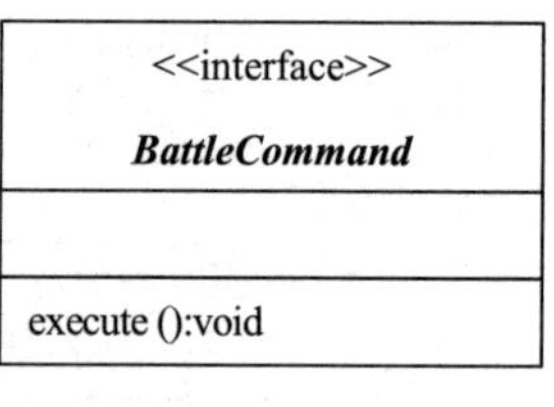

图9.2　命令接口

BattleCommand.java

```
public interface BattleCommand {
   public abstract void execute();
}
```

2．请求者（Invoker）

在命令模式中，请求者不和接受者直接打交道，即指挥官不直接和团长打交道，而是和命令对象打交道，即通过命令对象间接地和团长打交道。

请求者含有Battle Command的接口声明的变量，比如command，用来存放具体命令的引用。请求者，比如指挥官，只要让command执行相应的方法（该方法中封装了接受者，比如团长需要完成的任务），比如 execute()方法，就达到了自己的目的，即实现了指挥官的“请求”。

对于前面给出的简单问题，请求者角色是 ArmySuperior，代码如下：

ArmySuperior.java

```
public class ArmySuperior{
  BattleCommand command;                    //用来存放具体命令的引用
  public void setCommand(BattleCommand command){
     this.command=command;
  }
  public void startExecuteCommand(){
     command.execute();                     //让具体命令执行execute()方法
  }
}
```

ArmySuperior（请求者）和 BattleCommand（命令接口）形成的 UML 图如图 9.3 所示。

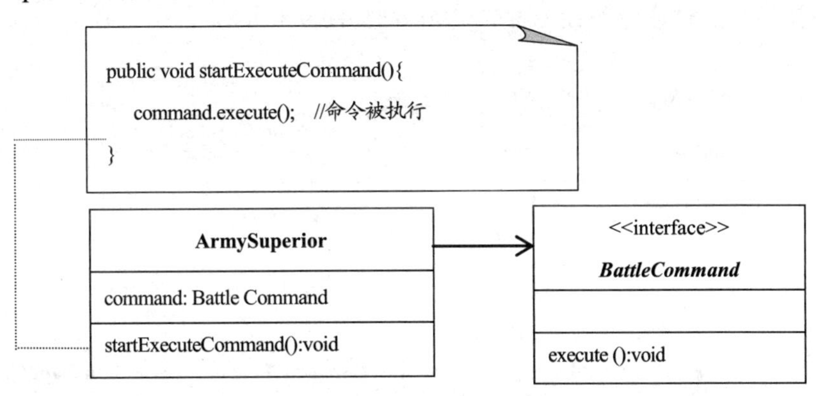

图 9.3　请求者和命令接口

3．接收者（Receiver）

对于上述简单的问题，接收者角色中有 ArmyA、ArmyB 和 ArmyC 类，代码如下：

ArmyA.java

```
public class ArmyA{
   public void attack(){
      System.out.println("炮火打击县城A外围");
      System.out.println("坦克进攻");
      System.out.println("步兵进攻");
   }
}
```

ArmyB.java

```
public class ArmyB{
   public void block(){
      System.out.println("在敌人的增援路上埋地雷");
      System.out.println("在战壕里射击增援的敌人");
```

```
    }
}
```

ArmyC.java

```
public class ArmyC{
    public void falseAttack(){
        System.out.println("佯攻县城B");
    }
}
```

4．具体命令（ConcreteCommand）

具体命令用来封装接受者需要完成的任务。具体命令和接受者之间是组合关系，具体命令通过实现命令接口中的方法，比如 execute 方法，来封装接受者需要调用的方法。

对于上述简单的问题，具体命令角色中有 CommandA、CommandB 和 CommandC。请求者、命令接口、具体命令和接受者的 UML 图如图 9.4 所示。

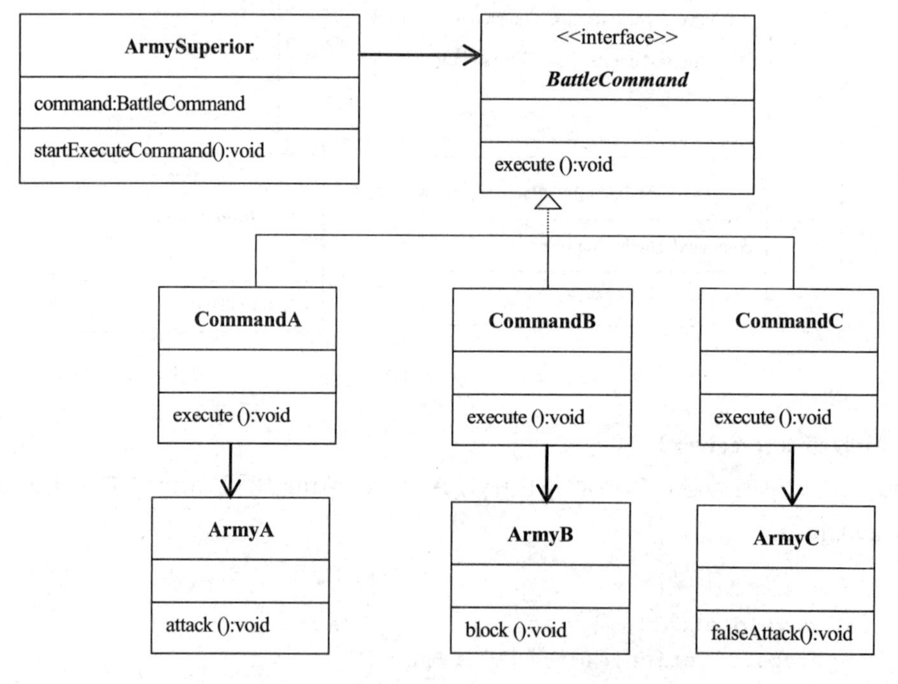

图 9.4　请求者、命令接口、具体命令和接受者

CommandA.java

```
public class CommandA implements BattleCommand {
    ArmyA army;                //含有接受者的引用
    CommandA(ArmyA army){
        this.army=army;
    }
    public void execute(){
        army.attack();         //进攻县城A
```

```
   }
}
```

CommandB.java

```
public class CommandB implements BattleCommand {
   ArmyB army;               //含有接受者的引用
   CommandB(ArmyB army){
      this.army=army;
   }
   public void execute(){
      army.block();          //堵击敌人
   }
}
```

CommandC.java

```
ublic class CommandC implements BattleCommand {
   ArmyC army;               //含有接受者的引用
   CommandC(ArmyC army){
      this.army=army;
   }
   public void execute(){
      army.falseAttack();    //佯攻县城B
   }
}
```

9.1.2 命令模式的使用

前面已经使用命令模式给出了可以使用的类，可以将这些类看做一个小框架，然后用户就可以使用这个小框架中的类编写应用程序了。

用户应用程序 Application.java 使用了命令模式中所涉及的类。应用程序在使用命令模式时，需要为具体命令指定接受者。Application.java 演示了一个指挥官通过命令指挥作战的情景。运行效果如图 9.5 所示。

```
炮火打击县城A外围
坦克进攻
步兵进攻
在敌人的增援路上埋地雷
在战壕里射击增援的敌人
佯攻县城B
```

图 9.5 程序运行效果

Application.java

```
public class Application{
   public static void main(String args[]){
      ArmyA 独立团=new ArmyA();                      //创建接受者
      ArmyB 三团=new ArmyB();
      ArmyC 独立营=new ArmyC();
      ArmySuperior 指挥官=new ArmySuperior();    //创建请求者
      BattleCommand command=new CommandA(独立团);//创建具体命令并指定接受者
      指挥官.setCommand(command);
```

```
        指挥官.startExecuteCommand();
        command=new CommandB(三团);
        指挥官.setCommand(command);
        指挥官.startExecuteCommand();
        command=new CommandC(独立营);  //创建具体命令并指定接受者
        指挥官.setCommand(command);
        指挥官.startExecuteCommand();
    }
}
```

9.2 命令接口中的撤销方法

命令接口中规定了用来封装“请求”的方法，比如 execute()方法。命令接口还可以提供用来封装撤销“请求”的方法，比如 undo()方法，即 undo()方法的执行能撤销 execute()方法的执行效果。如果 execute()方法的执行效果不可撤销（比如退出程序等），那么具体命令就不必实现 undo()方法。

下面使用一个简单的问题说明怎样在具体命令中实现 undo()方法，问题如下：

请求者请求输出一个字符串，并可以随时撤销自己的请求所产生的结果，即删除所输出的字符串。

针对该问题所设计的类图如图 9.6 所示。

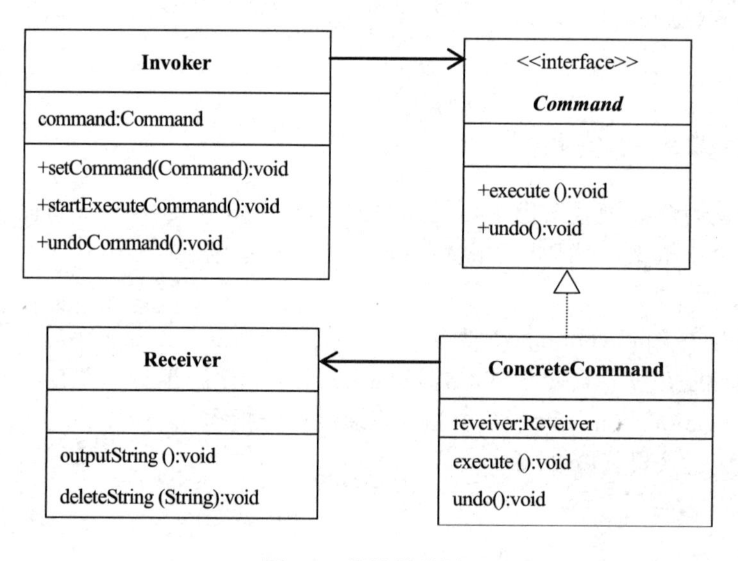

图 9.6 设计的类图

1. 命令接口

命令接口的代码如下：

Command.java

```
public interface Command {
   public abstract void execute(String s);
```

```
    public abstract void undo();
}
```

2．请求者

创建请求者的 Invoker 类的代码如下：

Invoker.java

```
public class Invoker {
   Command command;
   public void setCommand(Command command){
      this.command=command;
   }
   public void startExecuteCommand(String s){
      command.execute(s);
   }
   public void undoCommand(){
      command.undo();
   }
}
```

3．接受者

对于上述问题，接受者角色是下列Receiver类的一个实例，该实例的outputString (String)方法可以输出字符串，deleteString()方法可以删除已输出的字符串。

Receiver.java

```
import java.util.*;
public class Receiver {
   Stack<String> stack ;              //堆栈
   Receiver() {
      stack=new Stack<String>();
   }
   public void outputString(String s){
      stack.push(s);                  //将s压入堆栈
      System.out.print(s);
   }
   public void deleteString(){
      if(stack.empty()) return;
      String str=stack.pop();         //弹栈
      int length=str.length();
      for(int i=0;i<length;i++) {
        System.out.print("\b");       //退格
      }
      for(int i=0;i<length;i++) {
        System.out.print("\0");       //输出空格字符
      }
      for(int i=0;i<length;i++) {
```

```
            System.out.print("\b");
         }
      }
   }
```

4. 具体命令

具体命令通过使用 execute()方法封装了请求者的请求，undo()方法可以撤销 execute()方法执行所产生的效果。ConcreteCommand 类的代码如下：

ConcreteCommand.java

```
public class ConcreteCommand implements Command{
   Receiver reveiver;
   ConcreteCommand(Receiver reveiver){
      this.reveiver=reveiver;
   }
   public void execute(String s){
      reveiver.outputString(s);
   }
   public void undo(){
      reveiver.deleteString();
   }
}
```

5. 应用程序

下列应用程序中，Application.java 使用了命令模式中所涉及的类。请求者请求输出“Hello.”、“I am a boy.”和“I like shoping.”后，又撤销了输出的“I am a boy.”和“I like shoping.”。然后请求者请求输出“I am a teacher.”和“my name is geng.”，又撤销了输出的“my name is geng.”。然后请求者请求输出“my name is zhang yue ping.”。程序运行效果如图 9.7 所示。

```
Hello.I am a teacher. my name is zhang yue ping.
```

图 9.7　程序运行效果

Application.java

```
public class Application{
   public static void main(String args[]){
      Receiver receiver=new Receiver();                  //创建接受者
      Command command=new ConcreteCommand(receiver); //创建具体命令并指定接受者
      Invoker request=new Invoker();
      request.setCommand(command);
      request.startExecuteCommand("Hello.");          //输出Hello
      request.startExecuteCommand("I am a boy. ");
      request.startExecuteCommand("I like shoping. ");
      request.undoCommand();     //撤销刚才输出的"I like shoping"
```

```
        request.undoCommand();      //撤销刚才输出的"I am a boy"
        request.startExecuteCommand("I am a teacher. ");
        request.startExecuteCommand("my name is geng. ");
        request.undoCommand();      //撤销刚才输出的"my name is geng"
        request.startExecuteCommand("my name is zhang yue ping. ");
    }
}
```

9.3 命令模式的优点

命令模式具有以下优点：

（1）在命令模式中，请求者（Invoker）不直接与接受者（Receiver）交互，即请求者不包含接受者的引用，因此彻底消除了彼此之间的耦合。

（2）命令模式满足“开-闭”原则。如果增加新的具体命令和该命令的接受者，不必修改调用者的代码，调用者就可以使用新的命令对象；反之，如果增加新的调用者，不必修改现有的具体命令和接受者，新增加的调用者就可以使用已有的具体命令。

（3）由于请求者的请求被封装到了具体命令中，那么就可以将具体命令保存到持久化的媒介中，在需要的时候，重新执行这个具体命令。因此，使用命令模式可以记录日志。

（4）使用命令模式可以对请求者的“请求”进行排队。每个请求都各自对应一个具体命令，因此可以按一定顺序执行这些具体命令。

9.4 适合使用命令模式的情景

适合使用命令模式的情景如下：

（1）程序需要在不同的时刻指定、排列和执行请求，即在不同的时刻指定、排列和执行命令对象。

（2）程序需要提供撤销操作。

9.5 举例——控制电灯

9.5.1 设计要求

借助 javax.swing 包提供的组件并使用命令模式模拟开、关照明灯。单击界面上的“开灯”按钮可以打开电灯，单击界面上的“关灯”按钮可以关闭电灯。程序的运行效果如图 9.8 所示。

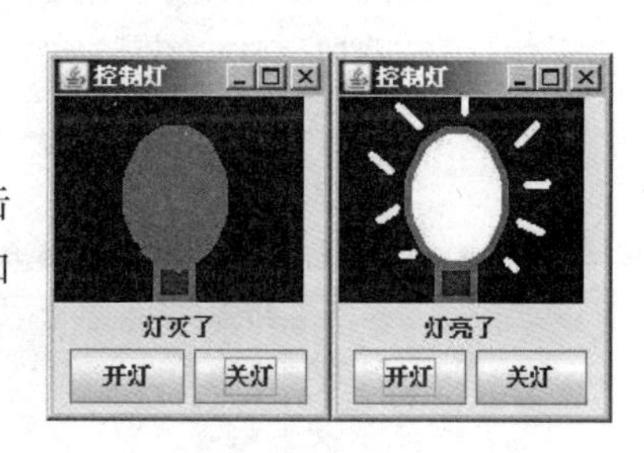

图 9.8 控制电灯

9.5.2 设计实现

1．接受者

接受者按照有关命令打开或关闭电灯。Light 的代码如下：

Light.java

```
import javax.swing.*;
public class Light extends JLabel{
   Icon imageIcon;
   public Light(){
      setText("灯");
      setIcon(new ImageIcon("lightOff.jpg"));
      setHorizontalTextPosition(AbstractButton.CENTER);
      setVerticalTextPosition(AbstractButton.BOTTOM);
   }
   public void on(){
      setText("灯亮了");
      setIcon(new ImageIcon("lightOn.JPG"));
   }
   public void off(){
      setText("灯灭了");
      setIcon(new ImageIcon("lightOff.jpg"));
   }
}
```

2. 命令接口

命令接口包括 execute()。

Command.java

```
public interface Command {
    public abstract void execute();
}
```

3. 具体命令

共有两个具体命令类：OnLightCommand 和 OffLightCommand，代码如下：

OnLightCommand.java

```
public class OnLightCommand implements Command{
    Light light;
    OnLightCommand(Light light){
       this.light=light;
    }
    public  void execute(){
       light.on();
    }
}
```

OffLightCommand.java

```
public class OffLightCommand implements Command{
    Light light;
```

```
    OffLightCommand(Light light){
      this.light=light;
    }
    public void execute(){
      light.off();
    }
}
```

4. 请求者

Invoke 的实例负责发出打开或关闭电灯的命令。

Invoke.java

```
import java.awt.*;
import java.awt.event.*;
import javax.swing.*;
public class Invoker{
  Command command;
  public void setCommand(Command command){
     this.command=command;
  }
  public void executeCommand(){
     command.execute();
  }
}
```

5. 应用程序

下列应用程序中，Application.java 使用了上述命令模式中所涉及的类，演示了怎样使用命令来关闭和打开电灯，运行程序时，lightOn.jpg（照明灯打开时的图片）、lightOff.jpg（照明灯关闭时的图片）保存在程序运行所在的当前目录中（程序的运行效果如图 9.8 所示）。

Application.java

```
import javax.swing.*;
import java.awt.*;
import java.awt.event.*;
public class Application extends JFrame implements ActionListener{
   JButton buttonOn,buttonOff;
   Light light;      //接受者
   Invoker invoker; //请求者
   public Application(){
      setTitle("控制灯");
      buttonOn=new JButton("开灯");
      buttonOff=new JButton("关灯");
      buttonOn.addActionListener(this);
      buttonOff.addActionListener(this);
      light=new Light();
```

```
        add(light,BorderLayout.CENTER);    //将接受者(电灯)放在窗体的中心
        invoker=new Invoker();
        JPanel pSourth=new JPanel();
        pSourth.add(buttonOn);
        pSourth.add(buttonOff);
        add(pSourth,BorderLayout.SOUTH);
        setBounds(20,20,200,200);
        setDefaultCloseOperation(JFrame.EXIT_ON_CLOSE);
        setVisible(true);
    }
    public void actionPerformed(ActionEvent e){
        if(e.getSource()==buttonOn) {
            invoker.setCommand(new OnLightCommand(light));
            invoker.executeCommand();
        }
        if(e.getSource()==buttonOff) {
            invoker.setCommand(new OffLightCommand(light));
            invoker.executeCommand();
        }
    }
    public static void main(String args[]){
        Application machine=new Application();
    }
}
```

第10章 中介者模式

中介者模式：用一个中介对象来封装一系列的对象交互。中介者使各对象不需要显式地相互引用，从而使其耦合松散，而且可以独立地改变它们之间的交互。

中介者模式属于行为型模式（见6.7节）。

10.1 中介者模式的结构与使用

10.1.1 中介者模式的结构

中介者模式的结构中包括4种角色。

（1）中介者（Mediator）：中介者是一个接口，该接口定义了用于同事（Colleague）对象之间进行通信的方法。

（2）具体中介者（ConcreteMediator）：具体中介者是实现中介者接口的类。要允许具体中介者包含所有具体同事（ConcreteColleague）的引用，比如允许具体中介者通过组合或方法的参数来调用任何一个同事，并通过实现中介者接口中的方法来满足具体同事之间的通信请求。

（3）同事（Colleague）：同事是一个接口，规定了具体同事需要实现的方法。

（4）具体同事（ConcreteColleague）：具体同事是实现同事接口的类。具体同事需要包含具体中介者的引用，一个具体同事需要和其他具体同事交互时，只需将自己的请求通知给它所包含的具体中介者即可。

中介者模式结构中的角色形成的UML类图如图10.1所示。

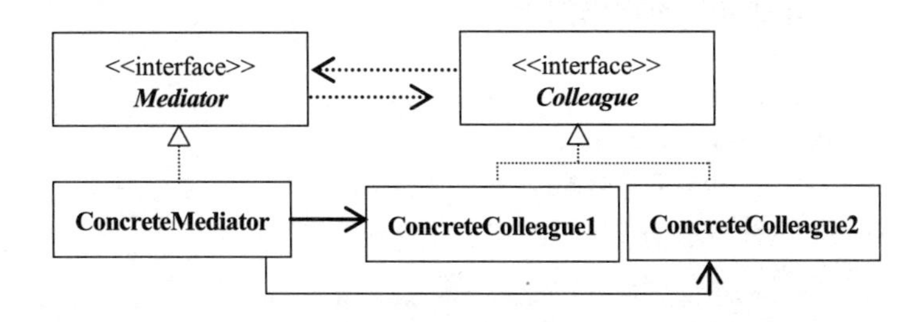

图10.1 中介者模式的类图

注意： 如果仅仅需要一个具体中介者，模式中的中介者接口可以省略。

下面通过一个简单的问题来描述中介者模式中所涉及的各个角色。

简单问题：

在一个房屋租赁系统中有很多对象，有些对象是求租者，有些对象是出租者。在这个简单问题中，有一个中介者，有两个出租者：出租者A和出租者B，有两个求租者：求租者A和求租者B。出租者和求租者都必须通过中介者来完成房屋的租借。

1．中介者（Mediator）

一个对象含有另一个对象的引用是面向对象中经常使用的方式，也是面向对象所提倡的，即少用继承，多用组合。但是怎样合理地组合对象对系统今后的扩展、维护和对象的复用是至关重要的，这也正是促使我们学习设计模式的重要原因。在面向对象编程中，如果对象A含有对象B的引用，人们习惯地称B是A的朋友。如果B是A的朋友，那么对象A就可以请求B执行相关的操作。但是对某些特殊系统，特别是涉及很多对象时，该系统可能不希望这些对象直接交互，即不希望这些对象之间互相包含对方的引用成为朋友，其原因是不利于系统今后的扩展、维护以及对象的复用。

比如，在前面给出的简单问题中（房屋租赁系统）可能有很多对象，有些对象是求租者，有些对象是出租者，如果要求他们之间必须互相成为朋友才能进行有关租赁操作，显然不利于系统的维护和扩展，因为每当有新的求租者或出租者加入该系统，这个新的加入者必须和现有系统中的所有人互为朋友后才能和他们进行有关租赁操作，这就意味着要修改大量的代码，这对系统的维护是非常不利的，也是无法容忍的。一个好的解决办法就是在房屋租赁系统中建立一个称做中介者的对象，中介者包含系统中所有其他对象的引用，而系统中的其他对象只包含中介者的引用，也就是说，中介者和大家互为朋友。中介者使得系统中的其他对象完全解耦，当系统中某个对象需要和系统中另外一个对象交互时，只需将自己的请求通知中介者即可，如果有新的加入者，该加入者只需含有中介者的引用，并让中介者含有自己的引用，他就可以和系统中其他的对象进行有关租赁操作。

在中介者模式中，中介者接口角色负责定义用于同事（Colleague）对象之间进行通信的方法，这些方法需要具体中介者去实现。

在本问题中，中介者接口角色的名字是Mediator，类图如图10.2所示。Mediator的代码如下：

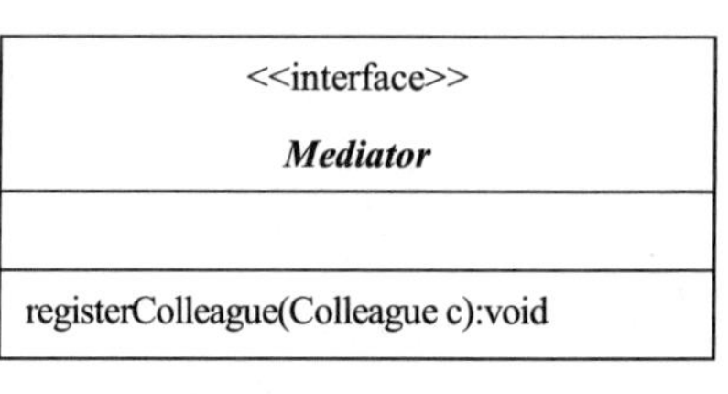

图10.2　中介者接口

Mediator.java

```
public interface Mediator {
   public void registerColleague(Colleague c);
   public void deliverMess(String mess,String ...person);
}
```

2．同事（Colleague）

本问题中，同事接口是Colleague，定义了具体同事，即出租方和求租方使用哪些方法进行业务来往。Colleague接口和Mediator形成的UML类图如图10.3所示。Colleague接口的代码如下：

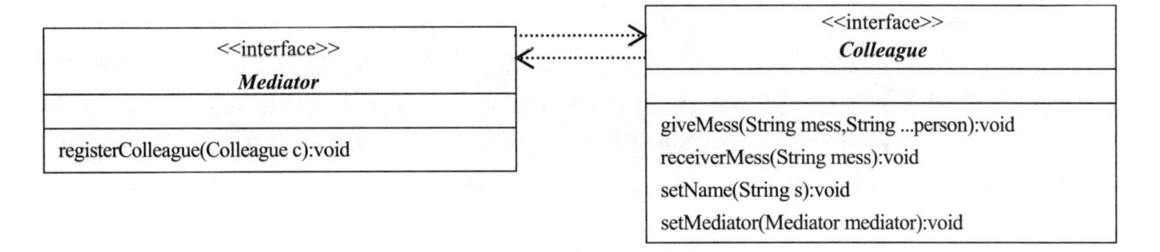

图 10.3　中介者与同事

Colleague.java

```
public interface Colleague{
   public void giveMess(String  mess,String ...person);
   public void receiverMess(String mess);
   public void setName(String s);
   public String getName();
   public void setMediator(Mediator mediator);
}
```

3．具体中介者（ConcreteMediator）

本问题中，具体中介者是 ConcreteMediator 类，具体中介者是实现中介者接口的类。要允许具体中介者包含所有具体同事（ConcreteColleague）的引用，比如允许具体中介者通过组合或方法的参数来调用任何一个同事，并通过实现中介者接口中的方法来满足具体同事之间的通信请求。ConcreteMediator 类代码如下：

ConcreteMediator.java

```
import java.util.*;
public class ConcreteMediator implements Mediator{
  ArrayList<Colleague> list;
  ConcreteMediator() {
    list=new ArrayList<Colleague>();
  }
  public void registerColleague(Colleague colleague){
     list.add(colleague);
  }
  public void deliverMess(String  mess,String ... person){
    Colleague c;
    for(int i=0;i<person.length;i++) {
      for(int j=0;j<list.size();j++) {
        c=list.get(j);
        if(c.getName().equals(person[i]))
           c.receiverMess(mess);
      }
    }
  }
}
```

4．具体同事（ConcreteColleague）

具体同事需要实现同事接口。具体同事需要包含具体中介者的引用，一个具体同事需要和其他具体同事交互时，只需将自己的请求通知给它所包含的具体中介者即可。创建具体同事的类是 ConcreteColleague，中介者接口、具体中介者、同事和具体同事形成的 UML 图如图 10.4 所示。具体同事 ConcreteColleague 代码如下：

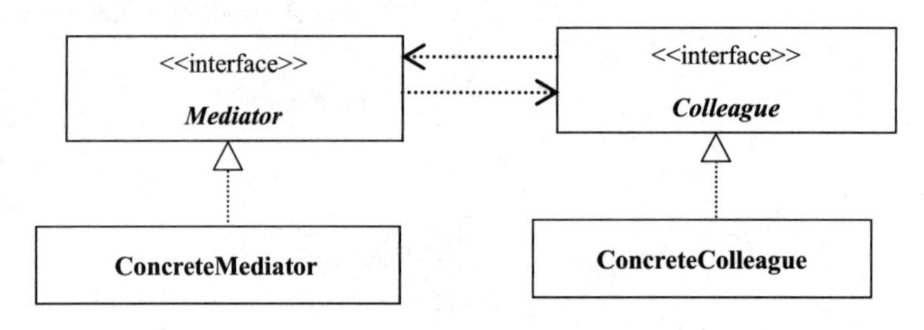

图 10.4　中介者、具体中介者、同事与具体同事

ConcreteColleague.java

```
public class ConcreteColleague implements Colleague{
   Mediator mediator;               //中介者
   String name;
   public void setMediator(Mediator mediator){
     this.mediator=mediator;
     mediator.registerColleague(this);
   }
   public void setName(String name){
     this.name=name;
   }
   public  String getName() {
     return name;
   }
   public void giveMess(String mess,String ... person){
      String s=name+"给出的信息:"+mess;
      mediator.deliverMess(s,person);
   }
   public void receiverMess(String mess){
     System.out.println(name+"收到的信息:");
     System.out.println("\t"+mess);
   }
}
```

10.1.2　中介者模式的使用

前面已经使用中介者模式给出了可以使用的类，将这些类看做一个小框架，然后用户就可以使用这个小框架中的类编写应用程序了。

用户应用程序 Application.java 使用了中介者模式中所涉及的类，显示了出租者和求租者通过中介者所交互的信息，运行效果如图 10.5 所示。

```
求租A收到的信息:
        出租A给出的信息:出租100平米的房子,500/月
求租B收到的信息:
        出租A给出的信息:出租100平米的房子,500/月
求租A收到的信息:
        出租B给出的信息:出租80平米的房子,380/月
求租B收到的信息:
        出租B给出的信息:出租80平米的房子,380/月
出租A收到的信息:
        求租A给出的信息:有意向租用,按500/月
出租B收到的信息:
        求租B给出的信息:有意向租用,按350/月
出租A收到的信息:
        求租B给出的信息:有意向租用,按480/月
求租A收到的信息:
        出租A给出的信息:同意出租,按500/月
求租B收到的信息:
        出租A给出的信息:不同意出租,按480/月
求租B收到的信息:
        出租B给出的信息:同意出租,按350/月
```

图 10.5　程序运行效果

Application.java

```
public class Application{
   public static void main(String args[]){
      Mediator mediator=new ConcreteMediator();
      Colleague  出租A=new ConcreteColleague();
      Colleague  出租B=new ConcreteColleague();
      Colleague  求租A=new ConcreteColleague();
      Colleague  求租B=new ConcreteColleague();
      出租A.setMediator(mediator);
      出租B.setMediator(mediator);
      求租A.setMediator(mediator);
      求租B.setMediator(mediator);
      出租A.setName("出租A");
      出租B.setName("出租B");
      求租A.setName("求租A");
      求租B.setName("求租B");
      出租A.giveMess("出租100平米的房子,500/月","求租A","求租B");
      出租B.giveMess("出租80平米的房子,380/月","求租A","求租B");
      求租A.giveMess("有意向租用,按500/月","出租A");
      求租B.giveMess("有意向租用,按350/月","出租B");
      求租B.giveMess("有意向租用,按480/月","出租A");
      出租A.giveMess("同意出租,按500/月","求租A");
      出租A.giveMess("不同意出租,按480/月","求租B");
      出租B.giveMess("同意出租,按350/月","求租B");
   }
}
```

10.2 中介者模式的优点

中介者模式具有以下优点：

（1）可以避免许多对象为了之间的通信而相互显式引用，不仅系统难以维护，而且也使其他系统难以复用这些对象。

（2）可以通过中介者将原本分布于多个对象之间的交互行为集中在一起。当这些对象之间需要改变之间的通信行为时，只需使用一个具体中介者即可，不必修改各个具体同事的代码，即这些同事可被重用。

（3）具体中介者使得各个具体同事完全解耦，修改任何一个具体同事的代码不会影响到其他同事。

（4）具体中介者集中了同事之间是如何交互的细节，使得系统比较清楚地知道整个系统中的同事是如何交互的。

（5）当一些对象想互相通信，但又无法相互包含对方的引用，那么使用中介者模式就可以使得这些对象互相通信。

注意：由于具体中介者集中了同事之间是如何交互的细节，可能使得具体中介者变得非常复杂，增加了维护的难度。

10.3 适合使用中介者模式的情景

适合使用中介者模式的情景如下：

（1）许多对象以复杂的方式交互，所导致的依赖关系使系统难以理解和维护。

（2）一个对象引用其他很多对象，导致难以复用该对象。

10.4 举例——组件交互

10.4.1 设计要求

使用中介者模式频率较高的是和 GUI 有关的设计。在设计 GUI 程序时，即使组件不是很多，但是之间的交互也可能非常复杂，这时经常需要使用中介者模式来协调各个组件。

在常见的 GUI 程序中，比较熟悉的一个操作就是将文本复制或剪切到剪贴板，以及将剪贴板中的文本粘贴到程序中。比如，一个 GUI 程序需要实现如下的功能：

（1）程序中有一个文本区，当文本区中有文本被选中时，负责复制和剪切的组件将处于可用状态；当文本区中没有文本被选中时，负责复制和剪切的组件将处于非可用状态。

（2）当剪贴板上无内容时，负责粘贴的组件处于非可用状态；当剪贴板上有内容时，负责粘贴的组件处于可用状态。

使用中介者模式实现上述功能。

10.4.2 设计实现

1．具体同事

我们并不需要明确地定义模式中的同事接口和中介者接口，只需给出具体同事和具体中介者即可。具体同事是javax.swing包中的JMenu、JMenuItem以及JTextArea类的实例。

2．具体中介者

具体中介者类是ConcreteMediator类，代码如下：

ConcreteMediator.java

```
import javax.swing.*;
import java.awt.datatransfer.*;
public class ConcreteMediator{
   JMenu menu;                                  //具体同事
   JMenuItem copyItem,cutItem,pasteItem;        //具体同事
   JTextArea text;                              //具体同事
   public void openMenu(){
      Clipboard clipboard=text.getToolkit().getSystemClipboard();
      String str=text.getSelectedText();
      if(str==null){
          copyItem.setEnabled(false);
          cutItem.setEnabled(false);
      }
      else{
          copyItem.setEnabled(true);
          cutItem.setEnabled(true);
      }
      boolean boo=clipboard.isDataFlavorAvailable(DataFlavor.stringFlavor);
      if(boo){
          pasteItem.setEnabled(true);
      }
   }
   public void paste(){
      text.paste();
   }
   public void copy(){
      text.copy();
   }
   public void cut(){
      text.cut();
   }
   public void registerMenu(JMenu menu){
      this.menu=menu;
   }
   public void registerPasteItem(JMenuItem item){
```

```
            pasteItem=item;
        }
        public void registerCopyItem(JMenuItem item){
            copyItem=item;
            copyItem.setEnabled(false);
        }
        public void registerCutItem(JMenuItem item){
            cutItem=item;
            cutItem.setEnabled(false);
        }
        public void registerText(JTextArea text){
            this.text=text;
        }
    }
```

3. 应用程序

下列应用程序中，Application.java 使用了中介者模式中所涉及的类，运行效果如图 10.6 和图 10.7 所示。

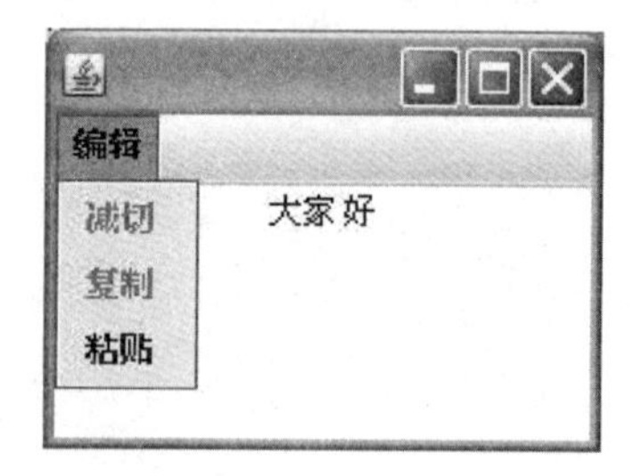

图 10.6　未选中文本时的效果

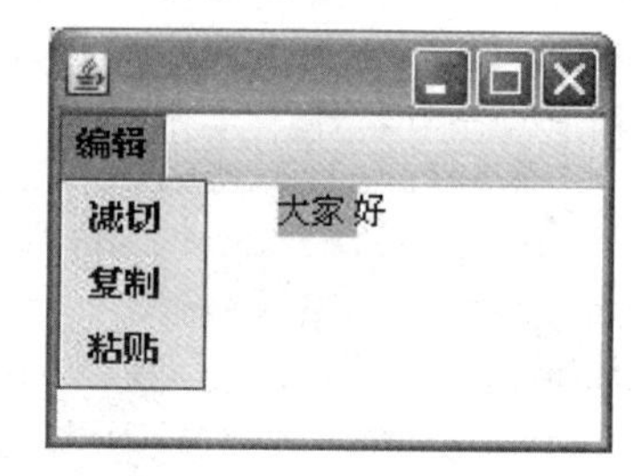

图 10.7　选中文本时的效果

Application.java

```
import javax.swing.*;
import java.awt.event.*;
import java.awt.*;
import javax.swing.event.*;
public class Application extends JFrame{
    ConcreteMediator mediator;
    JMenuBar bar;
    JMenu menu;
    JMenuItem copyItem,cutItem,pasteItem;
    JTextArea text;
    Application(){
        mediator=new ConcreteMediator();
        bar=new JMenuBar();
        menu=new JMenu("编辑");
        menu.addMenuListener(new MenuListener(){
                                  public void menuSelected(MenuEvent e){
                                      mediator.openMenu();
```

```
                        }
                        public void menuDeselected(MenuEvent e){}
                        public void menuCanceled(MenuEvent e){}
                    });
      copyItem=new JMenuItem("复制");
      copyItem.addActionListener(new ActionListener(){
                        public void actionPerformed(ActionEvent e){
                           mediator.copy();
                        }
                    });
      cutItem=new JMenuItem("剪切");
      cutItem.addActionListener(new ActionListener(){
                        public void actionPerformed(ActionEvent e){
                           mediator.cut();
                        }
                    });
      pasteItem=new JMenuItem("粘贴");
      pasteItem.addActionListener(new ActionListener(){
                        public void actionPerformed(ActionEvent e){
                           mediator.paste();
                        }
                    });
      text=new JTextArea();
      bar.add(menu);
      menu.add(cutItem);
      menu.add(copyItem);
      menu.add(pasteItem);
      setJMenuBar(bar);
      add(text,BorderLayout.CENTER);
      register();
        setDefaultCloseOperation(JFrame.DISPOSE_ON_CLOSE);
   }
   private void register(){
      mediator.registerMenu(menu);
      mediator.registerCopyItem(copyItem);
      mediator.registerCutItem(cutItem);
      mediator.registerPasteItem(pasteItem);
      mediator.registerText(text);
   }
   public static void main(String args[]){
      Application application=new Application();
      application.setBounds(100,200,300,300);
      application.setVisible(true);
   }
}
```

第 11 章　责任链模式

责任链模式：使多个对象都有机会处理请求，从而避免请求的发送者和接收者之间的耦合关系。将这些对象连成一条链，并沿着这条链传递该请求，直到有一个对象处理它为止。

责任链模式属于行为型模式（见 6.7 节）。

11.1　责任链模式的结构与使用

11.1.1　责任链模式的结构

责任链模式的结构中包括两种角色。

（1）处理者（Handler）：处理者是一个接口，负责规定具体处理者处理用户的请求的方法以及具体处理者设置后继对象的方法（如图 11.1 中的 handleRequest()、setNextHandler(Handler)方法）。

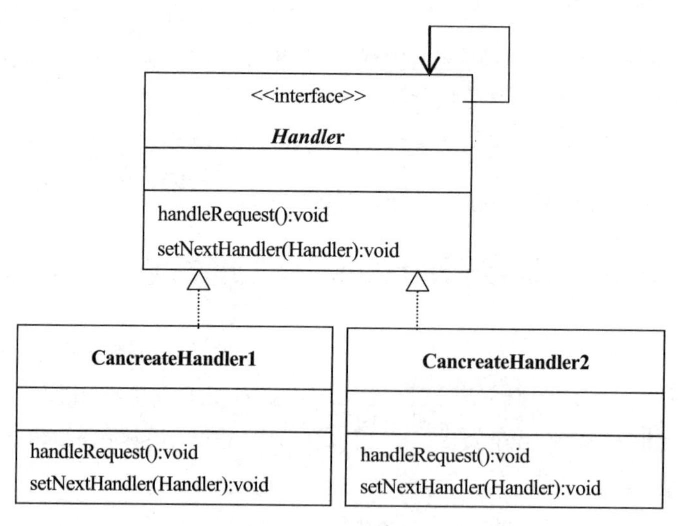

图 11.1　责任链模式的类图

（2）具体处理者（ConcreteHandler）：具体处理者是实现处理者接口的类的实例。具体处理者通过调用处理者接口规定的方法处理用户的请求，即在接到用户的请求后，处理者将调用接口规定的方法，在执行该方法的过程中，如果发现能处理用户的请求，就处理有关数据，否则就反馈无法处理的信息给用户，然后将用户的请求传递给自己的后继对象。

责任链模式的 UML 类图如图 11.1。

注意：由于 Java 不支持多重继承，因此在 Java 中，处理者最好不是一个抽象类，否则创建具体抽象者的类无法继承其他的类，限制了具体处理者的能力。

下面通过一个简单的问题来描述责任链模式中所涉及的各个角色。

简单问题：

判断一个车牌号码是否是属于北京、上海或天津地区的车牌号码。

1．处理者（Handler）

在设计程序时，可能需要设计很多对象来满足用户的请求。比如，对于前面的简单问题，一个好的设计方案就是将车牌号的鉴定和管理指派给多个部门，例如，北京和天津各自有自己独立负责管理自己的车牌号码的信息系统。然后将这些部门组成一个责任链。当用户请求鉴定一个车牌号时，可以让责任链上的第一个部门鉴定车牌号（也可以不是第一个，这依赖于具体应用），这个部门用自己的系统首先检查自己是否能处理用户的请求，如果能处理就反馈有关处理结果，如果无法处理就将用户的请求传递给责任链上的下一个部门，依次类推，直到责任链上的某个对象能处理用户的请求，如果责任链上的末端对象也不能处理用户的请求，那么用户的本次请求就无任何结果。责任链模式是使用多个对象处理用户请求的成熟模式，责任链模式的关键是将用户的请求分派给许多对象，这些对象被组织成一个责任链，即每个对象含有后继对象的引用，并要求责任链上的每个对象，如果能处理用户的请求，就做出处理，不再将用户的请求传递给责任链上的下一个对象；如果不能处理用户的请求，就必须将用户的请求传递给责任链上的下一个对象。

本问题中，责任链上的处理者（Handle）接口的名字是 Handler，负责规定具体处理者使用哪些方法来处理用户的请求以及规定具体处理者设置后继对象的方法。Handler 的类图如图 11.2 所示，代码如下：

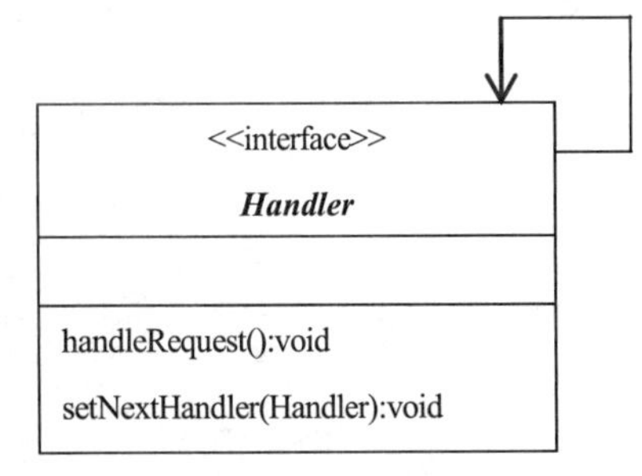

图 11.2　处理者接口

Handler.java

```
public interface Handler{
   public abstract void handleRequest(String number);
   public abstract void setNextHandler(Handler handler);
}
```

2．具体处理者

对于本问题，一共有 3 个负责创建具体处理者的类，分别是 Beijing、Shanghai 和 Tianjin，形成的责任链顺序是 Beijing→Shanghai→Tianjin，即 Beijing 在接到用户的请求后，将调用接口规定的方法，在执行该方法的过程中，如果发现能判断车牌号是属于北京地区的，就处理有关数据，不再将用户的请求传给后继的 Shanghai，否则将用户的请求传递给自己的后继的 Shanghai。Beijing、Shanghai 和 Tianjin 类和 Handle 接口形成的 UML 类图如图 11.3 所示，Beijing、Shanghai 和 Tianjin 这 3 个类的代码如下：

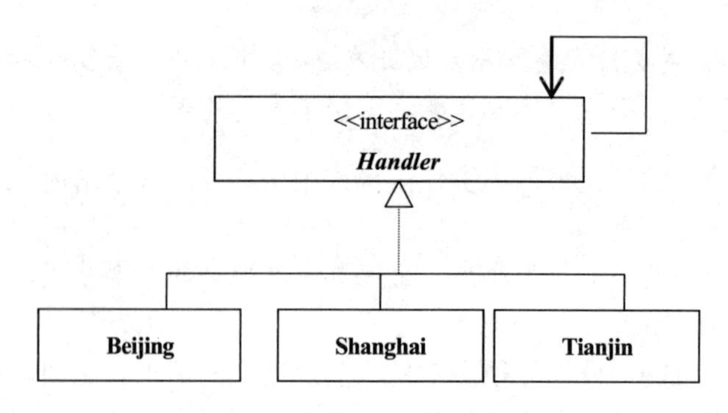

图 11.3　处理者与具体处理者

Beijing.java

```
import java.util.*;
public class Beijing implements Handler{
    private Handler handler;              //存放当前处理者后继的Hander接口变量
    private ArrayList<String> numberList;  //存放号码(实际项目应该是数据库)
    Beijing(){
       numberList=new ArrayList<String>();
       numberList.add("京AKS987");          //这里使用模拟的号码
       numberList.add("京H67983");
       numberList.add("京FM67A5");
       numberList.add("京C56799");
    }
    public void handleRequest(String number){
       if(numberList.contains(number))
          System.out.println("车牌"+number+"属于北京地区");
       else{
          System.out.println("车牌"+number+"不属于北京地区");
          if(handler!=null)
            handler.handleRequest(number);   //将请求传递给下一个处理者
       }
    }
    public void setNextHandler(Handler handler){
       this.handler=handler;
    }
}
```

Shanghai.java

```
import java.util.*;
public class Shanghai implements Handler{
    private Handler handler;
    private ArrayList<String> numberList;
    Shanghai(){
       numberList=new ArrayList<String>();
```

```
        numberList.add("沪AKS987");
        numberList.add("沪H67983");
        numberList.add("沪FM67A5");
        numberList.add("沪C56799");
    }
    public void handleRequest(String number){
        if(numberList.contains(number))
            System.out.println("车牌"+number+"属于上海地区");
        else{
            System.out.println("车牌"+number+"不属于上海地区");
            if(handler!=null)
               handler.handleRequest(number);
        }
    }
    public void setNextHandler(Handler handler){
        this.handler=handler;
    }
}
```

Tianjin.java

```
import java.util.*;
public class Tianjin implements Handler{
    private Handler handler;
    private ArrayList<String> numberList;
    Tianjin (){
        numberList=new ArrayList<String>();
        numberList.add("津AKS987");
        numberList.add("津H67983");
        numberList.add("津FM67A5");
        numberList.add("津C56799");
    }
    public void handleRequest(String number){
        if(numberList.contains(number))
            System.out.println("车牌"+number+"属于天津地区");
        else{
            System.out.println("车牌"+number+"不属于天津地区");
            if(handler!=null)
               handler.handleRequest(number);
        }
    }
    public void setNextHandler(Handler handler){
        this.handler=handler;
    }
}
```

11.1.2 责任链模式的使用

前面已经使用责任链模式给出了可以使用的类，可以将这些类看做一个小框架，然后就可以使用这个小框架中的类编写应用程序了。

下列应用程序中，Application.java 使用了责任链模式中所涉及的类，应用程序负责创建责任链，并指定从责任链上的哪个对象开始响应用户。在 Application.java 中，用户向责任链提交车牌号码，程序判断号码的属性，运行效果如图 11.4 所示。

```
车牌京AKS987属于北京地区
车牌沪H67983不属于北京地区
车牌沪H67983属于上海地区
车牌津C56799不属于北京地区
车牌津C56799不属于上海地区
车牌津C56799属于天津地区
车牌辽B88881不属于北京地区
车牌辽B88881不属于上海地区
车牌辽B88881不属于天津地区
```

图 11.4 程序运行效果

Application.java

```
public class Application{
   public static void main(String args[]){
      Handler beijing,shanghai,tianjin;      //责任链上的对象
      beijing=new Beijing();
      shanghai=new Shanghai();
      tianjin=new Tianjin();
      beijing.setNextHandler(shanghai);      //建立责任链
      shanghai.setNextHandler(tianjin);
      beijing.handleRequest("京AKS987");
      beijing.handleRequest("沪H67983");
      beijing.handleRequest("津C56799");
      beijing.handleRequest("辽B88881");
   }
}
```

11.2 责任链模式的优点

责任链模式具有以下优点：

（1）责任链中的对象只和自己的后继是弱耦合关系，和其他对象毫无关联，这使得编写处理者对象以及创建责任链变得非常容易。

（2）当在处理者中分配职责时，责任链给应用程序更多的灵活性。

（3）应用程序可以动态地增加、删除处理者或重新指派处理者的职责。

（4）应用程序可以动态地改变处理者之间的先后顺序。

（5）使用责任链的用户不必知道处理者的信息，用户不会知道到底是哪个对象处理了

它的请求。

11.3 适合使用责任链模式的情景

适合使用责任链模式的情景如下：

（1）有许多对象可以处理用户的请求，希望程序在运行期间自动确定处理用户的那个对象。

（2）希望用户不必明确制定接受者的情况下，向多个接受者中的一个提交请求。

（3）程序希望动态制定可处理用户请求的对象集合。

11.4 举例——计算阶乘

11.4.1 设计要求

（1）设计一个类，该类创建的对象使用 int 型数据计算阶乘，特点是占用内存少，计算速度快。

（2）设计一个类，该类创建的对象使用 long 型数据计算阶乘，尽管没有 int 数据占有内存少，但是能计算更大整数的阶乘。

（3）设计一个类，该类创建的对象使用 BigInteger 对象计算阶乘，特点是占用内存多，但是能计算任意大的整数的阶乘，计算速度相对较慢。

要求使用责任链模式将上面的对象组成一个责任链，要求责任链上对象的顺序是：首先是使用 int 型数据计算阶乘的对象，然后是使用 long 型数据计算阶乘的对象，最后是使用 BigInteger 对象计算阶乘的对象。用户可以请求责任链计算一个整数的阶乘。

11.4.2 设计实现

针对上述问题，使用责任链模式设计若干个类。

1．处理者（Handler）

本问题中，处理者（Handler）接口的名字是 Handler，代码如下：

Handler.java

```
public interface Handler{
   public abstract void compuerMultiply(String number);
   public abstract void setNextHandler(Handler handler);
}
```

2．具体处理者

对于本问题，一共有 3 个负责创建具体处理者的类，分别是 UseInt、UseLong 和 UseBigInteger，3 个类的代码如下：

UseInt.java

```
public class UseInt implements Handler{
```

```
    private Handler handler;     //存放当前处理者后继的Hander接口变量
    private int result=1;
    public void compuerMultiply(String number){
       try{
           int n=Integer.parseInt(number);
           int i=1;
           while(i<=n){
               result=result*i;
               if(result<=0){
                  System.out.println("超出int的能力范围,int计算不了");
                  handler.compuerMultiply(number);
                  return;
               }
               i++;
           }
           System.out.println(number+"的阶乘:"+result);
       }
       catch(NumberFormatException exp){
           System.out.println(exp.toString());
       }
    }
    public void setNextHandler(Handler handler){
       this.handler=handler;
    }
}
```

UseLong.java

```
public class UseLong implements Handler{
    private Handler handler;     //存放当前处理者后继的Hander接口变量
    private long result=1;
    public void compuerMultiply(String number){
       try{
           long n=Long.parseLong(number);
           long i=1;
           while(i<=n){
               result=result*i;
               if(result<=0){
                  System.out.println("超出long的能力范围,long计算不了");
                  handler.compuerMultiply(number);
                  return;
               }
               i++;
           }
           System.out.println(number+"的阶乘:"+result);
       }
```

```
        catch(NumberFormatException exp){
            System.out.println(exp.toString());
        }
    }
    public void setNextHandler(Handler handler){
        this.handler=handler;
    }
}
```

UseBigInteger.java

```
import java.math.BigInteger;
public class UseBigInteger implements Handler{
    private Handler handler;       //存放当前处理者后继的Hander接口变量
    private BigInteger result=new BigInteger("1");
    public void compuerMultiply(String number){
        try{
            BigInteger n=new BigInteger(number);
            BigInteger ONE=new BigInteger("1");
            BigInteger i=ONE;
            while(i.compareTo(n)<=0){
                result=result.multiply(i);
                i=i.add(ONE);
            }
            System.out.println(number+"的阶乘:"+result);
        }
        catch(NumberFormatException exp){
            System.out.println(exp.toString());
        }
    }
    public void setNextHandler(Handler handler){
        this.handler=handler;
    }
}
```

3．应用程序

下列应用程序中，Application.java 使用了责任链模式中所涉及的类，应用程序负责创建责任链，并指定从责任链上的哪个对象开始响应用户。在 Application.java 中，用户向责任链提交的数字分别是 5、19 和 30，运行效果如图 11.5 所示。

```
5的阶乘:120
超出int的能力范围,int计算不了
19的阶乘:121645100408832000
超出int的能力范围,int计算不了
超出long的能力范围,long计算不了
30的阶乘:265252859812191058636308480000000
```

图 11.5　程序运行效果

Application.java

```
public class Application{
   public static void main(String args[]){
      Handler useInt,useLong,useBig;          //责任链上的对象
      useInt=new UseInt();
      useLong=new UseLong();
      useBig=new UseBigInteger();
      useInt.setNextHandler(useLong);
      useLong.setNextHandler(useBig);         //建立责任链
      useInt.compuerMultiply("5");
      useInt.compuerMultiply("19");
      useInt.compuerMultiply("30");
   }
}
```

第 12 章　模板方法模式

模板方法模式：定义一个操作中的算法的骨架，而将一些步骤延迟到子类中。模板方法使得子类可以不改变一个算法的结构，即可重定义该算法的某些特定步骤。

模板方法模式属于行为型模式（见 6.7 节）。

12.1　模板方法模式的结构与使用

12.1.1　模板方法模式的结构

模板方法模式包括两种角色。

（1）抽象模板（Abstract Template）：抽象模板是一个抽象类。抽象模板定义了若干个方法以表示一个算法的各个步骤（如图 12.1 中的 pimitiveOperation1()和 pimitiveOperation2()方法），这若干个方法中有抽象方法也有非抽象方法，其中的抽象方法称作原语操作（Primitive Operation）。重要的一点是，抽象模板中还定义了一个称作模板方法的方法（如图 12.1 中的 templateMethod()方法），该方法不仅包含抽象模板中表示算法步骤的方法调用，而且也可以包含定义在抽象模板中的其他对象的方法调用，即模板方法定义了算法的骨架。

（2）具体模板（Concrete Template）：具体模板是抽象模板的子类，实现抽象模板中的原语操作。

模板方法模式的 UML 类图如图 12.1 所示。

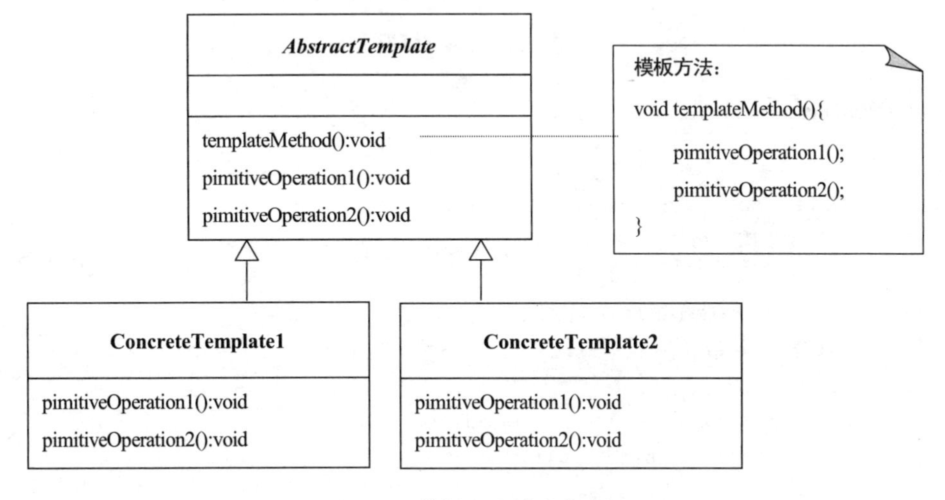

图 12.1　模板方法模式的类图

下面通过一个简单的问题来描述模板方法模式中所涉及的各个角色。

简单问题：

显示某个目录下的全部文件的名字，比如可以按文件的大小顺序、按最后修改的时间顺序或按文件名字的字典顺序来显示某个目录下的全部文件的名字。

1. 抽象模板（Abstract Template）

类中的方法用以表明该类的实例所具有的行为，一个类可以有许多方法，而且类中的实例方法也可以调用该类中的其他若干个方法。在编写类的时候，可能需要将许多方法集成到一个实例方法中，即用一个实例方法封装若干个方法的调用，以此表示一个算法的骨架，也就是说，调用该实例方法相当于按照一定顺序执行若干个方法。

抽象模板角色主要负责定义一个称作模板方法的方法，模板方法（简称为模板）将抽象模板中的其他若干个方法集成到该方法中，以便形成一个解决问题的算法骨架。模板方法所调用的其他方法通常为抽象的方法（称为原语操作），这些抽象方法相当于算法骨架中的各个步骤，这些步骤的实现可以由子类（具体模板）去完成。

对于前面的简单问题，可以定义专门负责排序文件的 sort()和输出文件名字的 printFiles()方法，然后在抽象模板中再定义一个模板方法，该方法集成 sort()和 printFiles()方法。

对于前面的简单问题，抽象模板角色是 AbstractTemplate 类。AbstractTemplate 类中的模板方法是 templateMethod()。AbstractTemplate 类中表示具体步骤的方法是 sort()和 printFiles()方法，二者都是原语操作（抽象方法）。AbstractTemplate 类的 UML 图如图 12.2 所示，AbstractTemplate 类的代码如下：

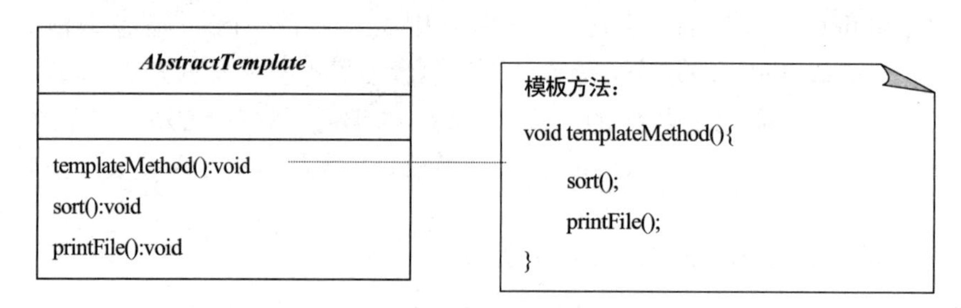

图 12.2　抽象模板

AbstractTemplate.java

```
import java.io.*;
public abstract class AbstractTemplate{
   File [] allFiles;
   File dir;
   AbstractTemplate(File dir){
      this.dir=dir;
   }
   public final void templateMethod(){
      allFiles=dir.listFiles();
      sort();
      printFiles();
```

```
  }
  public abstract void sort();
  public abstract void printFiles();
}
```

2. 具体模板（Concrete Template）

对于前面的简单问题，具体模板是 ConcreteTemplate1 和 ConcreteTemplate2 类。ConcreteTemplate1 中的 sort()方法把目录下的文件名按其文件的大小顺序排列，ConcreteTemplate2 中的 sort()方法把目录下的文件名按文件被最后修改的时间顺序排列。ConcreteTemplate1、ConcreteTemplate2 和 AbstractTemplate 类形成的 UML 类图如图 12.3 所示。ConcreteTemplate1 和 ConcreteTemplate2 类的代码如下：

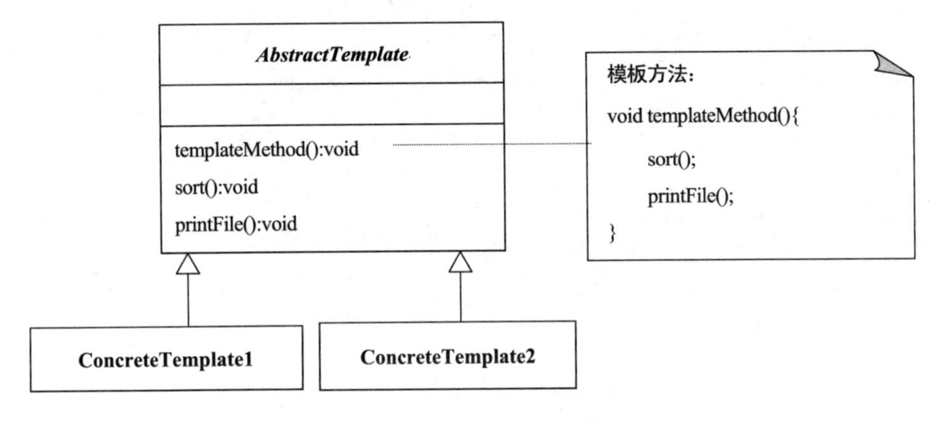

图 12.3　抽象模板和具体模板

ConcreteTemplate1.java

```
import java.io.*;
import java.util.Date;
import java.text.SimpleDateFormat;
public class ConcreteTemplate1 extends AbstractTemplate{
   ConcreteTemplate1(File dir){
     super(dir);
   }
   public void sort(){
      for(int i=0;i<allFiles.length;i++)
         for(int j=i+1;j<allFiles.length;j++)
           if(allFiles[j].lastModified()<allFiles[i].lastModified()){
               File file=allFiles[j];
               allFiles[j]=allFiles[i];
               allFiles[i]=file;
           }
    }
    public void printFiles(){
       for(int i=0;i<allFiles.length;i++){
```

```
                long time=allFiles[i].lastModified();
                Date date=new Date(time);
                SimpleDateFormat matter=new SimpleDateFormat("yyyy-MM-dd HH:mm:ss");
                String str=matter.format(date);
                String name=allFiles[i].getName();
                int k=i+1;
                System.out.println(k+" "+name+"("+str+")");
            }
        }
    }
```

ConcreteTemplate2.java

```
import java.io.*;
public class ConcreteTemplate2 extends AbstractTemplate{
   ConcreteTemplate2(File dir){
      super(dir);
   }
   public void sort(){
      for(int i=0;i<allFiles.length;i++)
         for(int j=i+1;j<allFiles.length;j++)
            if(allFiles[j].length()<allFiles[i].length()){
               File file=allFiles[j];
               allFiles[j]=allFiles[i];
               allFiles[i]=file;
            }
      }
   public void printFiles(){
      for(int i=0;i<allFiles.length;i++){
         long fileSize=allFiles[i].length() ;
         String name=allFiles[i].getName();
         int k=i+1;
         System.out.println(k+" "+name+"("+fileSize+" 字节)");
      }
   }
}
```

12.1.2 模板方法模式的使用

前面已经使用模板方法模式给出了可以使用的类，可以将这些类看做一个小框架，然后就可以使用这个小框架中的类编写应用程序了。下列应用程序中，Application.java 使用了模板方法模式中所涉及的类，运行效果如图 12.4 所示。

```
d:\ttt目录下的文件：
1 A.java(2012-04-09 11:42:42)
2 Cat.java(2012-04-11 08:54:30)
3 apple.txt(2012-05-22 17:27:58)
4 hello.txt(2012-09-07 15:32:36)
d:\ttt目录下的文件：
1 hello.txt(6 字节)
2 apple.txt(61 字节)
3 Cat.java(108 字节)
4 A.java(294 字节)
```

图 12.4 程序运行效果

Application.java

```
import java.io.File;
public class Application{
```

```
    public static void main(String args[]) {
        File dir=new File("d:/ttt");
        AbstractTemplate template=new ConcreteTemplate1(dir);
        System.out.println(dir.getPath()+"目录下的文件: ");
        template.templateMethod();
        template=new ConcreteTemplate2(dir);
        System.out.println(dir.getPath()+"目录下的文件: ");
        template.templateMethod();
    }
}
```

12.2 钩 子 方 法

我们已经知道，在模板方法模式中，抽象模板负责定义模板方法，以此表示算法的步骤。模板方法既可包含抽象方法的调用，也可包含具体方法的调用。具体模板必须重写抽象模板中的抽象方法（原语操作），但是对于抽象模板中的具体方法，具体模板可以选择直接继承或重写这个具体方法。

钩子方法是抽象模板中定义的具体方法，但给出了空实现或默认的实现，并允许子类重写这个具体方法。如果抽象模板不希望其中的具体方法是钩子方法，就需要将该具体方法用 final 修饰，要求子类必须继承该具体方法，不能重写。

某些钩子方法的作用是对模板方法中的某些步骤进行“挂钩”，即允许具体模板对算法的不同点进行“挂钩”，以确定在什么条件下执行模板方法中的哪些算法步骤。这样的钩子方法的类型都是 boolean 类型，其默认实现往往是返回值为 true。另外一类钩子方法不是用来挂钩的，对于 void 类型的钩子方法，其默认实现一般为空，具体模板可以根据需要直接继承这样的钩子方法或重写这样的钩子方法。

比如，可以在 12.1.1 小节中的 AbstractTemplate 抽象模板中定义一个钩子方法 boolean isPrint()，其默认实现是返回值为 true。可以修改抽象模板 AbstractTemplate 的模板方法，对其中的 printFiles()方法进行挂钩，修改后的模板方法的代码如下：

```
public final void templateMethod() {
    allFiles=dir.listFiles();
    sort();
    if(isPrint())            //挂钩处
        printFiles();
}
```

如果具体模板不打算输出文件的名字，就可以重写钩子方法，将其返回值更改为 false。

下面通过一个简单的问题说明钩子方法。这个问题是：抽象模板中的模板方法按下列步骤统计英文文本文件中的单词：

（1）读取文件的内容。

（2）统计出所读内容中的全部单词。

（3）将单词按照某种顺序排序，比如，按字典顺序或单词的长度排序单词，但允许具体模板对排序挂钩，即具体模板可以对单词进行排序，也可以不对单词进行排序。

（4）输出全部的单词。

1．抽象模板（Abstract Template）

本问题中，抽象模板角色是WordsTemplate类。抽象模板中的模板方法是showAllWords()；抽象模板中表示具体步骤的方法是readContent()、getWords()、isSort()、sort()和printWords()方法，其中，printWords()方法是原语操作，sort()和 isSort()是钩子方法。AbstractTemplate类的代码如下：

WordsTemplate.java

```
import java.io.*;
import java.util.*;
public abstract class WordsTemplate{
   File file;
   String content;
   String [] word;
   WordsTemplate(File file){
      this.file=file;
      content="";
      }
   public final void showAllWords(){
      readContent();
      getWords();
      if(isSort()){
          sort(word);
      }
      printWords(word);
   }
   public boolean isSort(){                    //钩子方法,默认是排序
      return true;
   }
   public final void readContent(){      //读取文件
      try {
            StringBuffer str=new StringBuffer();
            FileReader  inOne=new FileReader(file);
            BufferedReader inTwo= new BufferedReader(inOne);
            String s=null;
             while((s=inTwo.readLine())!=null)
                  str.append(s+"\n");
             content=new String(str);
             inOne.close();
             inTwo.close();
       }
       catch(IOException exp){}
   }
```

```
  public final void  getWords(){          //统计单词
    //空格字符、数字和符号(!"#$%&'()*+,-./:;<=>?@[\]^_`{|}~)组成的正则表达式:
     String regex="[\\s\\d\\p{Punct}]+";
     word=content.split(regex);
  }
  public void sort(String [] word){       //排序单词
     Arrays.sort(word);
  }
  public final void printWords(String [] word){
     for(int i=0;i<word.length;i++){
           System.out.print(" "+word[i]);
     }
     System.out.println();
  }
}
```

2．具体模板（Concrete Template）

对于本问题，具体模板是 WordSortTemplate 和 WordNoSortTemplate 类。WordSortTemplate 将钩子方法 sort()重写为把单词按其字典序排序；WordNoSortTemplate 没有重写钩子方法 sort()，使用了父类的默认实现，但是将钩子方法 isSort()重写为返回值为 false，即不对单词做任何排序处理。WordSortTemplate 和 WordNoSortTemplate 类的代码如下：

WordSortTemplate.java

```
import java.io.*;
public class WordSortTemplate extends WordsTemplate{
  WordSortTemplate(File file){
     super(file);
  }
}
```

WordNoSortTemplate.java

```
import java.io.*;
public class WordNoSortTemplate extends WordsTemplate{
  WordNoSortTemplate(File file){
      super(file);
  }
  public boolean isSort(){  //重写钩子方法(不排序了)
      return false;
  }
}
```

3．应用程序

下列应用程序中，Application.java 使用了模板方法模式中所涉及的类，将文件 hello.txt 中的单词按两种方式输出：一种是按单词的字典顺序输出；另一种是按单词在文件中出现的先后顺序输出，运行效果如图 12.5 所示。

```
Hello.txt中有如下的单词(按字典序排序):
 Application are class import java main public public static student void we
Hello.txt中有如下的单词(不排序顺序):
 import java we are student public class Application public static void main
```


图 12.5 程序运行效果

Application.java

```
import java.io.File;
public class Application{
   public static void main(String args[]) {
      File file=new File("hello.txt");
      WordsTemplate template=new WordSortTemplate(file);
      System.out.println(file.getName()+"中有如下的单词(按字典序排序):");
      template.showAllWords();
      template=new WordNoSortTemplate(file);
      System.out.println(file.getName()+"中有如下的单词(不排序顺序):");
      template.showAllWords();
   }
}
```

12.3 模板方法模式的优点

模板方法模式具有以下优点：

（1）可以通过在抽象模板中定义模板方法给出成熟的算法步骤，同时又不限制步骤的细节，具体模板实现算法细节不会改变整个算法的骨架。

（2）在抽象模板模式中，可以通过钩子方法对某些步骤进行挂钩，具体模板通过钩子可以选择算法骨架中的某些步骤。

12.4 适合使用模板方法模式的情景

适合使用模板方法模式的情景如下：

（1）设计者需要给出一个算法的固定步骤，并将某些步骤的具体实现留给子类来实现。

（2）需要对代码进行重构，将各个子类的公共行为提取出来集中到一个共同的父类中以避免代码重复。

12.5 举例——考试与成绩录入

12.5.1 设计要求

进行一门课程的考试，经常有如下顺序的操作：

（1）进行考试。

（2）录入成绩。

（3）分析成绩。

（4）提交成绩。

请使用模板方法模式将上述操作封装在抽象模板的模板方法中，具体模板可以给出各自的考试方式、录入成绩的方式，决定是否分析成绩，但最终必须提交成绩。

12.5.2 设计实现

1．抽象模板（Abstract Template）

本问题中，抽象模板角色是 Test 类。抽象模板中的模板方法是 step()，抽象模板中表示具体步骤的方法是 examination()、inputScore()、analyze()和 submit()。Test 类的代码如下：

Test.java

```
import java.io.*;
import java.util.*;
public abstract class Test {
   String [] number; //存放学号的数组
   int [] score;     //存放成绩的数组
   File file;        //存放成绩的文件
   Test(File file){
      this.file=file;
   }
   public abstract void examination();
   public void inputScore(){
      System.out.println("输入考试人数(回车确认)");
      Scanner scanner=new Scanner(System.in);
      int n=scanner.nextInt();
      scanner.nextLine();          //消耗回车
      number=new String[n];
      score=new int[n];
      for(int i=0;i<n;i++) {
         System.out.print("学号(回车确认):");
         number[i]=scanner.nextLine();
         System.out.print("成绩(百分制):");
         score[i]=scanner.nextInt();
         scanner.nextLine();       //消耗回车
      }
   }
   public abstract void analyze();
   public final void step(){
      examination();   //考试
      inputScore();    //录入成绩
      if(isAnalyze()){
         analyze();    //分析成绩
      }
```

```
        submit();                  //提交成绩
    }
    public boolean isAnalyze(){   //钩子方法,默认是分析成绩
        return true;
    }
    public final void submit(){
        try{
            FileOutputStream out=new FileOutputStream(file);
            PrintStream ps=new PrintStream(out);
            for(int i=0;i<number.length;i++){
                ps.print("学号:"+number[i]+" ");
                ps.println("分数"+score[i]+" ");
                ps.println("--------");
            }
            ps.close();
        }
        catch(IOException e){}
    }
}
```

2．具体模板（Concrete Template）

具体模板是 MathExamTemplate 和 EnglishExamTemplate 类。具体模板 MathExamTemplate 采用闭卷考试，在分析成绩时只给出了平均成绩，而具体模板 EnglishExamTemplate 采用开卷考试，在分析成绩时不仅给出了平均成绩，还给出了不及格和优秀的人数。

MathExamTemplate 和 EnglishExamTemplate 类的代码如下：

MathExamTemplate.java

```
import java.io.*;
public class MathExamTemplate extends Test{
    MathExamTemplate(File file){
        super(file);
    }
    public void examination(){
        System.out.println("\n数学考试采用闭卷考试");
    }
    public void analyze(){
        int sum=0;
        for(int i=0;i<number.length;i++) {
            sum=sum+score[i];
        }
        double aver=(double)sum/number.length;
        System.out.print("平均成绩):"+aver);
    }
}
```

EnglishExamTemplate.java

```
import java.io.*;
public class EnglishExamTemplate extends Test{
   EnglishExamTemplate(File file){
      super(file);
   }
   public void examination(){
      System.out.println("\n英语考试采用开卷考试");
   }
   public void analyze(){
      int sum=0;
      int countSmall_60=0,countLarge_90=0;
      for(int i=0;i<number.length;i++) {
         sum=sum+score[i];
         if(score[i]<60)
            countSmall_60++;
         if(score[i]>90)
            countLarge_90++;
      }
      double aver=(double)sum/number.length;
      System.out.println("平均成绩:"+aver);
      System.out.print("不及格数:"+countSmall_60);
      System.out.print("优秀数:"+countLarge_90);
   }
}
```

3. 应用程序

下列应用程序中，Application.java 使用了模板方法模式中所涉及的类，运行效果如图 12.6 所示，用记事本打开的数学和英语成绩单如图 12.7 所示。

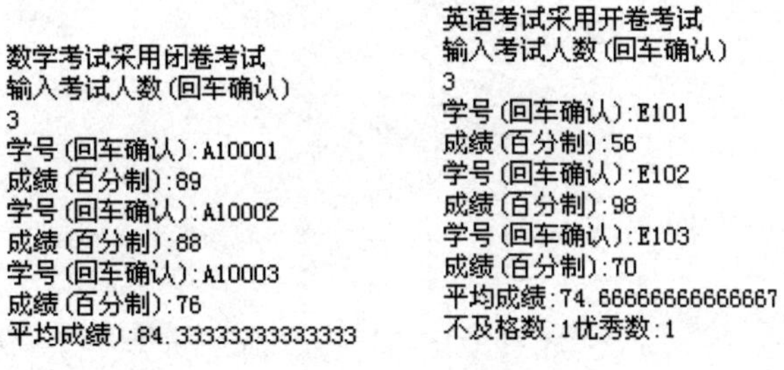

```
数学考试采用闭卷考试
输入考试人数(回车确认)
3
学号(回车确认):A10001
成绩(百分制):89
学号(回车确认):A10002
成绩(百分制):88
学号(回车确认):A10003
成绩(百分制):76
平均成绩):84.33333333333333
```

```
英语考试采用开卷考试
输入考试人数(回车确认)
3
学号(回车确认):E101
成绩(百分制):56
学号(回车确认):E102
成绩(百分制):98
学号(回车确认):E103
成绩(百分制):70
平均成绩:74.66666666666667
不及格数:1优秀数:1
```

图 12.6　程序运行效果

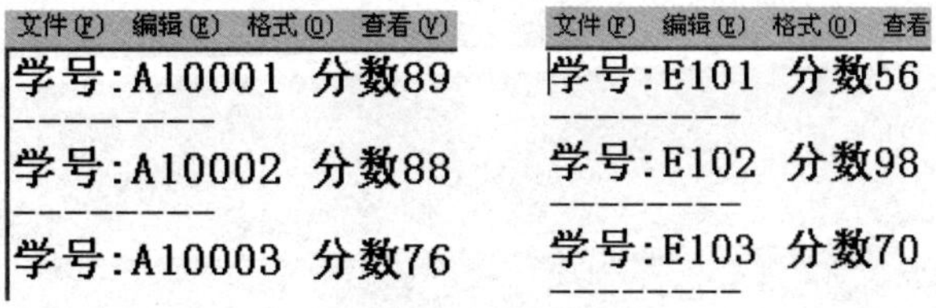

```
文件(F)  编辑(E)  格式(O)  查看(V)
学号:A10001  分数89
---------
学号:A10002  分数88
---------
学号:A10003  分数76
```

```
文件(F)  编辑(E)  格式(O)  查看
学号:E101  分数56
---------
学号:E102  分数98
---------
学号:E103  分数70
---------
```

图 12.7　数学和英语成绩单

Application.java

```
import java.io.File;
public class Application{
   public static void main(String args[]) {
      File file=new File("math.txt");
      Test template=new MathExamTemplate(file);
      template.step();
      file=new File("english.txt");
      template=new EnglishExamTemplate(file);
      template.step();
   }
}
```

第 13 章 观察者模式

观察者模式(别名：依赖、发布-订阅)：定义对象间的一种一对多的依赖关系，当一个对象的状态发生变化时，所有依赖于它的对象都得到通知并被自动更新。

观察者模式属于行为型模式（见 6.7 节）。

13.1 观察者模式的结构与使用

13.1.1 观察者模式的结构

观察者模式的结构中包括 4 种角色。

（1）主题（Subject）：主题是一个接口，该接口规定了具体主题需要实现的方法，比如添加、删除观察者以及通知观察者的方法（如图 13.1 中的 addObserver()等方法）。

（2）观察者（Observer）：观察者是一个接口，该接口规定了具体观察者用来获得数据的方法（如图 13.1 中的 update()方法）。

（3）具体主题（ConcreteSubject）：具体主题是实现主题接口的类的一个实例，该实例包含观察者关心的数据，而且这些数据可能经常发生变化。具体主题需使用一个集合，比如 ArrayList，存放观察者的引用，以便数据变化时通知具体观察者，即当主题通知观察者时，会让观察者获得更新的数据。

（4）具体观察者（ConcreteObserver）：具体观察者是实现观察者接口的类的一个实例。具体观察者包含具体主题的引用，以便让具体主题将自己添加到具体主题的集合中，使得自己成为具体主题的观察者，或让具体主题将自己从具体主题的集合中删除，使得自己不再是具体主题的观察者。

观察者模式的 UML 类图如图 13.1 所示。

下面通过一个简单的问题来描述观察者模式中所涉及的各个角色。

简单问题：

求职中心与求职者。求职者关心求职中心的信息，求职中心能及时将最新的职业需求信息告知求职者。

1．主题

在许多设计中，经常涉及多个对象都对一个特殊对象中的数据变化感兴趣，而且这些对象都希望跟踪那个特殊对象中的数据变化的情况。对于上述简单问题，某些寻找工作的人对“求职中心”的职业需求信息的变化非常关心，很想跟踪“求职中心”中职业需求信息的变化。一位想知道“求职中心”职业需求信息变化的人需要成为求职中心的“求职者”，即让求职中心把他登记到求职中心的“求职者”列表中，当一个人成为求职中心的“求职者”之后，“求职中心”就会及时通知他最新的职业需求信息。如果一个“求职者”不想继续知道求职中心的职业需求信息，就让“求职中心”把自己从求职中心的求职者列表中删除，求职中心就不会再通知他职业需求信息。

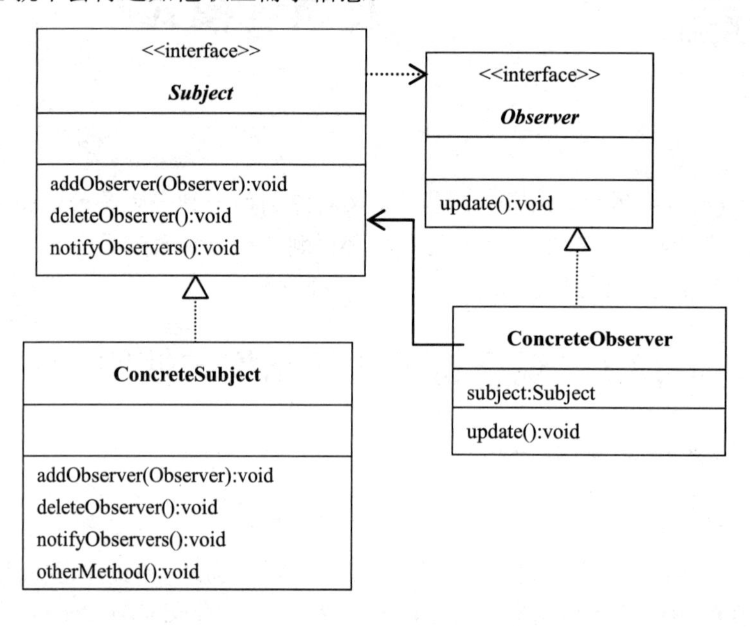

图 13.1　观察者模式的类图

观察者模式中有一个称做“主题”的对象和若干个称做“观察者”的对象，“主题”和“观察者”间是一种一对多的依赖关系，当“主题”的状态发生变化时，所有“观察者”都得到通知。前面所述的“求职中心”相当于观察者模式的一个“具体主题”，每个“求职者”相当于观察者模式中的一个“具体观察者”。

对于上述简单问题，主题接口角色的名字是 Subject，Subject 规定了具体主题需要实现的添加、删除观察者以及通知观察者的方法。Subject 接口的 UML 图如图 13.2 所示，Subject 接口的代码如下：

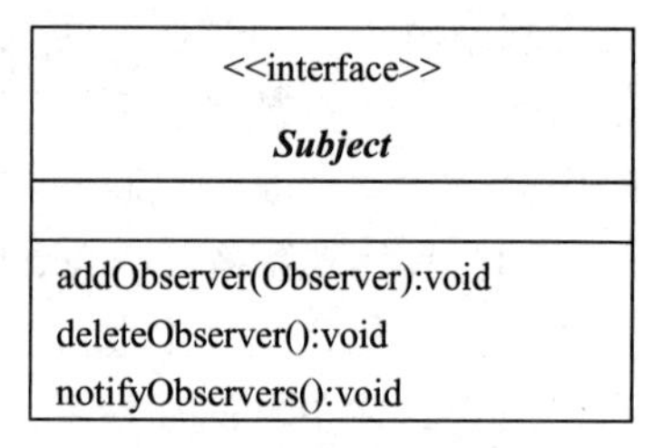

图 13.2　主题

Subject.java

```
public interface Subject{
   public void addObserver(Observer o);
   public void deleteObserver(Observer o);
   public void notifyObservers();
   public void giveNewMess(String str);
}
```

2．观察者

观察者是一个接口，该接口规定了具体观察者用来更新数据的方法。对于上述简单问题，观察者接口的名字是 Observer，Observer 中的方法是 hearTelephone()（相当于观察者模式的 UML 类图中的 update()方法），即要求具体观察者都通过实现 hearTelephone()方法（模拟接听电话）获取主题的最新数据。主题需要含有观察者的引用，以便通知观察者，即主题（Subject）和观察者（Observer）之间是组合或依赖关系。Observer 和 Subject 形成的 UML 类图如图 13.3 所示。Observer 接口的代码如下：

Obsever.java

```
public interface Observer{
   public void hearTelephone(String heardMess);
}
```

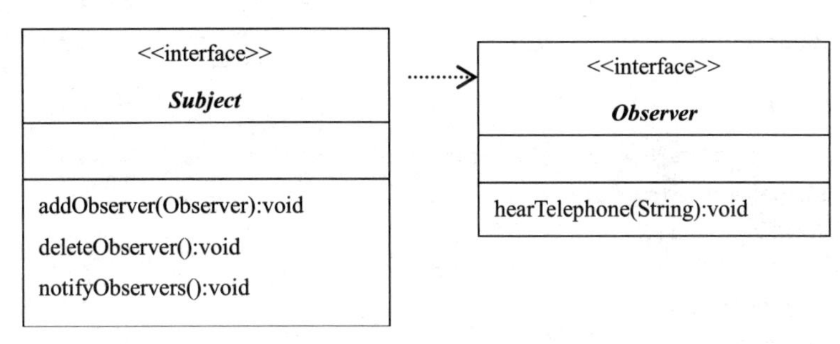

图 13.3　观察者与主题

3．具体主题

对于上述简单问题，创建具体主题的类是 SeekJobCenter。SeekJobCenter 需要实现主题规定的通知观察者的 notifyObservers()方法，SeekJobCenter（具体主题）通过实现 notifyObservers()方法来通知具体观察者，实现的方式是遍历具体主题中用来存放观察者引用的集合，并让集合中的每个具体观察者执行观察者接口（Observer）规定的获取数据的方法，比如 hearTelephone()方法。对于某些问题，具体主题应当保证数据确实发生了变化再遍历存放观察者引用的集合。对于上述简单问题，SeekJobCenter 维护着一个 String 字符串，用来表示“求职中心”的职业需求信息，当该 String 字符串发生变化时，SeekJobCenter 遍历存放观察者引用的集合。SeekJobCenter 代码如下：

SeekJobCenter.java

```
import java.util.ArrayList;
public class SeekJobCenter implements Subject{
   String mess;
   boolean changed;
   ArrayList<Observer> personList;        //存放观察者的引用的数组线性表
   SeekJobCenter(){
      personList=new ArrayList<Observer>();
      mess="";
      changed=false;
   }
   public void addObserver(Observer o){
      if(!(personList.contains(o)))
         personList.add(o);                //把观察者的引用添加到数组线性表
   }
```

```
    public void deleteObserver(Observer o){
       if(personList.contains(o))
          personList.remove(o);
    }
    public void notifyObservers(){
       if(changed){                                    //通知所有的观察者
          for(int i=0;i<personList.size();i++){
            Observer observer=personList.get(i);
            observer.hearTelephone(mess);              //让观察者接听电话
          }
          changed=false;
       }
    }
    public void giveNewMess(String str){
       if(str.equals(mess))
          changed=false;
       else{
          mess=str;
          changed=true;
       }
    }
}
```

4．具体观察者

对于上述简单问题，实现观察者接口 Observer 的类有两个：一个是 UniversityStudent 类；另一个是 HaiGui 类。UniversityStude 类的实例调用 hearTelephone(String heardMess)方法时，会将参数引用的字符串保存到一个文件中。HaiGui 类的实例调用 hearTelephone(String heardMess)方法时，如果参数引用的字符串中包含 “程序员”或“软件”，就将信息保存到一个文件中。Subject（主题）、Observer（观察者）、SeekJobCenter（具体主题）、UniversityStudent（具体观察者）和 HaiGui（具体观察者）形成的 UML 类图如图 13.4 所示。UniversityStudent 和 HaiGui 类的代码如下：

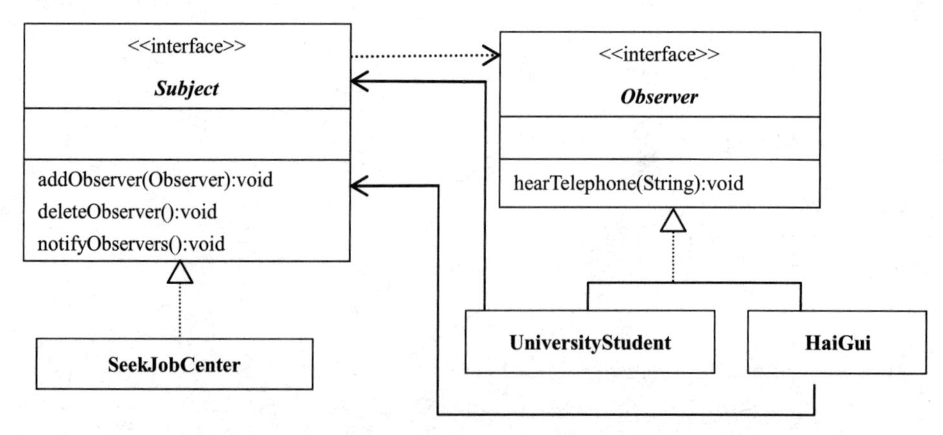

图 13.4　主题、观察者、具体主题和具体观察者

UniversityStudent.java

```
import java.io.*;
public class UniverStudent implements Observer{
   Subject subject;
   File myFile;
   UniverStudent(Subject subject,String fileName){
      this.subject=subject;
      subject.addObserver(this);      //使当前实例(大学生)成为主题的观察者
      myFile=new File(fileName);
   }
   public void hearTelephone(String heardMess){
      try{ System.out.println("@@@@@@@@@@@@@@");
           FileOutputStream out=new FileOutputStream(myFile,true);
           byte [] b=heardMess.getBytes();
           out.write(b);               //更新文件中的内容
           System.out.print("我是一个大学生,");
           System.out.println("我向文件"+myFile.getName()+"写入如下内容:");
           System.out.println(heardMess);
           out.close();
      }
      catch(IOException exp){
          System.out.println(exp.toString());
      }
   }
}
```

HaiGui.java

```
import java.io.*;
public class HaiGui implements Observer{
    Subject subject;
   File myFile;
   HaiGui(Subject subject,String fileName){
      this.subject=subject;
      subject.addObserver(this);
      myFile=new File(fileName);
   }
   public void hearTelephone(String heardMess){
      try{ boolean boo=
           heardMess.contains("程序员")||heardMess.contains("软件");
           if(boo){
             FileOutputStream out=new FileOutputStream(myFile,true);
             byte [] b=heardMess.getBytes();
             out.write(b);
             System.out.print("我是海归,");
             System.out.println("我向文件"+myFile.getName()+"写入如下内容:");
```

```
            System.out.println(heardMess);
            out.close();
          }
          else {
            System.out.println("没有海归需要的信息");
          }
      }
      catch(IOException exp){
          System.out.println(exp.toString());
      }
   }
 }
```

13.1.2 观察者模式的使用

前面已经使用观察者模式给出了可以使用的类，可以将这些类看做一个小框架，然后就可以使用这个小框架中的类编写应用程序了。

下列应用程序中，Application.java 使用了观察者模式中所涉及的类，应用程序在使用观察者模式时，需要创建具体主题和该主题的观察者。Application.java 演示了一个大学生和一个归国留学者成为求职中心的观察者；当求职中心有新的人才需求信息时，大学生和归国留学者将得到通知，运行效果如图 13.5 所示。

```
@@@@@@@@@@@@@@@
我是一个大学生,我向文件A.txt写入如下内容:
IBM公司需要Java程序员。
我是海归,我向文件a12.txt写入如下内容:
IBM公司需要Java程序员。
@@@@@@@@@@@@@@@
我是一个大学生,我向文件A.txt写入如下内容:
北京图书大厦需要图书管理员。
没有海归需要的信息
@@@@@@@@@@@@@@@
我是一个大学生,我向文件A.txt写入如下内容:
云飞学校招聘软件教师。
我是海归,我向文件a12.txt写入如下内容:
云飞学校招聘软件教师。
```

图 13.5　程序运行效果

Application.java

```
public class Application{
   public static void main(String args[]){
      Subject center=new SeekJobCenter();                       //具体主题center
      Observer zhang=new UniverStudent(center,"A.txt"); //具体观察者zhang
      Observer wang=new HaiGui(center,"a12.txt");        //具体观察者wang
      center.giveNewMess("IBM公司需要java程序员。");      //具体主题给出新信息
      center.notifyObservers();                                  //具体主题通知信息
```

```
        center.giveNewMess("北京图书大厦需要图书管理员。");
        center.notifyObservers();
        center.giveNewMess("云飞学校招聘软件教师。");
        center.notifyObservers();
        center.giveNewMess("云飞学校招聘软件教师。");      //信息不是新的
        center.notifyObservers();                          //观察者不会执行更新操作
    }
}
```

13.2 观察者模式中的“推”数据与“拉”数据

具体主题在使用主题规定的方法通知具体接收者更新数据时会出现下列两种极端方式。

1．推数据方式

推数据方式是指具体主题将变化后的数据全部交给具体观察者，即将变化后的数据传递给具体观察者的用于更新数据的方法的参数。当具体主题认为具体观察者需要这些变化后的全部数据时往往采用推数据方式。在前面的 13.1 节中，SeekJobCenter 创建的具体主题采用的就是推数据方式，即将数据传递给观察者的 hearTelephone(String heardMess)方法。

2．拉数据方式

拉数据方式是指具体主题不将变化后的数据交给具体观察者，而是提供了获得这些数据的方法，具体观察者在得到通知后，可以调用具体主题提供的方法得到数据（观察者自己把数据“拉”过来)，但需要自己判断数据是否发生了变化。当具体主题不知道具体观察者是否需要这些变化后的数据时往往采用拉数据的方式。

3．拉数据方式的例子

书店定期发布图书信息，有两位顾客对此很感兴趣，一位顾客只关心图书的名称和价格，另一位顾客只关心图书的名称、作者、价格和出版社，但并不关心图书的价格。

在观察者模式中，两位顾客都是具体观察者，而书店是他们所依赖的一个具体主题。按照观察者模式的结构，我们给出的设计如下：

1）主题

对于决定采用“拉数据”方法的主题，应该提供诸如 getXXX()的方法，以便观察者根据需要获得数据。本问题中，主题接口 Subject 除了规定了具体主题需要实现的添加、删除观察者以及通知观察者更新数据的方法外，还规定了用于获取数据的许多诸如 getXXX()的方法。主题接口 Subject 的代码如下：

Subject.java

```
public interface Subject{
   public void addObserver(Observer o);
   public void deleteObserver(Observer o);
   public void notifyObservers();
   public void setData(String name,String author,String publisher,float p);
   public String getName();
```

```
    public float getPrice();
    public String getAuthor();
    public String getPublisher();
}
```

2）观察者

对于本问题，观察者接口规定的方法是 update()。观察者接口 Observer 的代码如下：

Obsever.java

```
public interface Observer{
    public void update();
}
```

3）具体主题

本问题中，书店是一个具体主题。书店不清楚它的观察者是否对书的全部信息都感兴趣，所以采用拉数据方式通知顾客。BookShop 代码如下：

BookShop.java

```
import java.util.ArrayList;
public class BookShop implements Subject{
    String name,author,publisher;
    float price;
    double oldPrice,newPrice;
    ArrayList<Observer> customerList;
    BookShop(){
        customerList=new ArrayList<Observer>();
    }
    public void addObserver(Observer o){
        if(!(customerList.contains(o)))
            customerList.add(o);
    }
    public void deleteObserver(Observer o){
        if(customerList.contains(o))
            customerList.remove(o);
    }
    public void notifyObservers(){
        for(int i=0;i<customerList.size();i++){
            Observer observer=customerList.get(i);
            observer.update();    //仅仅让观察者执行更新操作,但不提供数据(拉方式)
  }
    }
    public void setData(String name,String author,String publisher,float p){
        this.name=name;
        this.author=author;
        this.publisher=publisher;
        this.price=p;
```

```
      notifyObservers();              //通知所有的观察者
   }
   public String getName(){           //提供获得名字的方法
      return name;
   }
   public float getPrice(){
      return price;
   }
   public String getAuthor(){
      return author;
   }
   public String getPublisher(){
      return publisher;
   }
}
```

4）具体观察者

本问题中，顾客是具体观察者。由于具体观察含有主题的引用，因此可以使用主题提供的 getXXX()方法挑选自己感兴趣的数据。用来创建具体观察者的类分别是 CustomerOne 和 CustomerTwo。CustomerOne 关心图书的名称和价格，CustomerTwo 关心图书的名称、作者、价格和出版社，但并不关心图书的价格。CustomerOne 和 CustomerTwo 类的代码如下：

CustomerOne.java

```
public class CustomerOne implements Observer{
   Subject subject;
   String bookName,personName;
   float  bookPrice;
   CustomerOne(Subject subject,String s){
      this.subject=subject;
      this.personName=s;
      subject.addObserver(this);
   }
   public void update(){
      bookName=subject.getName();             //调用具体主题提供的方法
      bookPrice=subject.getPrice();
      System.out.println("\n"+personName+"只对书名和价格感兴趣:");
      System.out.print("书名:"+bookName+" ");
      System.out.println("价格:"+bookPrice);
    }
}
```

CustomerTwo.java

```
public class CustomerTwo implements Observer{
   Subject subject;
   String bookName,bookAuthor,bookPublisher,personName;
```

```
    CustomerTwo(Subject subject,String personName){
       this.subject=subject;
       this.personName=personName;
       subject.addObserver(this);
    }
    public void update(){
       bookName=subject.getName();//调用具体主题提供的方法
       bookAuthor=subject.getAuthor();
       bookPublisher=subject.getPublisher();
       System.out.println(personName+"只对书名,作者,出版社感兴趣(不关心价格):");
       System.out.print("书名:"+bookName+" ");
       System.out.print("作者:"+bookAuthor+" ");
       System.out.print("出版社:"+bookPublisher+" ");
    }
}
```

5）应用程序

下列应用程序中，Application.java 使用了观察者模式中所涉及的类，Application.java 演示了两个顾客在得到书店的新书通知后，各自输出了自己感兴趣的数据，运行效果如图 13.6 所示。

Application.java

```
public class Application{
   public static void main(String args[]){
      Subject shop=new BookShop();
      CustomerOne boy=new CustomerOne(shop,"张三");
      CustomerTwo girl=new CustomerTwo(shop,"李四");
      shop.setData("面向对象与设计模式","耿祥义","清华大学出版社",33);
      shop.setData("Java 2实用教程(4版)","耿祥义","清华大学出版社",39.5f);
   }
}
```

```
张三只对书名和价格感兴趣:
书名:面向对象与设计模式 价格:33.0
李四只对书名,作者,出版社感兴趣(不关心价格):
书名:面向对象与设计模式 作者:耿祥义 出版社:清华大学出版社
张三只对书名和价格感兴趣:
书名:Java 2实用教程(4版) 价格:39.5
李四只对书名,作者,出版社感兴趣(不关心价格):
书名:Java 2实用教程(4版) 作者:耿祥义 出版社:清华大学出版社
```

图 13.6　程序运行效果

13.3　观察者模式的优点

观察者模式具有以下优点：

（1）具体主题和具体观察者是松耦合关系。由于主题（Subject）接口仅仅依赖于观察者（Observer）接口，因此具体主题只是知道它的观察者是实现观察者（Observer）接口的某个类的实例，但不需要知道具体是哪个类。同样，由于观察者仅仅依赖于主题（Subject）接口，因此具体观察者只是知道它依赖的主题是实现主题（Subject）接口的某个类的实例，但不需要知道具体是哪个类。

（2）观察者模式满足“开-闭”原则。主题（Subject）接口仅仅依赖于观察者（Observer）接口，这样，就可以让创建具体主题的类也仅仅依赖于观察者（Observer）接口，因此如果增加新的实现观察者（Observer）接口的类，不必修改创建具体主题的类的代码。同样，创建具体观察者的类仅仅依赖于主题（Observer）接口，如果增加新的实现主题（Subject）接口的类，也不必修改创建具体观察者类的代码。

13.4 适合使用观察者模式的情景

适合使用观察者模式的情景如下：

（1）当一个对象的数据更新时需要通知其他对象，但这个对象又不希望和被通知的那些对象形成强耦合。

（2）当一个对象的数据更新时，这个对象需要让其他对象也各自更新自己的数据，但这个对象不知道具体有多少对象需要更新数据。

13.5 举例——关注天气和旅游信息

13.5.1 设计要求

一个具体观察者可以依赖于多个具体主题，当所依赖的任何具体主题的数据发生变化时，该观察者都能得到通知。多主题所涉及的主要问题是观察者如何处理主题中变化后的数据，因为不同的具体主题所含有的数据的结构可能有很大的不同。

要求在处理多主题时，主题应当采用拉数据方式，观察者接口可以将更新数据的方法的参数类型设置为主题接口类型，比如 update(Subject subject)，即具体主题数据发生变化时将自己的引用传递给具体观察者，然后具体观察者让这个具体主题调用有关的方法返回该具体主题中的数据。

使用观察者模式设计程序模拟李先生希望及时知道福建气象站的天气预报，比如最高气温和最低气温等，同时希望及时知道旅行社的旅游信息。

13.5.2 设计实现

按照观察者模式，李先生就是一个具体观察者，而福建气象站和旅行社是他依赖的两个具体主题，根据观察者模式的结构，给出的设计如下：

1．主题

本问题中，主题接口 Subject 规定了具体主题需要实现的添加、删除观察者以及通知观察者更新数据的方法。Subject 接口的代码如下：

Subject.java

```
public interface Subject{
   public void addObserver(Observer o);
   public void deleteObserver(Observer o);
   public void notifyObservers();
}
```

2．观察者

观察者是一个接口，该接口规定了具体观察者用来更新数据的方法。对于本问题，观察者接口规定的方法是 update(Subject subject)。

Obsever.java

```
public interface Observer{
   public void update(Subject subject);
}
```

3．具体主题

本问题中，气象站和旅行社是两个具体主题。创建气象站主题和旅行社主题的类分别是 WeatherStation 和 TravelAgency，WeatherStation 类使用一个 String 型数据表示天气状况，比如“多云”、“阴有小雨”等，一个 String 型数据表示所预报的日期，使用两个 int 型数据分别表示最高温度和最低温度。TravelAgency 类使用一个 String 型数据表示旅游信息状况，比如“香港 3 日游”、“价格：人/9000”。WeatherStation 和 TravelAgency 类的代码如下：

WeatherStation.java

```
import java.util.ArrayList;
public class WeatherStation implements Subject{
    String forecastTime,forecastMess;
    int maxTemperature,minTemperature;
    ArrayList<Observer> personList;
    WeatherStation(){
       personList=new ArrayList<Observer>();
    }
    public void addObserver(Observer o){
       if(o==null)
          return;
       if(!(personList.contains(o)))
         personList.add(o);
    }
    public void deleteObserver(Observer o){
       if(personList.contains(o))
         personList.remove(o);
    }
    public void notifyObservers(){
       for(int i=0;i<personList.size();i++){
```

```
            Observer observer=personList.get(i);
            observer.update(this);
        }
    }
    public void doForecast(String t,String mess,int max,int min){
        forecastTime=t;
        forecastMess=mess;
        maxTemperature=max;
        minTemperature=min;
        notifyObservers();
    }
    public String getForecastTime(){
        return forecastTime;
    }
    public String getForecastMess(){
        return forecastMess;
    }
    public int getMaxTemperature(){
        return maxTemperature;
    }
    public int getMinTemperature(){
        return minTemperature;
    }
}
```

TravelAgency.java

```
import java.util.ArrayList;
public class TravelAgency implements Subject{
    String item,price;
    ArrayList<Observer> personList;
    TravelAgency(){
        personList=new ArrayList<Observer>();
    }
    public void addObserver(Observer o){
        if(o==null)
            return;
        if(!(personList.contains(o)))
            personList.add(o);
    }
    public void deleteObserver(Observer o){
        if(personList.contains(o))
            personList.remove(o);
    }
    public void notifyObservers(){
        for(int i=0;i<personList.size();i++){
```

```
            Observer observer=personList.get(i);
            observer.update(this);
         }
      }
      public void giveMess(String s,String m){
         item=s;
         price=m;
         notifyObservers();
      }
      public String getItem(){
         return item;
      }
      public String getPrice(){
         return price;
      }
}
```

4. 具体观察者

本问题中，创建具体观察者的是 Person 类，李先生是一个具体观察者，即李先生是 Person 类的实例。Person 类创建的观察者可以依赖于两个具体主题，Person 类代码如下：

Person.java

```
public class Person implements Observer{
   Subject subjectOne,subjectTwo;                    //可依赖的主题
   String forecastTime,forecastMess;
   String item,price;
   int maxTemperature,minTemperature;
   Person(Subject subjectOne,Subject subjectTwo){
      this.subjectOne=subjectOne;
      this.subjectTwo=subjectTwo;
      subjectOne.addObserver(this);
      subjectTwo.addObserver(this);
   }
   public void update(Subject subject){
      if(subject instanceof WeatherStation){
        WeatherStation WS=(WeatherStation)subject;
        forecastTime=WS.getForecastTime();
        forecastMess=WS.getForecastMess();
        maxTemperature=WS.getMaxTemperature();
        minTemperature=WS.getMinTemperature();
        System.out.print("预报日期:"+forecastTime+",");
        System.out.print("天气状况:"+forecastMess+",");
        System.out.print("最高温度:"+maxTemperature+",");
        System.out.println("最低温度:"+minTemperature+"。");
      }
```

```
      else if(subject instanceof TravelAgency){
        TravelAgency TA=(TravelAgency)subject;
        item=TA.getItem();
        price=TA.getPrice();
        System.out.print("旅游项目:"+item+",");
        System.out.println("旅游价格信息:"+price+"。");
     }
   }
}
```

5. 应用程序

下列应用程序中，Application.java 是使用观察者模式中的类的应用程序，Application.java 演示了李先生每天都能得到气象站的气象信息和旅行社的旅游信息，运行效果如图 13.7 所示。

Application.java

```
public class Application{
   public static void main(String args[]){
      WeatherStation weatherStation=new WeatherStation();        //具体主题
      TravelAgency travelAgency=new TravelAgency();              //具体主题
      Person 李先生=new Person(weatherStation,travelAgency);
      weatherStation.doForecast("明天","晴转大雨,台风影响福建",32,20);
      travelAgency.giveMess("黄山5日游","价格: 5000/人");
      weatherStation.doForecast("后天","台风登陆福建,暴雨",26,19);
      travelAgency.giveMess("香港3日游","价格: 9000/人");
   }
}
```

```
预报日期:明天，天气状况:晴转大雨,台风影响福建，最高温度:32，最低温度:20。
旅游项目:黄山5日游，旅游价格信息:价格: 5000/人。
预报日期:后天，天气状况:台风登陆福建,暴雨，最高温度:26，最低温度:19。
旅游项目:香港3日游，旅游价格信息:价格:9000/人。
```

图 13.7　程序运行效果

第 14 章　访问者模式

访问者模式：表示一个作用于某对象结构中的各个元素的操作。它使你可以在不改变各个元素的类的前提下定义作用于这些元素的新操作。

访问者模式属于行为型模式（见 6.7 节）。

14.1　访问者模式的结构与使用

14.1.1　访问者模式的结构

访问者模式包括 4 种角色。

（1）抽象元素（Element）：抽象元素是一个抽象类，该类定义了接收访问者的 accept 操作。

（2）具体元素（Concrete Element）：具体元素是 Element 的子类。

（3）抽象访问者（Visitor）：抽象访问者是一个接口，该接口定义操作具体元素的方法。

（4）具体访问者（Concrete Visitor）：具体访问者是实现 Visitor 接口的类。

访问者模式的 UML 类图如图 14.1 所示。

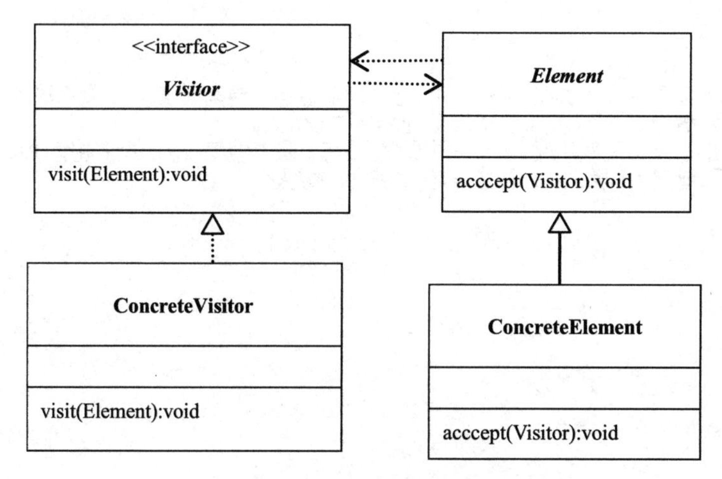

图 14.1　访问者模式的类图

下面通过一个简单的问题来描述访问者模式中所涉及的各个角色。

简单问题：

根据电表显示的用电量计算用户的电费。

1．抽象访问者（Visitor）

某个类可能用自己的实例方法操作自己的数据，但在某些设计中，可能需要定义作用于类的数据的新操作，而且这个新操作不应当由该类中的某个实例方法来承担。比如，电表有自己的显示用电量的方法（用显示盘显示），但需要定义一个方法来计算电费，即需要定义作用于电量的新操作，显然这个新操作不应当由电表来承担。在实际生活中，应当由物业部门的“计表员”观察电表的用电量，然后按照有关收费标准计算出电费。

访问者模式让一个称做访问者的对象访问电表，并根据用电量来计算电费。

对于前面简单的问题，需要一个访问者接口，以便规定具体访问者用怎样的方法来访问电表（元素）。在这个问题中，将抽象访问者接口命名为 Visitor，Visitor 接口定义操作具体元素的方法。Visitor 接口代码如下：

Visitor.java

```
public interface Visitor{
  public double visit(AmmeterElement elment);
}
```

2．抽象元素（Element）

访问者需要访问元素，以便观察元素中的数据，因此元素必须提供允许访问者访问它的方法，以便访问者观察元素中的数据。例如，要允许“计表员”（访问者）观察“电表”（元素）的用电量，以便计算电费。访问者模式使用抽象元素来规定具体元素（比如电表）需要实现哪些方法。对于前面的简单问题，抽象元素的名字为 AmmeterElement 的抽象类。Visitor 接口与 AmmeterElement 的类形成的 UML 类图如图 14.2 所示。AmmeterElement 的类的代码如下：

AmmeterElement.java

```
public abstract class AmmeterElement{
  public abstract void accept(Visitor v);
  public abstract double showElectricAmount();
  public abstract void setElectricAmount(double n);
}
```

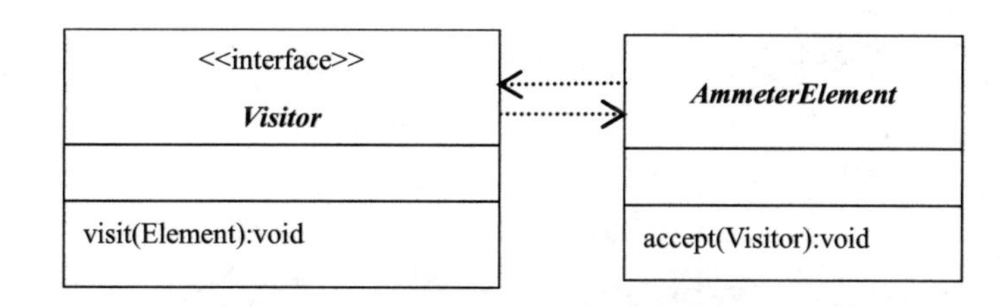

图 14.2　访问者与元素

3．具体访问者（Concrete Visitor）

具体访问者是实现 Visitor 接口的类，本问题中，有两个具体访问者，分别是

HomeAmmeterVisitor（模拟负责家用电计费的计表员）和 IndustryAmmeterVisitor 类（模拟负责工业用电计费的计表员）。HomeAmmeterVisitor 和 IndustryAmmeterVisitor 类代码如下：

HomeAmmeterVisitor.java

```
public class HomeAmmeterVisitor implements Visitor{
    public double visit(AmmeterElement ammeter){
      double charge=0;
      double unitOne=0.6,unitTwo=1.05;
      int basic = 6000;
      double n=ammeter.showElectricAmount();
      if(n<=basic) {
          charge = n*unitOne;
      }
      else {
         charge =basic*unitOne+(n-basic)*unitTwo;
      }
      return charge;
   }
}
```

IndustryAmmeterVisitor.java

```
public class IndustryAmmeterVisitor implements Visitor{
   public double visit(AmmeterElement ammeter){
      double charge=0;
      double unitOne=1.52,unitTwo=2.78;
      int basic = 15000;
      double n=ammeter.showElectricAmount();
      if(n<=basic) {
          charge = n*unitOne;
      }
      else {
         charge =basic*unitOne+(n-basic)*unitTwo;
      }
      return charge;
   }
}
```

4．具体元素（Concrete Element）

本问题中，具体元素是 Ammeter(模拟电表)。具体元素和 Visitor、HomeAmmeterVisitor、IndustryAmmeterVisitor 形成的 UML 类图如图 14.3 所示。Ammeter 代码如下：

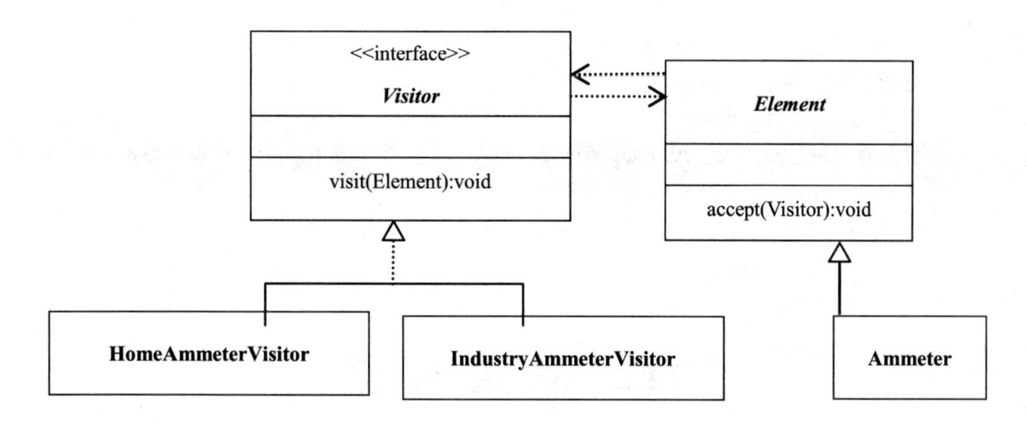

图 14.3　访问者、具体访问者、元素和具体元素

Ammeter.java

```
public class Ammeter extends AmmeterElement{
   double electricAmount;    //电表的电量
   public void setElectricAmount(double n) {
      electricAmount = n;
   }
   public void accept(Visitor visitor){
      double feiyong=visitor.visit(this); //让访问者访问当前元素
      System.out.println("当前电表的用户需要交纳电费:"+feiyong+"元");
   }
   public double showElectricAmount(){
      return electricAmount;
   }
}
```

14.1.2　访问者模式的使用

前面已经使用访问者模式给出了可以使用的类，可以将这些类看做一个小框架，然而就可以使用这个小框架中的类编写应用程序了。

下列应用程序中，让 HomeAmmeterVisitor 和 IndustryAmmeterVisitor 的实例访问同一个电表，即分别按家用电标准和工业用电标准计算了电费。运行效果如图 14.4 所示。

```
当前电表的用户需要交纳电费:3406.7999999999997元
当前电表的用户需要交纳电费:8630.56元
```

图 14.4　程序运行效果

Application.java

```
public class Application{
   public static void main(String args[]) {
      Visitor 计表员=new HomeAmmeterVisitor(); //按家用电标准计算电费的"计表员"
```

```
        Ammeter 电表=new Ammeter();
        电表.setElectricAmount(5678);
        电表.accept(计表员);
        计表员=new IndustryAmmeterVisitor();//按工业用电标准计算电费的"计表员"
        电表.setElectricAmount(5678);
        电表.accept(计表员);
    }
}
```

14.2 双重分派

访问者模式使用了一种称为“双重分派”的技术，具体如下：在访问者模式中，被访问者，即 Element 元素角色 element，首先调用 accept(Visitor visitor)方法接收访问者，被接收的访问者 visitor 再调用 visit(Element element)方法访问当前的 element 对象。

例如，在前面的 Application.java 应用程序中，用户只需让“电表”接收“计表员”，即让“计表员”看到电表上的用电量，那么用户就不必关心“计表员”余下的行为了，因为“计表员”会马上按照有关标准计算电费（生活中也是如此），即“计表员”通过执行 visit（电表）方法计算出电费。其主要代码如下：

```
电表.accept(计表员);
```

导致执行

```
double feiyong=计表员.visit(电表);
```

得到电费

“双重分派”技术中的核心是将数据的存储和操作解除耦合。元素调用 accept（访问者）方法将元素的数据存储和数据处理解耦。例如，电表（元素）让“计表员”（访问者）参与自己电费的计算，实现了电表负责存储用电量，“计表员”负责根据用电量来计算电费。“双重分派”技术的关键点是元素类的 accept（访问者）方法和访问者的 visit（元素）方法。当执行

```
元素.accept(访问者);
```

时，就会导致执行

```
访问者.visit(元素);   //参与元素中数据的计算
```

14.3 访问者模式的优点

访问者模式具有以下优点：

（1）可以在不改变一个集合中的元素的类的情况下，增加新的施加于该元素上的新操作。

（2）可以将集合中各个元素的某些操作集中到访问者中，不仅便于集合的维护，也有利于集合中元素的复用。

14.4　适合使用访问模式的情景

适合使用访问模式的情景如下：

（1）一个对象结构中，比如某个集合中，包含很多对象，想对集合中的对象增加一些新的操作。

（2）需要对集合中的对象进行很多不同的并且不相关的操作，而又不想修改对象的类，就可以使用访问者模式。访问者模式可以在 Visitor 类中集中定义一些关于集合中对象的操作。

14.5　举例——评价体检表

14.5.1　设计要求

有若干人员的体检表，每张体检表记载着和某个人员有关的体检数据，比如该人的血压、心率、身高、视力等数据，但是体检表本身并不可以使用一个方法来标明其中的这些数据是否符合某个行业的体检标准。现在假设有军队的一个负责人和工厂的一个负责人，他俩分别审阅体检表，并标明体检表中的数据是否符合作为军人或工人的体检标准。

14.5.2　设计实现

设计的类图如图 14.5 所示。

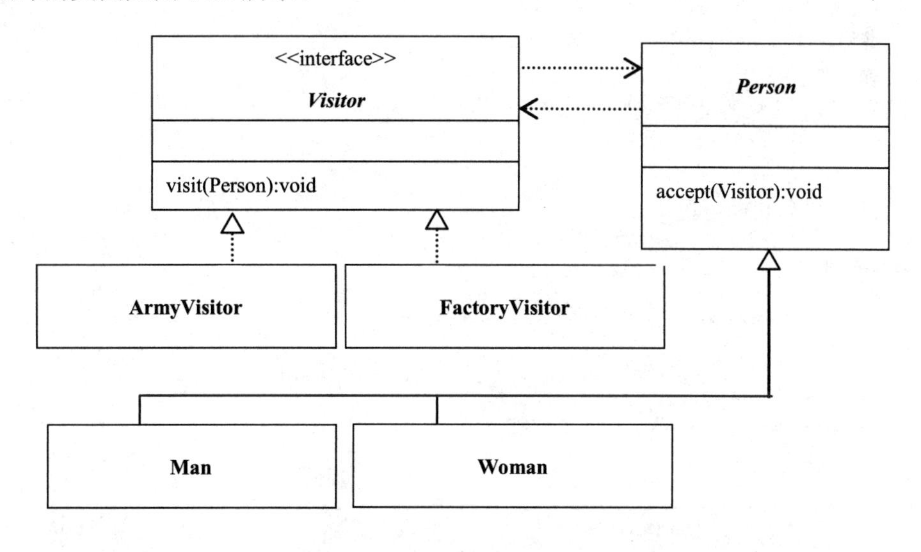

图 14.5　使用访问者模式设计的类图

1．抽象元素（Element）

在体检问题中，抽象元素角色是 Person 类，代码如下：

Person.java

```
public abstract class Person{
   public abstract void accept(Visitor v);      //"双重分派"的核心方法
}
```

2．具体元素（Concrete Element）

有两个具体元素，分别是Man和Woman类，这两个类的实例分别表示“男士”和“女士”，二者的体检数据体是不同的，代码如下：

Man.java

```
public class Man extends Person{
   String name;
   double stature;            //身高
   double eyeSight;           //视力
   Man(String name,double stature,double eyeSight){
      this.name=name;
      this.stature=stature;
      this.eyeSight=eyeSight;
   }
   public void accept(Visitor v){
      v.visit(this);
   }
   public double getStature(){
      return stature;
   }
   public double getEyeSight(){
      return eyeSight;
   }
   public String getName(){
      return name;
   }
}
```

Woman.java

```
public class Woman extends Person{
   String name;
   double stature;            //身高
   double eyeSight;           //视力
   int  bloodSugar;           //血糖
   Woman(String name,double stature,double eyeSight,int bloodSugar){
       this.name=name;
       this.stature=stature;
       this.eyeSight=eyeSight;
       this.bloodSugar=bloodSugar;
   }
   public void accept(Visitor v){
```

```
        v.visit(this);
    }
    public double getStature(){
        return stature;
    }
    public double getEyeSight(){
        return eyeSight;
    }
    public int getBloodSugar(){
        return bloodSugar;
    }
    public String getName(){
        return name;
    }
}
```

3．抽象访问者（Visitor）

抽象访问者接口是 Visitor，代码如下：

Visitor.java

```
public interface Visitor{
    public void visit(Person person);          //"双重分派"的核心方法
}
```

4．具体访问者（Visitor）

本问题中，具体访问者是 ArmyVisitor 和 FactoryVisitor 类，代码如下：

ArmyVisitor.java

```
public class ArmyVisitor implements Visitor{
    public void visit(Person person){
        if(person instanceof Man) {
            Man man=(Man)person;
            double stature=man.getStature();
            double eyeSight=man.getEyeSight();
            if(stature>1.72&&eyeSight>1.2)
              System.out.println(man.getName()+"符合当兵标准");
            else
              System.out.println(man.getName()+"不符合当兵标准");
        }
        if(person instanceof Woman){
            Woman woman=(Woman)person;
            double stature=woman.getStature();
            double eyeSight=woman.getEyeSight();
            int bloodSugar=woman.getBloodSugar();
            boolean boo=bloodSugar>=60&&bloodSugar<=80;
            if(stature>1.65&&eyeSight>1.2&&boo)
```

```
                System.out.println(woman.getName()+"符合当兵标准");
              else
                System.out.println(woman.getName()+"不符合当兵标准");
          }
      }
  }
```

FactoryVisitor.java

```
public class FactoryVisitor implements Visitor{
   public void visit(Person person){
      if(person instanceof Man) {
         Man man=(Man)person;
         double stature=man.getStature();
         double eyeSight=man.getEyeSight();
          if(stature>1.55&&eyeSight>0.8)
            System.out.println(man.getName()+"符合当工人标准");
         else
           System.out.println(man.getName()+"不符合当工人标准");
      }
      if(person instanceof Woman){
         Woman woman=(Woman)person;
         double stature=woman.getStature();
         double eyeSight=woman.getEyeSight();
         int bloodSugar=woman.getBloodSugar();
         boolean boo=bloodSugar>=50&&bloodSugar<=100;
         if(stature>1.45&&eyeSight>0.8&&boo)
           System.out.println(woman.getName()+"符合当工人标准");
        else
          System.out.println(woman.getName()+"不符合当工人标准");
      }
   }
}
```

5. 应用程序

下列应用程序中，Application.java 使用集合 ArrayList 添加若干个 Man 和 Woman 对象，然后让 Man 和 Woman 的实例，即让两个具体访问者依次“访问”集合 ArrayLits 中的 Man 和 Woman 对象，以标明 Man 和 Woman 的实例的体检数据是否符合访问者的要求，运行效果如图 14.6 所示。

```
吴三不符合当兵标准
吴三符合当工人标准
江庆符合当兵标准
江庆符合当工人标准
魏军符合当兵标准
魏军符合当工人标准
许三不符合当兵标准
许三符合当工人标准
孙娟符合当兵标准
孙娟符合当工人标准
刘花不符合当兵标准
刘花不符合当工人标准
```

图 14.6　程序运行效果

Application.java

```
import java.util.*;
import java.util.*;
public class Application{
```

```
   public static void main(String args[]) {
      Visitor armyVisitor=new ArmyVisitor();
      Visitor factoryVisitor=new FactoryVisitor();
      ArrayList<Person>  personList=new  ArrayList<Person>();
      Person person=null;
      personList.add(person=new Man("吴三",1.58,1.2));
      personList.add(person=new Man("江庆",1.77,1.5));
      personList.add(person=new Man("魏军",1.86,1.3));
      personList.add(person=new Woman("许三",1.62,1.2,67));
      personList.add(person=new Woman("孙娟",1.67,1.5,70));
      personList.add(person=new Woman("刘花",1.42,0.9,70));
      Iterator<Person> iter=personList.iterator();
      while(iter.hasNext()){
         person=iter.next();
         person.accept(armyVisitor);
         person.accept(factoryVisitor);
      }
   }
}
```

第15章 装 饰 模 式

装饰模式：动态地给对象添加一些额外的职责。就功能来说，装饰模式相比生成子类更为灵活。

装饰模式属于结构型模式（见6.7节）。

15.1 装饰模式的结构与使用

15.1.1 装饰模式的结构

装饰模式的结构中包括4种角色。

（1）抽象组件（Component）：抽象组件（是抽象类）定义了需要进行装饰的方法。抽象组件就是“被装饰者”角色。

（2）具体组件（ConcreteComponent）：具体组件是抽象组件的一个子类。

（3）装饰（Decorator）：装饰是抽象组件的一个子类，是“装饰者”角色，其作用是装饰具体组件（装饰“被装饰者”），因此“装饰”角色需要包含“被装饰者”的引用。“装饰”角色可以是抽象类，也可以是非抽象类。

（4）具体装饰（ConcreteDecorator）：具体装饰是“装饰”角色的一个非抽象子类。

装饰模式的UML类图如图15.1所示。

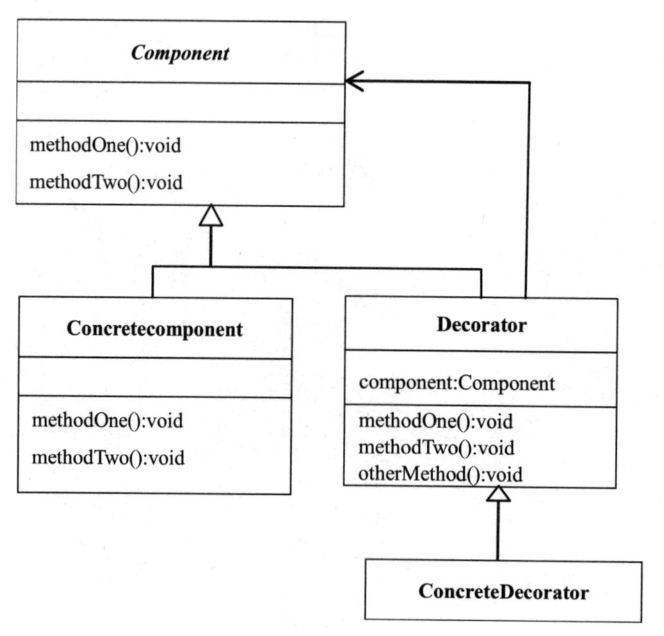

图15.1 装饰模式的类图

下面通过一个简单的问题来描述装饰模式中所涉及的各个角色。

简单问题：

给麻雀安装智能电子翅膀。

1．抽象组件

装饰模式是动态地扩展一个对象的功能，而不需要改变原始类代码的一种成熟模式。

在许多设计中，可能需要改进类的某个对象的功能，而不是该类创建的全部对象。例如，麻雀类的实例（麻雀）能连续飞行 100 米，如果用麻雀类创建了 5 只麻雀，那么这 5 只麻雀都能连续飞行 100 米。假如想让其中一只麻雀能连续飞行 150 米，那应当怎样做呢？我们不想通过修改麻雀类的代码使得麻雀类创建的麻雀都能连续飞行 150 米，这也不符合我们的初衷，即改进类的某个对象的功能。

一种比较好的办法就是给麻雀装上智能电子翅膀。智能电子翅膀可以使得麻雀不使用自己的翅膀就能飞行 50 米。那么一只安装了一个智能电子翅膀的麻雀就能飞行 150 米，因为麻雀可以首先使用自己的翅膀飞行 100 米，然后让电子翅膀开始工作再飞行 50 米。一只安装了两个智能电子翅膀的麻雀就能飞行 200 米。

对于前面的简单问题，麻雀应该是一个具体组件的实例，因此需要首先给出抽象组件角色，以便决定哪些方法需要被装饰（比如 fly()方法）。

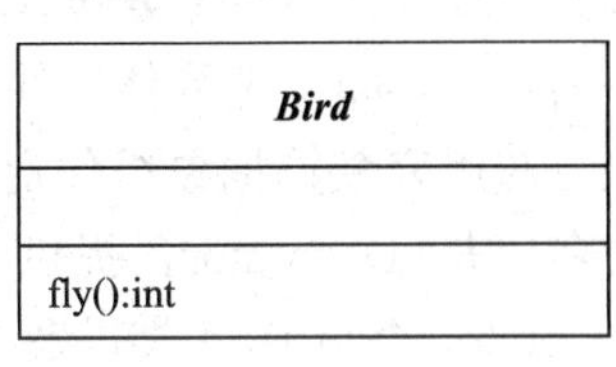

图 15.2　抽象组件

本问题中，抽象组件的名字是 Bird，类图如图 15.2 所示。Bird 类的代码如下：

Bird.java

```
public abstract class Bird{
   public abstract int fly();
}
```

2．具体组件

具体组件是抽象组件的一个子类，具体组件的实例称做“被装饰者”。对于前面简单的问题，给出的具体组件角色的名字是 Sparrow 类，该类的实例模拟麻雀。Sparrow 类在重写 fly()方法时，将该方法的返回值设置为 100(模拟麻雀能不间断地飞行 100 米)。Sparrow 类和 Bird 类形成的 UML 图如图 15.3 所示。Sparrow 类的代码如下：

Sparrow.java

```
public class Sparrow extends Bird{
   public final int DISTANCE=100;
   public int fly(){
      return DISTANCE;
   }
}
```

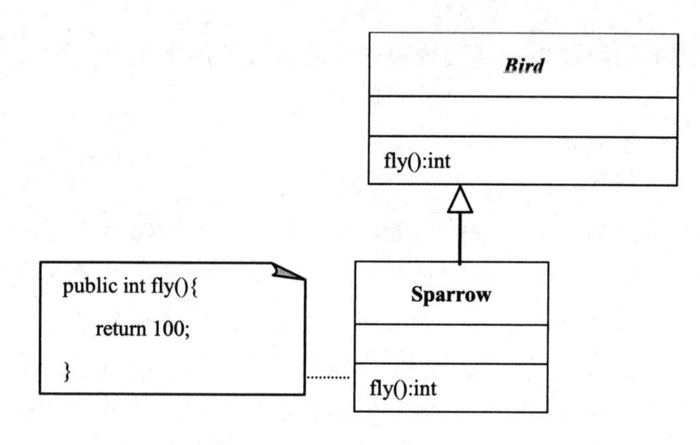

图 15.3　抽象组件与具体组件

3．装饰（Decorator）

“装饰”角色是抽象组件的一个子类，其作用是装饰具体组件（装饰“被装饰者”），因此“装饰”角色需要包含“被装饰者”的引用。需要注意的是，“装饰”角色也是抽象组件的子类，即也是具体组件角色，但不同之处是，“装饰”角色需要额外提供一些方法，这些方法用来装饰抽象组件定义的需要进行装饰的方法。对于前面的简单问题，“装饰”角色的名字是 Decorator，提供了 eleFly()方法，并使用这个 eleFly()方法来装饰 fly()方法。Decorator 类与 Bird 类以及 Sparrow 类形成的 UML 图如图 15.4 所示。Decorator 类的代码如下：

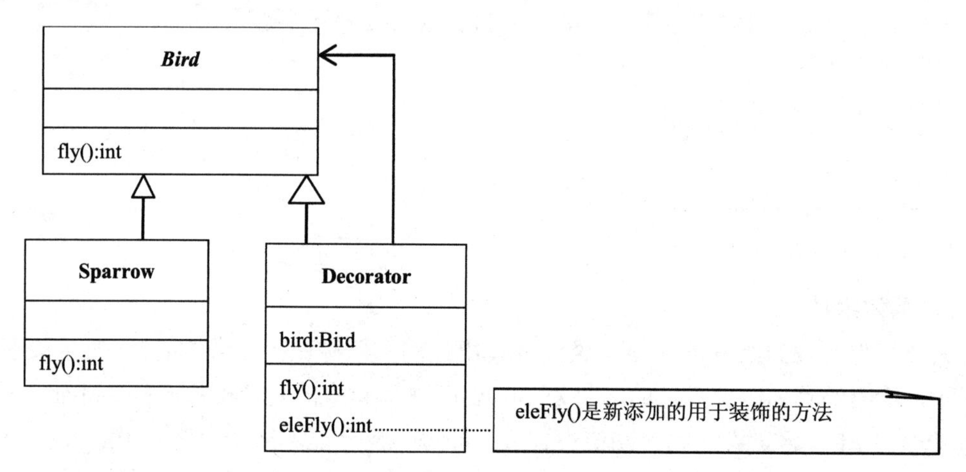

图 15.4　抽象组件、具体组件与装饰

Decorator.java

```
public abstract class Decorator extends Bird{
   Bird bird;                            //被装饰者
   public Decorator(){
   }
   public Decorator(Bird bird){
      this.bird=bird;
```

```
    }
    public abstract int eleFly();//用于装饰fly()的方法,行为由具体装饰者去实现
}
```

4. 具体装饰

根据具体的问题，具体装饰负责用新的方法去装饰“被装饰者”的方法。本问题中，具体装饰是 SparrowDecorator 类，该类使用 eleFly()方法装饰 fly()方法。SparrowDecorator 类的代码如下：

SparrowDecorator.java

```
public class SparrowDecorator extends Decorator{
    public final int DISTANCE=50;          //eleFly方法(模拟电子翅膀)能飞50米
    SparrowDecorator(Bird bird){
        super(bird);
    }
    public int fly(){                      //被装饰的方法
        int distance=0;
        distance=bird.fly()+eleFly();//让装饰者bird首先调用fly(),然后再调用eleFly()
        return distance;
    }
    public int eleFly(){                   //装饰者新添加的方法
        return DISTANCE;
    }
}
```

15.1.2 装饰模式的使用

前面已经使用装饰模式给出了可以使用的类，可以将这些类看做一个小框架，然后就可以使用这个小框架中的类编写应用程序了。

下列应用程序中，Application.java 使用了装饰模式中所涉及的类，应用程序在使用装饰模式时，需要创建“被装饰者”和相应的“装饰者”。Application.java 演示一只没有安装电子翅膀的小鸟只能飞行 100 米，对该鸟进行“装饰”，即给它安装一个电子翅膀，那么安装了 1 个电子翅膀后的鸟就能飞行 150 米，然后再继续给它安装电子翅膀，那么安装了 2 个电子翅膀后的鸟就能飞行 200 米，效果如图 15.5 所示。

```
没有安装电子翅膀的小鸟飞行距离:100
安装1个电子翅膀的小鸟飞行距离:150
安装2个电子翅膀的小鸟飞行距离:200
安装3个电子翅膀的小鸟飞行距离:250
```

图 15.5 程序运行效果

Application.java

```
public class Application{
    public static void main(String args[]){
```

```
        Bird bird=new Sparrow();
        System.out.println("没有安装电子翅膀的小鸟飞行距离:"+bird.fly());
        bird=new SparrowDecorator(bird);   //bird通过"装饰"安装了1个电子翅膀
        System.out.println("安装1个电子翅膀的小鸟飞行距离:"+bird.fly());
        bird=new SparrowDecorator(bird);   //bird通过"装饰"安装了2个电子翅膀
        System.out.println("安装2个电子翅膀的小鸟飞行距离:"+bird.fly());
        bird=new SparrowDecorator(bird);   //bird通过"装饰"安装了3个电子翅膀
        System.out.println("安装3个电子翅膀的小鸟飞行距离:"+bird.fly());
    }
}
```

在装饰模式中，具体装饰角色同时也是具体组件角色，即“装饰者”也可担当“被装饰者”角色，因此在 Application.java 中就可以不断地用 SparrowDecorator（具体装饰）对 bird 对象进行不断的装饰。

15.2 使用多个装饰者

由于装饰（Decorator）是抽象组件（Component）的一个子类，因此“装饰者”本身也可以作为一个“被装饰者”，这意味着可以使用多个具体装饰类来装饰具体组件的实例。

比如，对于 15.1.1 小节中的简单问题，假如用户不仅需要能飞行 150、200 米的鸟，而且也需要能飞行 120 米、170 米、220 米的鸟，那么不必修改 15.1.1 小节中现有的类，只需再添加一个具体装饰即可，比如 SparrowDecoratorTwo，代码如下：

SparrowDecoratorTwo.java

```
public class SparrowDecoratorTwo extends Decorator{
   public final int DISTANCE=20;              // eleFly方法能飞20米
   SparrowDecoratorTwo (Bird bird){
      super(bird);
   }
   public int fly(){
      int distance=0;
      distance=bird.fly()+eleFly();
      return distance;
   }
   public int eleFly(){
      return DISTANCE;
   }
}
```

如果需要 bird 能飞行 240 米，那么在 Application.java 程序中只需对 bird 进行如下的装饰过程：

```
Bird bird= new Sparrow();
bird=new SparrowDecoratorTwo(bird);
```

```
bird=new SparrowDecorator(bird);
bird=new SparrowDecorator(bird);
bird=new SparrowDecoratorTwo(bird);
```

那么，bird 调用 fly()方法能飞行 240 米。

15.3 装饰模式相对继承机制的优势

我们知道，通过继承也可改进对象的行为，对于某些简单的问题这样做未尝不可，但是如果考虑到系统扩展性，就应当注意面向对象的一个基本原则：少用继承，多用组合。就功能来说，装饰模式相比生成子类更为灵活。

比如，对于 15.1.1 小节中的简单问题，如果采用一种和 15.1.1 小节中不同的设计方案，即不使用装饰模式，而是改为使用继承机制来设计我们的系统，以满足用户的需求。为了满足用户的需求，我们开始修改现有的系统，在系统中再添加两个 Bird 抽象类的子类：Lark 和 Swallow，使得 Lark 类创建的对象（百灵鸟）调用 fly 方法能连续飞行 150 米，Swallow 类创建的对象（燕子）调用 fly 方法能连续飞行 200 米。给出的类图如图 15.6 所示。

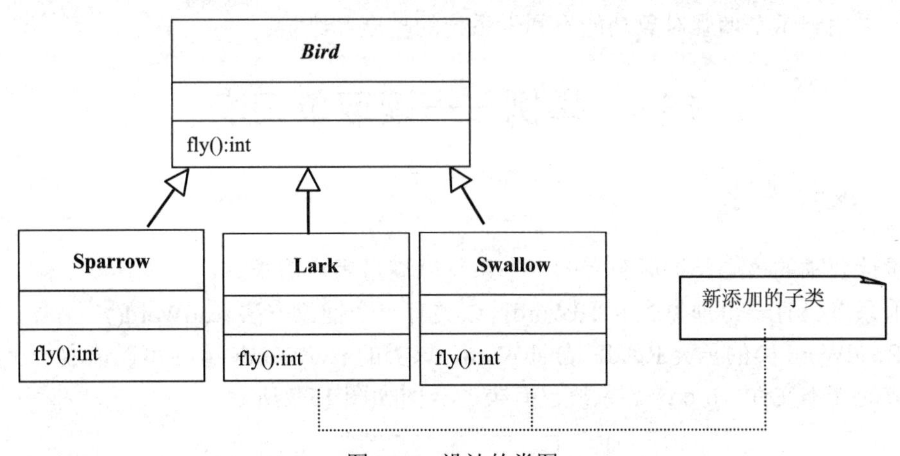

图 15.6 设计的类图

如果用户需要能飞行 200 米的鸟，客户程序有如下代码即可：

```
Bird bird=new Swallow();
```

但是，使用继承机制设计的这个系统面临着一个巨大的挑战，那就是用户需求的变化，现在用户又需要能飞行 250 米的鸟，而且过一段时间可能又需要能飞行 300 米的鸟。显然，如果继续采用继承机制来维护上面的系统（见图 15.6），就必须修改系统，增加新的 Bird 的子类，这简直是维护的一场灾难。但是，15.1.1 小节中使用装饰模式设计的系统（见图 15.4）可以给用户提供能飞行 100、150、200、250、300、…米的鸟，也就是说，当用户需要能飞行 250 米的鸟时，不需要修改 15.1.1 小节中设计的系统，用户的下列代码即可得到飞行 250 米的鸟：

```
Bird bird=
new SparrowDecorator(new SparrowDecorator(new SparrowDecorator(new
Sparrow())));
```

15.4 装饰模式的优点

装饰模式具有以下优点：

（1）被装饰者和装饰者是弱耦合关系。由于装饰（Decorator）仅仅依赖于抽象组件（Component），因此具体装饰只知道它要装饰的对象是抽象组件的某一个子类的实例，但不需要知道是哪一个具体子类。

（2）装饰模式满足“开-闭原则”。不必修改具体组件，就可以增加新的针对该具体组件的具体装饰。

（3）可以使用多个具体装饰来装饰具体组件的实例。

15.5 适合使用装饰模式的情景

适合使用装饰模式的情景如下：

（1）程序希望动态地增强类的某个对象的功能，而又不影响到该类的其他对象。

（2）采用继承来增强对象功能不利于系统的扩展和维护。

15.6 举例——读取单词表

15.6.1 设计要求

本设计要求的核心是扩展已有的一个系统以满足用户需求。

当前系统已有一个抽象类 ReadWord，该类有一个抽象方法 readWord()，另外，系统还有一个 ReadWord 类的子类 ReadEnglishWord，该类的 readWord()方法可以读取一个由英文单词构成的文本文件 word.txt。系统已有类的类图如图 15.7 所示。

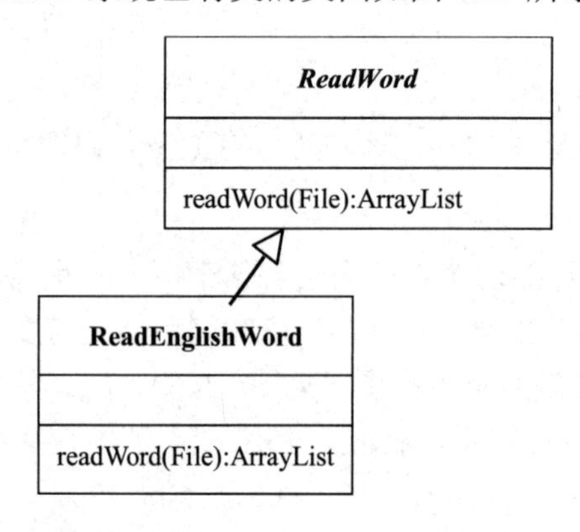

图 15.7 系统已有类的类图

目前已有一些客户在使用该系统，并使用 ReadWord 类的对象调用 readWord()方法读取文件中的单词。

英文单词构成的文件 word.txt 的格式是每行只有一个单词，例如，word.txt 的前三行的内容如下：

```
student
girl
attack
```

ReadWord 和 ReadEnglishWord 类的代码如下：

ReadWord.java

```
import java.io.*;
import java.util.ArrayList;
public abstract class ReadWord{
  public abstract ArrayList<String> readWord(File file);
}
```

ReadEnglishWord.java

```
import java.io.*;
import java.util.ArrayList;
public class ReadEnglishWord extends ReadWord{
   public ArrayList<String> readWord(File file){
      ArrayList<String> wordList=new ArrayList<String>();
      try{ FileReader  inOne=new FileReader(file);
           BufferedReader inTwo=new BufferedReader(inOne);
           String s=null;
           while((s=inTwo.readLine())!=null){
              wordList.add(s);
           }
           inTwo.close();
           inOne.close();
      }
      catch(IOException exp){
           System.out.println(exp);
      }
      return wordList;
   }
}
```

现在有部分用户希望使用 ReadWord 类的对象调用 readWord()方法读取文件 word.txt 中的单词，并希望同时也能得到该单词的汉语解释，也有一些用户希望不仅能得到该单词的汉语解释，也能得到该单词的英文例句，而其他的用户没有提出任何要求。要求不允许修改现有系统的代码以及 word.txt 文件，对系统进行扩展以满足用户的需求。

15.6.2 设计实现

由于不允许修改原系统中的代码和文件，因此我们决定使用装饰模式来扩展原系统，设计的类图如图 15.8 所示。

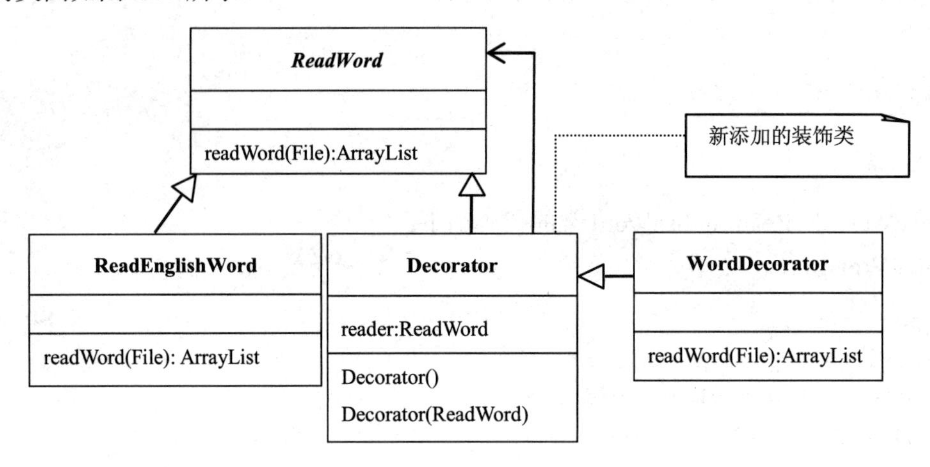

图 15.8　扩展系统的类图

1．抽象组件

抽象组件就是原系统中已有的 ReadWord 类，代码见 15.6.1 小节中的 ReadWord.java。

2．具体组件

具体组件就是原系统中已有的 ReadEnglishWord 类，代码见 15.6.1 小节中的 ReadEnglish Word.java。

3．装饰

在原系统中添加一个装饰，该装饰是 Decorator 类，代码如下：

Decorator.java

```
public abstract class Decorator extends ReadWord{
  protected ReadWord reader;
  public Decorator(){
  }
  public Decorator(ReadWord reader){
     this.reader=reader;
  }
}
```

4．具体装饰与相关文件

具体装饰是 WordDecorator 类，该类使用另外两个文件来装饰“被装饰者”读取的 word.txt 文件。需要的两个用于装饰的文本文件分别是 chinese.txt 和 englishSentence.txt。chinese.txt 和 englishSentence.txt 文件中每行的文本内容分别是原系统中 word.txt 中对应行上的单词的汉语解释和英语例句。chinese.txt 和 englishSentence.txt 文件的内容（前三行）以及 WordDecorator 类的代码如下：

chinese.txt

```
学生
女孩
攻击
```

englishSentence.txt

```
I am a student
girl likes shopping
He attack  the enemy
```

WordDecorator.java

```
import java.io.*;
import java.util.ArrayList;
public class WordDecorator extends Decorator{
   File decoratorFile;
   WordDecorator(ReadWord reader,File decoratorFile){
      super(reader);
      this.decoratorFile=decoratorFile;
   }
   public ArrayList<String> readWord(File file){
      ArrayList<String> wordList=reader.readWord(file);
      try{
          FileReader  inOne=new FileReader(decoratorFile);
          BufferedReader inTwo= new BufferedReader(inOne);
          String s=null;
          int m=0;
          while((s=inTwo.readLine())!=null){
             String word=wordList.get(m);
             word=word.concat(" | "+s);
             wordList.set(m,word);
             m++;
             if(m>wordList.size()) break;
          }
          inTwo.close();
          inOne.close();
      }
      catch(IOException exp){
          System.out.println(exp);
      }
      return wordList;
   }
}
```

5. 应用程序

下列应用程序中，Application.java 使用了装饰模式中所涉及的类，Application.java 应用程序输出了带有汉语解释的英文单词，也输出了既带有汉语解释又带有英文例句的英文单词。运行效果如图 15.9 所示。

```
student
girl
attack
student  | 学生
girl     | 女孩
attack   | 攻击
student  | 学生 | I am a student
girl     | 女孩 | girl likes shopping
attack   | 攻击 | He attack  the enemy
```

图 15.9　程序运行效果

Application.java

```
import java.util.ArrayList;
import java.io.File;
public class Application{
   public static void main(String args[]){
      File f=new File("word.txt");
      ArrayList<String> wordList=new ArrayList<String>();
      ReadWord look=new ReadEnglishWord();
      wordList=look.readWord(f);
      for(int i=0;i<wordList.size();i++){
         System.out.println(wordList.get(i));
      }
      look=new WordDecorator(look,new File("chinese.txt")); //装饰上汉语解释
      wordList=look.readWord(f);
      for(int i=0;i<wordList.size();i++){
         System.out.println(wordList.get(i));
      }
      look=new WordDecorator(look,new File("englishSentence.txt"));
                                                            //再装饰上例句
      wordList=look.readWord(f);
      for(int i=0;i<wordList.size();i++){
         System.out.println(wordList.get(i));
      }
   }
}
```

第 16 章　组 合 模 式

组合模式：将对象组合成树形结构以表示“部分-整体”的层次结构。Composite 使得用户对单个对象和组合对象的使用具有一致性。

组合模式属于结构型模式（见 6.7 节）。

16.1　组合模式的结构与使用

16.1.1　组合模式的结构

组合模式包括 3 种角色。

（1）抽象组件（Component）：抽象组件是一个接口（抽象类），该接口（抽象类）定义了个体对象和组合对象需要实现的关于操作子结点的方法，比如 add()、remove()以及 getChild()等方法。抽象组件也可以定义个体对象和组合对象用于操作其自身的方法，比如 isLeaf()方法等。

（2）Composite 结点（Composite Node）：Composite 结点是实现 Component 接口的类的实例，Composite 结点不仅实现 Component 接口，而且可以含有其他 Composite 结点或 Leaf 结点的引用。

（3）Leaf 结点（Leaf Node）：Leaf 结点是实现 Component 接口的类的实例，Leaf 结点实现 Component 接口，不可以含有其他 Composite 结点或 Leaf 结点的引用，因此，叶结点在实现 Component 接口有关操作子结点的方法时，比如 add()、remove()和 getChild()方法，可让方法抛出一个异常，也可以实现为空操作。

组合模式的 UML 类图如图 16.1 所示。

下面通过一个简单的问题来描述组合模式中所涉及的各个角色。

简单问题：

将军队的一个连队组成树形结构，并计算连队所需要的军饷。

1．抽象组件（Component）

如果一个对象含有其他对象的引用，就称这样的对象是组合式对象。如果把组合式对象作为一个整体的话，那么它所包含的对象就是整体的一部分。如果一个对象没有含有其他对象的引用，称这样的对象为个体式对象。

在某些应用中，可能希望将许多个体式对象和组合式对象组成树形结构，以此表示“部分-整体”的层次结构，并借助该层次结构使得用户能用一致的方式处理个体式对象和组合式对象。在组成的树形结构中，个体式对象和组合式对象都是树中的结点，但是组合式对象是具有其他子结点的结点，个体式对象是不具有其他子结点的叶结点，也就是说，在树形结构中，组合式对象所含有的对象将作为该组合式对象的子结点。

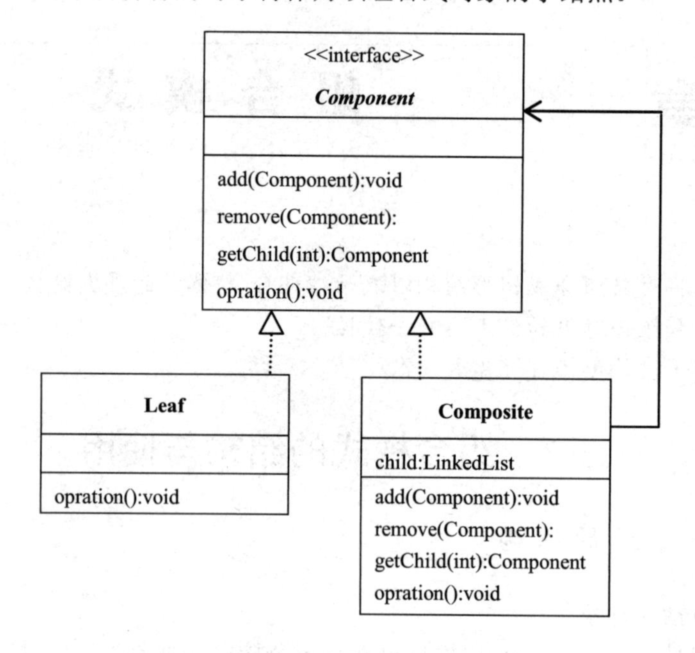

图 16.1　组合模式的类图

假设一个连队由一个连长、两个排长、6 个班长和 90 个士兵所构成（共 99 人）。连长直接指挥两个排长，每个排长直接指挥 3 个班长，每个班长直接指挥 15 个士兵。连长的军饷是每月 5000 元，排长是 4000 元，班长是 2000 元，士兵是 1000 元。

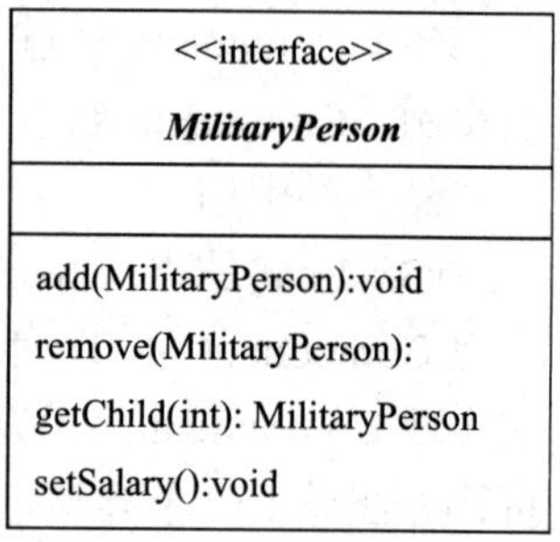

为了使用组合模式，让连队的军士形成树形结构，首先确定抽象组件角色，以便再确定 Composite 结点（连长、排长、班长）和 Leaf 结点（士兵）。

这里抽象组件角色是 MilitaryPerson 接口。MilitaryPerson 接口的类图如图 16.2 所示。MilitaryPerson 代码如下：

<<interface>>
MilitaryPerson
add(MilitaryPerson):void
remove(MilitaryPerson):
getChild(int): MilitaryPerson
setSalary():void

图 16.2　抽象组件

MilitaryPerson.java

```
import java.util.*;
public interface MilitaryPerson{
   public void add(MilitaryPerson person);
   public void remove(MilitaryPerson person);
   public MilitaryPerson getChild(int index);
   public Iterator<MilitaryPerson> getAllChildren();
   public boolean isLeaf();
   public double getSalary();
   public void setSalary(double salary);
}
```

2. Composite 结点

对于本问题，Composite 结点角色是 MilitaryOfficer 类，MilitaryOfficer 类的代码如下：

MilitaryOfficer.java

```
import java.util.*;
public class MilitaryOfficer implements MilitaryPerson{
  LinkedList<MilitaryPerson> list;
  String name;
  double salary;
  MilitaryOfficer(String name,double salary){
    this.name=name;
    this.salary=salary;
    list=new LinkedList<MilitaryPerson>();
  }
  public void add(MilitaryPerson person) {
    list.add(person);
  }
  public void remove(MilitaryPerson person){
    list.remove(person);
  }
  public MilitaryPerson getChild(int index) {
    return list.get(index);
  }
  public Iterator<MilitaryPerson>  getAllChildren() {
    return list.iterator();
  }
  public boolean isLeaf(){
    return false;
  }
  public double getSalary(){
    return salary;
  }
  public void setSalary(double salary){
    this.salary=salary;
  }
}
```

3. Leaf 结点

对于本问题，Leaf 结点角色是 MilitarySoldier 类。MilitaryPerson 接口和 MilitaryOfficer 类、MilitarySoldier 类形成的 UML 类图如图 16.3 所示。MilitarySoldier 类的代码如下：

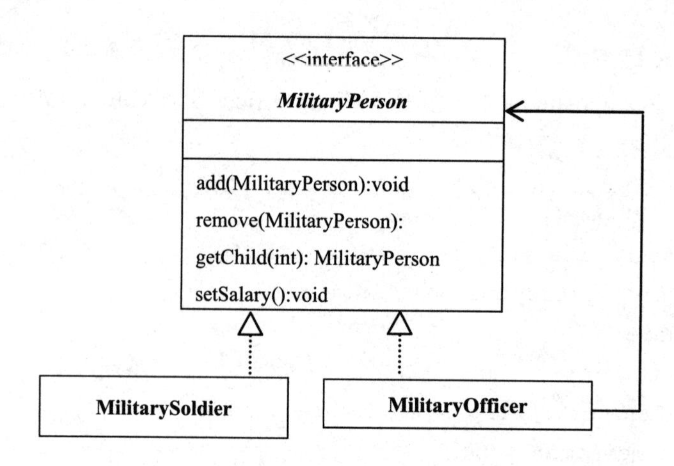

图 16.3　抽象组件、Composite 结点与 Leaf 结点

MilitarySoldier.java

```
import java.util.*;
public class MilitarySoldier implements MilitaryPerson{
   double salary;
   String name;
   MilitarySoldier(String name,double salary){
      this.name=name;
      this.salary=salary;
   }
   public void add(MilitaryPerson person)  {}
   public void remove (MilitaryPerson person){}
   public MilitaryPerson getChild(int index) {
      return null;
   }
   public Iterator<MilitaryPerson>  getAllChildren() {
      return null;
   }
   public boolean isLeaf(){
      return true;
   }
   public double getSalary(){
      return salary;
   }
   public void setSalary(double salary){
      this.salary=salary;
   }
}
```

16.1.2　组合模式的使用

前面已经使用组合模式给出了可以使用的类，可以将这些类看做一个小框架，然后就可以使用这个小框架中的类编写应用程序了。

下列应用程序中，Application.java 使用了组合模式中所涉及的类，应用程序在使用组合模式时，需要使用 Composite 结点和 Leaf 结点，并确定它们的“部分/整体”关系。类方法 computerSalary(MilitaryPerson person)可以计算一个排的军饷、一个班的军饷和整个连队的军饷，运行效果如图 16.4 所示。

```
一排的军饷:55000.0
一班的军饷:17000.0
全连的军饷:115000.0
```

图 16.4　程序运行效果

Application.java

```
import java.util.Iterator;
public class Application{
  public static void main(String args[]) {
    MilitaryPerson  连长=new MilitaryOfficer("连长",5000);
    MilitaryPerson  排长1=new MilitaryOfficer("一排长",4000);
    MilitaryPerson  排长2=new MilitaryOfficer("二排长",4000);
    MilitaryPerson  班长11=new MilitaryOfficer("一班长",2000);
    MilitaryPerson  班长12=new MilitaryOfficer("二班长",2000);
    MilitaryPerson  班长13=new MilitaryOfficer("三班长",2000);
    MilitaryPerson  班长21=new MilitaryOfficer("一班长",2000);
    MilitaryPerson  班长22=new MilitaryOfficer("二班长",2000);
    MilitaryPerson  班长23=new MilitaryOfficer("三班长",2000);
    MilitaryPerson  []士兵=new MilitarySoldier[90];
    for(int i=0;i<士兵.length;i++){
       士兵[i]=new MilitarySoldier("小兵",1000);
    }
    连长.add(排长1);
    连长.add(排长2);
    排长1.add(班长11);
    排长1.add(班长12);
    排长1.add(班长13);
    排长2.add(班长21);
    排长2.add(班长22);
    排长2.add(班长23);
    for(int i=0;i<15;i++){
      班长11.add(士兵[i]);
      班长12.add(士兵[i+15]);
      班长13.add(士兵[i+30]);
      班长21.add(士兵[i+45]);
      班长22.add(士兵[i+60]);
      班长23.add(士兵[i+75]);
    }
    double salary=computerSalary(排长1);
    System.out.println("一排的军饷:"+salary);
    salary=computerSalary(班长11);
    System.out.println("一班的军饷:"+salary);
    salary=computerSalary(连长);
```

```
            System.out.println("全连的军饷:"+salary);
        }
        public static double computerSalary(MilitaryPerson person){
            double sum=0;
            if(person.isLeaf()==true){
                sum=sum+person.getSalary();
            }
            if(person.isLeaf()==false){
                sum=sum+person.getSalary();
                Iterator<MilitaryPerson> iterator=person.getAllChildren();
                while(iterator.hasNext()){
                    MilitaryPerson p=iterator.next();
                    sum=sum+computerSalary(p);            //递归调用
                }
            }
            return sum;
        }
    }
```

16.2 组合模式的优点

组合模式具有以下优点：

（1）组合模式中包含个体对象和组合对象，并形成树形结构，使用户可以方便地处理个体对象和组合对象。

（2）组合对象和个体对象实现了相同的接口，用户一般不需要区分个体对象和组合对象。

（3）当增加新的 Composite 结点和 Leaf 结点时，用户的重要代码不需要做出修改。

16.3 适合使用组合模式的情景

适合使用组合模式的情景如下：

（1）当想表示对象的部分-整体层次结构时。

（2）希望用户用一致的方式处理个体对象和组合对象时。

16.4 举例——苹果树的重量及苹果的价值

16.4.1 设计要求

请用组合模式提供一个系统，用户可以用该系统中的类编写应用程序来计算一棵苹果树上某个分支上苹果的价值，也可以计算出整个苹果树上苹果的价值。

16.4.2 设计实现

1. 抽象组件（Component）

本问题中，抽象组件的名字是 TreeComponent，代码如下：

TreeComponent.java

```
import java.util.*;
public interface TreeComponent{
   public void add(TreeComponent node);
   public void remove(TreeComponent node);
   public TreeComponent getChild(int index);
   public Iterator<TreeComponent>  getAllChildren();
   public boolean isLeaf();
   public double getWeight();
}
```

2. Composite 结点

对于本问题，Composite 结点是 TreeBody 类的实例，代码如下：

TreeBody.java

```
import java.util.*;
public class TreeBody implements TreeComponent{
   LinkedList<TreeComponent> list;
   String name;
   TreeBody(){
      list=new LinkedList<TreeComponent>();
   }
   public void add(TreeComponent node) {
      list.add(node);
   }
   public void remove(TreeComponent node){
      list.remove(node);
   }
   public TreeComponent getChild(int index) {
      return list.get(index);
   }
   public Iterator<TreeComponent> getAllChildren() {
      return list.iterator();
   }
   public boolean isLeaf(){
      return false;
   }
   public double getWeight(){
      return 0;
   }
}
```

3．Leaf 结点

对于本问题，Leaf 结点是 Apple 类的实例，代码如下：

Apple.java

```
import java.util.*;
public class Apple implements TreeComponent{
   LinkedList<TreeComponent> list;
   double weight;
   Apple(double weight){
      this.weight=weight;
      list=new LinkedList<TreeComponent>();
   }
   public void add(TreeComponent node) {}
   public void remove(TreeComponent node){}
   public TreeComponent getChild(int index) {
      return null;
   }
   public Iterator<TreeComponent> getAllChildren() {
      return null;
   }
   public boolean isLeaf(){
      return true;
   }
   public double getWeight(){
      return weight;
   }
}
```

4．应用程序

下列应用程序中，Application.java 使用了组合模式中所涉及的类。类方法 computerValue (TreeComponent node)可以计算出苹果树上苹果的价值。运行效果如图 16.5 所示。

```
这个树枝上苹果的价值:266.40
这个树枝上苹果的价值:506.16
这棵苹果树上苹果的价值:772.56
```

图 16.5　程序运行效果

Application.java

```
import java.util.Iterator;
public class Application{
   public static void main(String args[]) {
      TreeComponent 树干=new TreeBody();
      TreeComponent 树枝1=new TreeBody();
      TreeComponent 树枝2=new TreeBody();
      树干.add(树枝1);
```

```
        树干.add(树枝2);
        for(int i=0;i<120;i++){
           树枝1.add(new Apple(0.6));
        }
        for(int i=0;i<228;i++){
           树枝2.add(new Apple(0.6));
        }
        double value=computerValue(树枝1,3.7);
        System.out.printf("这个树枝上苹果的价值:%-10.2f\n",value);
        value=computerValue(树枝2,3.7);
        System.out.printf("这个树枝上苹果的价值:%-10.2f\n",value);
        value=computerValue(树干,3.7);
        System.out.printf("这棵苹果树上苹果的价值:%-10.2f\n",value);
     }
     public static double computerValue(TreeComponent node,double unit){
        double appleWorth=0;
        if(node.isLeaf()==true){
           appleWorth=appleWorth+node.getWeight()*unit;
        }
        if(node.isLeaf()==false){
           Iterator<TreeComponent> iterator=node.getAllChildren();
           while(iterator.hasNext()){
              TreeComponent p=iterator.next();
              appleWorth=appleWorth+computerValue(p,unit);
           }
        }
        return appleWorth;
     }
}
```

第 17 章　适配器模式

适配器模式（别名：包装器）：将一个类的接口转换成客户希望的另外一个接口。适配器模式使得原本由于接口不兼容而不能一起工作的那些类可以一起工作。

适配器模式属于结构型模式（见 6.7 节）。

17.1　适配器模式的结构与使用

17.1.1　适配器模式的结构

适配器模式的结构中包括 3 种角色。

（1）目标（Target）：目标是一个接口，该接口是客户想使用的接口。

（2）被适配者（Adaptee）：被适配者是一个已经存在的接口或抽象类，这个接口或抽象类需要适配。

（3）适配器（Adapter）：适配器是一个类，该类实现了目标接口并包含被适配者的引用，即适配器的职责是对被适配者接口（抽象类）与目标接口进行适配。

适配器模式的 UML 类图如图 17.1 所示。

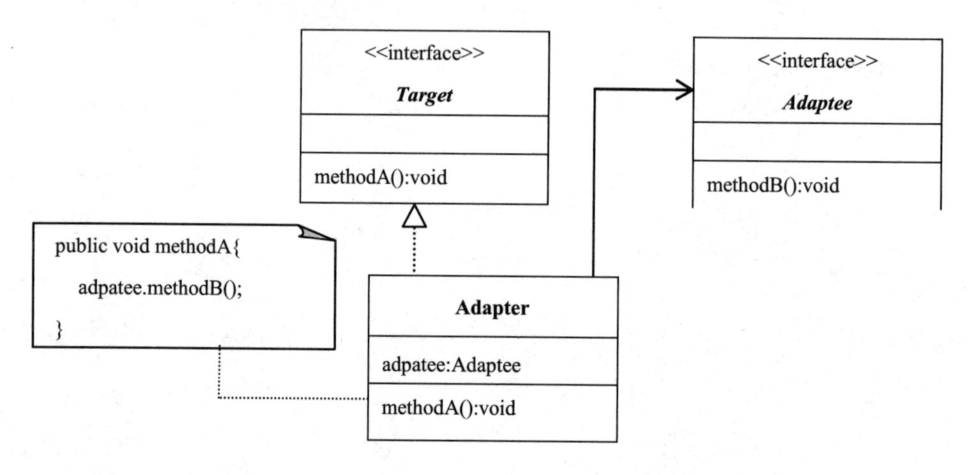

图 17.1　适配器模式的类图

下面通过一个简单的问题来描述适配器模式中所涉及的各个角色。

简单问题：

用户家里现有一台洗衣机，洗衣机使用交流电，现在用户新买了一台录音机，录音机只能使用直流电。由于供电系统供给用户家里的是交流电，因此用户需要用适配器将交流电转化为直流电供录音机使用。

1．目标（Target）

目标是一个接口，该接口是客户想使用的接口，本问题中就是用户想使用的直流电。在这里，目标是名字为 DirectCurrent 的接口，该接口中定义的方法是 String giveCurrent()，DirectCurrent 接口的类图如图 17.2 所示。DirectCurrent 接口的代码如下：

<<interface>> ***DirectCurrent***
giveDirectCurrent ():int

图 17.2　目标

DirectCurrent.java

```
public interface DirectCurrent{
   public String giveDirectCurrent ();
}
```

具体目标在实现 public String giveDirectCurrent()方法时，返回形如“1111111111111111”的字符串表示输出直流电。

2．被适配者

被适配者是一个已经存在的接口或抽象类，这个接口或抽象类需要适配。对于本问题，就是客户已有的交流电。在这里，被适配者（Adaptee）是名字为 AlternateCurrent 的接口，该接口定义的方法是 giveCurrent()。AlternateCurrent 接口的代码如下：

AlternateCurrent.java

```
public interface AlternateCurrent{
   public String giveAlternateCurrent();
}
```

具体被适配者在实现 public String giveAlternateCurrent ()方法时，返回形如“1010101010101010l”的字符串表示输出交流电。

3．适配器

适配器是一个类，该类实现了目标接口并包含被适配者的引用，即适配器的职责是对被适配者接口（抽象类）与目标接口进行适配。在本问题中，适配器的名字是 ElectricAdapter 类，该类实现了 DirectCurrent 接口并包含 AlternateCurrent 接口变量。

DirectCurrent（目标）、ElectricAdapter（适配器）和 AlternateCurrent（被适配者）形成的 UML 类图如图 17.3 所示。ElectricAdapter 类（适配器）的代码如下：

ElectricAdapter.java

```
public class ElectricAdapter implements DirectCurrent{
   AlternateCurrent out;
   ElectricAdapter(AlternateCurrent out){
      this.out=out;
   }
   public String giveDirectCurrent(){
     String  m = out.giveAlternateCurrent();     //先由out得到交流电
     StringBuffer str =new StringBuffer(m);
     //以下将交流电转为直流电:
```

```
        for(int i=0;i<str.length();i++) {
            if(str.charAt(i)=='0') {
                str.setCharAt(i,'1');
            }
        }
        m =new String(str);
        return m;                                          //返回直流电
    }
}
```

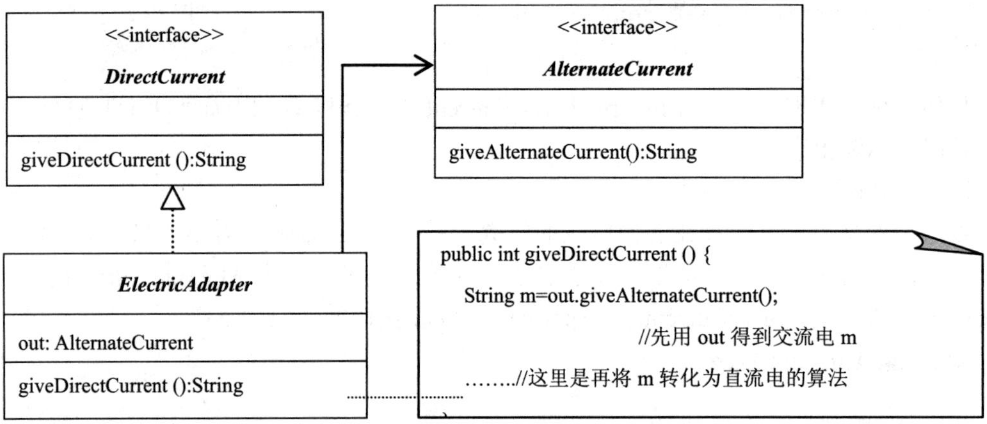

<<interface>>
DirectCurrent
giveDirectCurrent ():String

<<interface>>
AlternateCurrent
giveAlternateCurrent():String

ElectricAdapter
out: AlternateCurrent
giveDirectCurrent ():String

public int giveDirectCurrent () {
String m=out.giveAlternateCurrent();
//先用 out 得到交流电 m
……..//这里是再将 m 转化为直流电的算法

图 17.3 目标、适配者、被适配者

17.1.2 适配器模式的使用

前面已经使用适配器模式给出了可以使用的类，可以将这些类看做一个小框架，然后就可以使用这个小框架中的类编写应用程序了。

下列应用程序中，Application.java 使用了适配器将交流电转化为直流电。运行效果如图 17.4 所示。

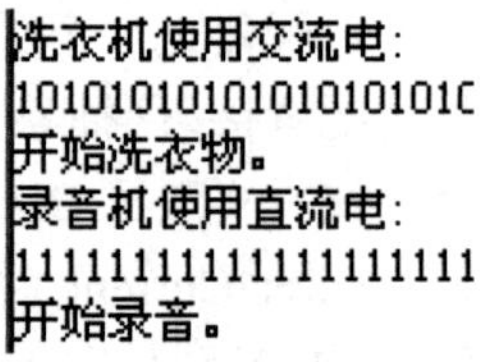

洗衣机使用交流电:
1010101010101010101C
开始洗衣物。
录音机使用直流电:
11111111111111111111
开始录音。

图 17.4 程序运行效果

Application.java

```
public class Application{
    public static void main(String args[]){
        AlternateCurrent aElectric=new PowerCompany();     //交流电
        Wash wash=new Wash();
        wash.turnOn(aElectric);                          //洗衣机使用交流电
        //对交流电aElectric进行适配得到直流电dElectric:
        DirectCurrent dElectric = new ElectricAdapter(aElectric);
                                                         //将交流电适配成直流电
        Recorder recorder =new Recorder();
        recorder.turnOn(dElectric);                      //录音机使用直流电
    }
}
```

```
class PowerCompany implements AlternateCurrent {    //交流电提供者
    public String giveAlternateCurrent(){
       return "10101010101010101010";               //用这样的串表示交流电
    }
}
class Wash {                                        //洗衣机使用交流电
   String name;
   Wash(){
     name="洗衣机";
   }
   Wash(String s){
     name=s;
   }
   public void turnOn(AlternateCurrent a){
      String s=a.giveAlternateCurrent();
      System.out.println(name+"使用交流电:\n"+s);
      System.out.println("开始洗衣物。");
   }
}
class Recorder {                                    //录音机使用直流电
   String name;
   Recorder(){
      name="录音机";
   }
   Recorder(String s){
      name=s;
   }
   public void turnOn(DirectCurrent a){
      String s=a.giveDirectCurrent();
      System.out.println(name+"使用直流电:\n"+s);
      System.out.println("开始录音。");
   }
}
```

17.1.3 适配器的适配程度

1．完全适配

如果目标（Target）接口中的方法数目与被适配者（Adaptee）接口的方法数目相等，那么适配器（Adapter）可将被适配者接口（抽象类）与目标接口进行完全适配。

2．不完全适配

如果目标（Target）接口中的方法数目少于被适配者（Adaptee）接口的方法数目，那么适配器（Adapter）只能将被适配者接口（抽象类）与目标接口进行部分适配。

3．剩余适配

如果目标（Target）接口中的方法数目大于被适配者（Adaptee）接口的方法数目，那么适配器（Adapter）可将被适配者接口（抽象类）与目标接口进行完全适配，但必须将目标多余的方法给出用户允许的默认实现。

17.2 适配器模式的优点

适配器模式具有以下优点：

（1）目标（Target）和被适配者（Adaptee）是完全解耦的关系。

（2）适配器模式满足“开-闭原则”。当添加一个实现 Adaptee 接口的新类时，不必修改 Adapter，Adapter 就能对这个新类的实例进行适配。

17.3 适合使用适配器模式的情景

适合使用适配器模式的情景是：一个程序想使用已经存在的类，但该类所实现的接口和当前程序所使用的接口不一致。

17.4 单接口适配器

除了 17.1 节中介绍的对象适配器外，还有一些其他类型的适配器，这些适配器是针对不同问题而设计的。在 Java 中最常见的一种适配器是单接口适配器，可以让用户更加方便地使用该接口。例如，java.awt.event 包中的 MouseListener 接口一共定义了 5 个方法：

（1）void mouseClicked(MouseEvent e)；

（2）void mouseEntered(MouseEvent e)；

（3）void mouseExited(MouseEvent e)；

（4）void mousePressed(MouseEvent e)；

（5）void mouseReleased(MouseEvent e)。

当需要一个实现 MouseListener 接口的类的对象时，在编写创建该对象的类时，比如 HandleEvent 类，该类就必须实现 MouseListener 接口中的全部方法，但是用户实际上可能仅仅需要实现接口中的某个方法，比如 mousePressed(MouseEvent e)方法，例如，HandleEvent 类的代码如下：

```
public class HandleEvent implements MouseListener{
   void mouseClicked(MouseEvent e){}
   void mouseEntered(MouseEvent e){}
   void mouseExited(MouseEvent e){}
   void mousePressed(MouseEvent e){}
   void mouseReleased(MouseEvent e){}
}
```

如果使用单接口适配器就可以减少代码的编写，可以让用户专心实现所需要的方法。

针对一个接口的“单接口适配器”就是已经实现了该接口的类，并对接口中的每个方法都给出了一个默认的实现。比如，java.awt.event 包中的 MouseAdapter 就是 MouseListener 接口的单接口适配器，MouseAdapter 将 MouseListener 接口中的 5 个方法全部实现为不进行任何操作，即这 5 个方法的方法体中无任何语句。

当用户再需要一个实现 MouseListener 接口的类的实例时，只需编写一个 MouseAdapter 的子类，并在子类中重写自己需要的接口方法即可。例如，可以将上面的 HandleEvent 类声明为 MouseAdapter 的子类，并重写 mousePressed(MouseEvent e)方法即可，代码如下：

```
public class HandleEvent extends MouseAdapter{
    void mousePressed(MouseEvent e){   //这里有具体的程序代码  }
}
```

在 Java API 中，如果一个接口中的方法多于一个，Java API 就针对该接口提供相应的单接口适配器，例如我们熟悉的 WindowAdapter、KeyAdapter 等。

17.5 举例——Iterator 接口与 Enumeration 接口

17.5.1 设计要求

Enumeration 接口（也称 Enumeration 枚举器）中有两个方法：hasMoreElements()和 nextElement()。JDK 1.2 后提倡使用 Iterator 接口（也称 Iterator 迭代器）。Iterator 迭代器有 3 个方法：hasNext()、next()和 remove()方法。

目前有一个运行良好的图书书目存储系统，该系统使用 Enumeration 枚举器管理系统中存放的图书名称。

目前开发小组正在设计一个新的系统，根据项目的特点，该系统不再使用 Enumeration 枚举器，新开发的系统要求使用 Iterator 迭代器管理系统中存放的图书书目。为了缩短开发周期，开发小组决定将已有系统中的图书书目导入到当前新系统中。请使用适配器模式实现开发小组的目的。

17.5.2 设计实现

针对上述问题，使用适配器模式设计若干个类。设计的类图如图 17.5 所示。

1. 目标

本问题中，“目标”是用户想使用 Iterator 迭代器，即目标接口是 java.util 包中的 Iterator 接口。

2. 被适配者

对于本问题，“被适配者”是系统已经有 Enumeration 枚举器，即 java.util 包中的 Enumeration。

3. 适配器

适配器是 IteratorAdapter 类，该类包含 Enumeration 声明的变量。IteratorAdapter 类的代码如下：

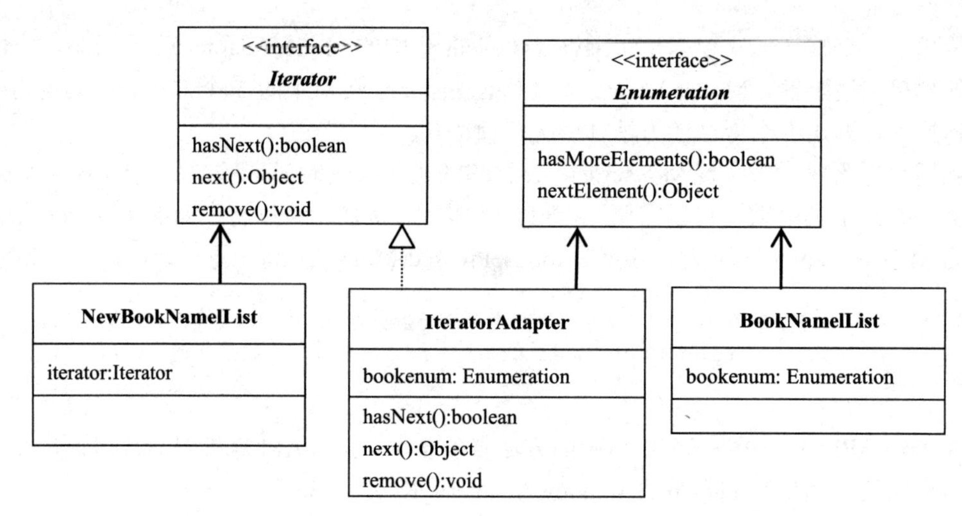

图 17.5 设计的类图

IteratorAdapter.java

```
import java.util.*;
public class IteratorAdapter implements Iterator{
   Enumeration bookenum;
   IteratorAdapter(Enumeration bookenum){
      this.bookenum=bookenum;
   }
   public boolean hasNext(){
      return bookenum.hasMoreElements();
   }
   public Object next(){
      return bookenum.nextElement();
   }
   public void remove(){
      System.out.println("枚举器没有删除集合元素的方法");
   }
}
```

4. 应用程序

应用程序中包括旧系统中已有的使用 Enumeration 枚举器的 BookNameList 类，以及新系统中使用 Iterator 迭代器的 NewBookNameList 类和一个运行类 Application.java。

1）BookNameList 类

BookNameList.java

```
import java.util.*;
public class BookNameList{
   private Vector<String> vector;
   private Enumeration bookenum;     //vector使用Enumeration枚举器
   BookNameList(){
     vector=new Vector<String>();
   }
   public void setBookName(){         //真实系统可能从一个数据库中得到图书名称
     vector.add("Java 2 实用版教程(4)");
     vector.add("C程序设计任务驱动教程");
```

```
    vector.add("XML程序设计");
    vector.add("JSP 程序设计");
  }
  public Enumeration getEnumeration(){
    return vector.elements();
  }
}
```

2）NewBookNameList 类

NewBookNameList.java

```
import java.util.*;
public class NewBookNameList{
   LinkedList<String> bookList;
   Iterator iterator;
   NewBookNameList(Iterator iterator){
      bookList=new LinkedList<String>();
      this.iterator=iterator;
   }
   public void setBookName(){
      while(iterator.hasNext()){
         String name=(String)iterator.next();
         bookList.add(name);
      }
   }
   public void getBookName(){
      Iterator<String> iter=bookList.iterator();
      while(iter.hasNext()){
         String name=iter.next();
         System.out.println(name);
      }

   }
}
```

3）Application 类

Application.java 类的运行效果如图 17.6 所示。

导入到新系统中的图书列表:
Java 2 实用版教程(4)
C程序设计任务驱动教程
XML程序设计
JSP程序设计

图 17.6　程序运行效果

Application.java

```
import java.util.*;
import java.io.*;
public class Application{
   public static void main(String args[]){
      BookNameList oldBookList=new BookNameList();
      oldBookList.setBookName();
      Enumeration bookenum=oldBookList.getEnumeration();
      IteratorAdapter adapter=new IteratorAdapter(bookenum);
      NewBookNameList newBookList=new NewBookNameList(adapter);
      newBookList.setBookName();
      System.out.println("导入到新系统中的图书列表:");
      newBookList.getBookName();
   }
}
```

第 18 章　外观模式

外观模式：为系统中的一组接口提供一个一致的界面，Facade 模式定义了一个高层接口，这个接口使得这一子系统更加容易使用。

外观模式属于结构型模式（见 6.7 节）。

18.1　外观模式的结构与使用

18.1.1　外观模式的结构

外观模式的结构中包括两种角色。

（1）子系统（Subsystem）：子系统是若干个类的集合，这些类的实例协同合作为用户提供所需要的功能，子系统中任何类都不包含外观类的实例的引用。

（2）外观（Facade）：外观是一个类，该类包含子系统中全部或部分类的实例的引用，当用户想要和子系统中的若干个类的实例打交道时，可以代替地和子系统的外观类的实例打交道。

外观模式的 UML 类图如图 18.1 所示。

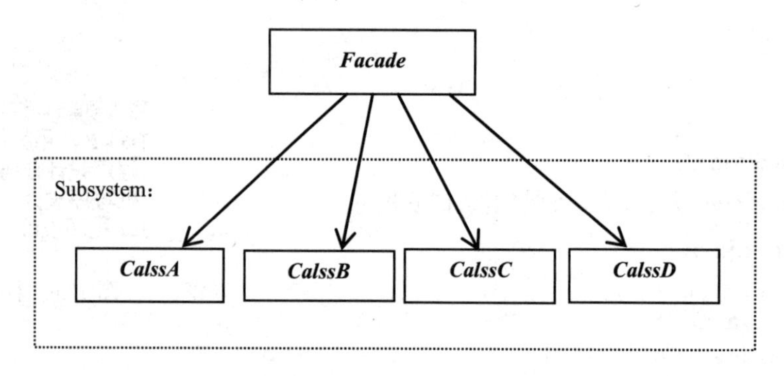

图 18.1　外观模式的类图

下面通过一个简单的问题来描述外观模式中所涉及的各个角色。

简单问题：

报社的广告子系统有 3 个类：CheckWord、Charge 和 TypeSeting 类，各个类的职责如下：

（1）CheckWord 的实例负责检查广告内容含有的字符个数。

（2）Charge 类的实例负责计算费用。

（3）TypeSeting 的实例负责对广告进行排版。

使用外观模式简化用户和上述子系统所进行的交互。比如，一个用户想要在报纸上登广告，那么用户只需将广告的内容交给子系统的外观的实例即可，外观的实例将负责和子系统中类的实例进行交互完成用户所指派的任务。

1．子系统（Subsystem）

一个大的系统一般由若干个子系统构成，每个子系统包含多个类，这些类协同合作为用户提供所需要的功能。对于前面的简单问题，子系统中有 3 个类：CheckWord（负责检查广告内容含有的字符个数）、Charge（负责计算费用）和 TypeSeting（负责对广告进行排版），代码如下：

CheckWord.java

```
public class CheckWord{
   public final int basicAmount=85;
   String advertisement;
   int amount;
   public CheckWord(String advertisement){
      this.advertisement=advertisement;
   }
   public void setChargeAmount(){
      amount=advertisement.length()+basicAmount; //计算出计费字符数目
   }
   public int getAmount(){
      return amount;
   }
}
```

Charge.java

```
public class Charge{
   public final int basicCharge=12;
   CheckWord checkWord;
   Charge(CheckWord checkWord){
      this.checkWord=checkWord;
   }
   public void giveCharge(){
       int charge=checkWord.getAmount()*basicCharge;
       System.out.println("广告费用:"+charge+"元");
   }
}
```

TypeSeting.java

```
public class TypeSeting{
   String advertisement;
   public TypeSeting(String advertisement){
      this.advertisement=advertisement;
   }
   public void typeSeting(){
```

```
        System.out.println("广告排版格式:");
        System.out.println("********");
        System.out.println(advertisement);
        System.out.println("********");
    }
}
```

2. 外观

一个客户程序中的某个类的实例如果直接和子系统的多个类的实例打交道完成某项任务，就使得客户程序中的类和子系统类有过多的依赖关系。外观模式是简化用户和子系统进行交互的成熟模式，外观模式的关键是为子系统提供一个称做外观的类，该外观类的实例负责和子系统中类的实例打交道。当用户想要和子系统中的若干个类的实例打交道时，可以代替地和子系统的外观类的实例打交道。

本问题中，外观是ServerForClient类，该类的实例含有CheckWord、Charge和TypeSeting类的实例的引用。ClientServerFacade类的代码如下：

ClientServerFacade.java

```
public class ClientServerFacade{
   private CheckWord checkWord;
   private Charge charge;
   private TypeSeting typeSeting;
   String advertisement;
   public ClientServerFacade(String advertisement){
      this.advertisement=advertisement;
      checkWord=new CheckWord(advertisement);
      charge=new Charge(checkWord);
      typeSeting=new TypeSeting(advertisement);
   }
   public void doAdvertisement(){
      checkWord.setChargeAmount();
      charge.giveCharge();
      typeSeting.typeSeting();
   }
}
```

18.1.2 外观模式的使用

前面已经使用外观模式给出了可以使用的类，可以将这些类看做一个小框架，然后就可以使用这个小框架中的类编写应用程序了。

下列应用程序中，Application.java 使用了外观模式中所涉及的类，应用程序负责创建外观类的实例，需要做广告的客户只需让 ClientServerFacade 类的实例调用 doAdvertisement()方法即可。运行效果如图 18.2 所示。

```
广告费用:1368元
广告排版格式:
********
IBM笔记本，价格6356元/台，联系电话：1234567
********
```

图 18.2　程序运行效果

Application.java

```
public class Application{
   public static void main(String args[]){
      ClientServerFacade clientFacade;
      String clientAdvertisement="IBM笔记本,价格6356元/台,联系电话: 1234567";
      clientFacade=new ClientServerFacade(clientAdvertisement);
      clientFacade.doAdvertisement();
   }
}
```

18.2　外观模式的优点

外观模式具有以下优点：

（1）使客户和子系统中的类无耦合，并且使得子系统使用起来更加方便。

（2）外观只是提供了一个更加简洁的界面，并不影响用户直接使用子系统中的类。

（3）子系统中任何类对其方法的内容进行修改，不影响外观的代码。

18.3　适合使用外观模式的情景

适合使用外观模式的情景如下：

（1）对于一个复杂的子系统，需要为用户提供一个简单的交互操作。

（2）不希望客户代码和子系统中的类有耦合，以便提高子系统的独立性和可移植性。

（3）当整个系统需要构建一个层次结构的子系统，不希望这些子系统相互直接的交互。

18.4　举例——解析文件

18.4.1　设计要求

设计一个子系统，该子系统有 3 个类：ReadFille、AnalyzeInformation 和 SaveFile 类，各个类的职责如下：

（1）ReadFille 类的实例可以读取文本文件。

（2）AnalyzeInformation 类的实例可以从一个文本中删除用户不需要的内容。

（3）SaveFile 类的实例能将一个文本保存到文本文件。

请为上述子系统设计一个外观，以便简化用户和上述子系统所进行的交互。比如，一个用户想要读取一个 html 文件，并将该文件的内容中的全部 html 标记去掉后保存到另一个文本文件中，那么用户只需把要读取的 html 文件名、一个正则表达式（表示删除的信息）以及要保存的文件名字告诉子系统的外观即可，外观和子系统中类的实例进行交互完成用户所指派的任务。

18.4.2 设计实现

1．子系统（Subsystem）

子系统中 ReadFile、AnalyzeInformation 和 SaveFile 类的代码如下：

ReadFile.java

```
import java.io.*;
public class ReadFile{
   public String readFileContent(String fileName){
       StringBuffer str=new StringBuffer();
       try{ FileReader inOne=new FileReader(fileName);
            BufferedReader inTwo= new BufferedReader(inOne);
            String s=null;
            while((s=inTwo.readLine())!=null){
               str.append(s);
               str.append("\n");
            }
            inOne.close();
            inTwo.close();
       }
       catch(IOException exp){}
       return new String(str);
   }
}
```

AnalyzeInformation.java

```
import java.util.regex.*;
public class AnalyzeInformation{
   public String getSavedContent(String content,String deleteContent){
       Pattern p;
       Matcher m;
       p=Pattern.compile(deleteContent);
       m=p.matcher(content);
       String savedContent=m.replaceAll("");
       return savedContent;
   }
}
```

WriteFile.java

```
import java.io.*;
public class WriteFile{
   public void writeToFile(String fileName,String content){
      StringBuffer str=new StringBuffer();
      try{ StringReader inOne=new StringReader(content);
          BufferedReader inTwo=new BufferedReader(inOne);
          FileWriter outOne=new FileWriter(fileName);
          BufferedWriter outTwo= new BufferedWriter(outOne);
          String s=null;
          while((s=inTwo.readLine())!=null){
             outTwo.write(s);
             outTwo.newLine();
             outTwo.flush();
          }
          inOne.close();
          inTwo.close();
          outOne.close();
          outTwo.close();
      }
      catch(IOException exp){}
   }
}
```

2．外观

本问题外观是 ReadAndWriteFacade 类，该类的实例含有 ReadFile、AnalyzeInformation 和 SaveFile 类的实例的引用。ReadAndWriteFacade 类的代码如下：

ReadAndWriteFacad.java

```
public class ReadAndWriteFacade{
   private ReadFile readFile;
   private AnalyzeInformation analyzeInformation;
   private WriteFile writeFile;
   public ReadAndWriteFacade(){
      readFile=new ReadFile();
      analyzeInformation=new AnalyzeInformation();
      writeFile=new WriteFile();
   }
   public void doOption(String readFileName,
String delContent,String savedFileName){
      String content=readFile.readFileContent(readFileName);
      System.out.println("读取文件"+readFileName+"的内容:");
      System.out.println(content);
      String savedContent=analyzeInformation.getSavedContent(content,
```

```
        delContent);
        writeFile.writeToFile(savedFileName,savedContent);
        System.out.println("保存到文件"+savedFileName+"中的内容:");
        System.out.println(savedContent);
    }
}
```

3．应用程序

下列应用程序中，Application.java 使用了外观模式中所涉及的类，应用程序负责创建外观类的实例。一个用户想要读取一个 html 文件，并将该文件的内容中的全部 html 标记去掉后保存到另一个文本文件中，那么用户只需把要读取的 html 文件名、一个正则表达式（表示删除的信息）以及要保存的文件名字告诉子系统的 ReadAndWriteFacade 外观的实例即可。运行效果如图 18.3 所示。

```
读取文件index.html的内容:
<html>CCTV电视台
 <body>播放节目:
 <p>新闻联播
 </body>
</html>

保存到文件save.txt中的内容:
CCTV电视台
 播放节目:
 新闻联播
```

图 18.3　程序运行效果

Application.java

```
public class Application{
   public static void main(String args[]){
      ReadAndWriteFacade clientFacade;
      clientFacade=new ReadAndWriteFacade();
      String readFlieName="index.html";
      String delContent="<[^>]*>";
      String savedFlieName="save.txt";
      clientFacade.doOption(readFlieName,delContent,savedFlieName);
   }
}
```

第 19 章 代 理 模 式

代理模式：为其他对象提供一种代理以控制对这个对象的访问。

代理模式属于结构型模式（见 6.7 节）。

19.1 代理模式的结构与使用

19.1.1 代理模式的结构

代理模式包括两种角色。

（1）抽象主题（Subject）：抽象主题是一个接口，该接口是实际主题和它的代理所共用的接口（代理和实际主题实现了相同的接口）。

（2）实际主题（RealSubject）：实际主题是实现抽象主题接口的类。实际主题的实例是代理角色（Proxy）要代理的对象。

（3）代理（Proxy）：代理是实现抽象主题接口的类（代理和实际主题实现了相同的接口）。代理含有主题接口声明的变量，该变量用来存放 RealSubject 角色的实例的引用，这样一来，代理的实例就可以控制对它所包含的 RealSubject 角色的实例的访问，即可以控制对它所代理的对象的访问，达到了代理的目的。

代理模式的 UML 类图如图 19.1 所示。

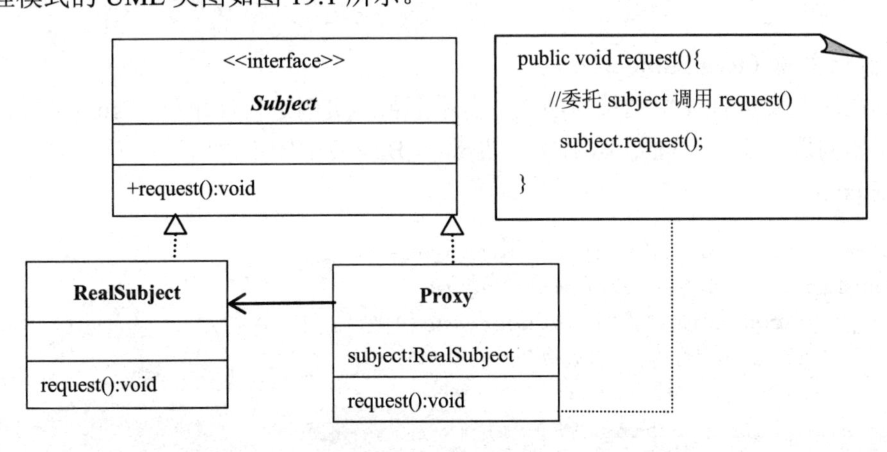

图 19.1　代理模式的类图

下面通过一个简单的问题来描述代理模式中所涉及的各个角色。

简单问题：

老板和秘书。公司要求用户必须首先和秘书通电话后才能和老板通电话，即首先由秘书确认用户的电话内容是否是老板可以接听的内容后，再让老板接听或不接听电话。

1．抽象主题（Subject）

当用户希望和某个对象打交道，但程序可能不希望用户直接访问该对象，而是提供一个特殊的对象，这个特殊的对象被称做当前用户要访问的对象的代理，程序让用户和对象的代理打交道，即让用户通过访问代理来访问想要访问的对象。在代理模式中，代理的特点是：它与所代理的对象实现了相同的接口，也就是说，代理和它所代理的对象向用户公开了相同的方法，当用户请求代理调用这样的方法时，代理可能需要验证某些信息或检查它所代理的对象是否可用，当代理确认它所代理的对象能调用相同的方法时，就把实际的方法调用委派给它所代理的对象，即让所代理的对象调用同样的方法。

对于上述简单问题，秘书是老板的代理，老板和秘书都有听电话的方法：hearPhone()。公司要求用户必须首先和秘书通电话才能和老板通电话，也就是说，用户必须首先请求秘书调用 hearPhone()，当秘书确认老板可以接听电话时，就将用户的实际请求委派给老板，即让老板调用 herePhone()方法。

代理模式是为对象提供一个代理，代理可以控制对它所代理的对象的访问。

对于上述简单问题，抽象主题（Subject）角色是 Employee。Employee 规定了实际主题（RealSubject）和代理（Proxy）需要共同实现的方法，即老板和秘书都必须具有的 hearPhone()方法。Employee 接口的类图如图 19.2 所示。Employee 接口的代码如下：

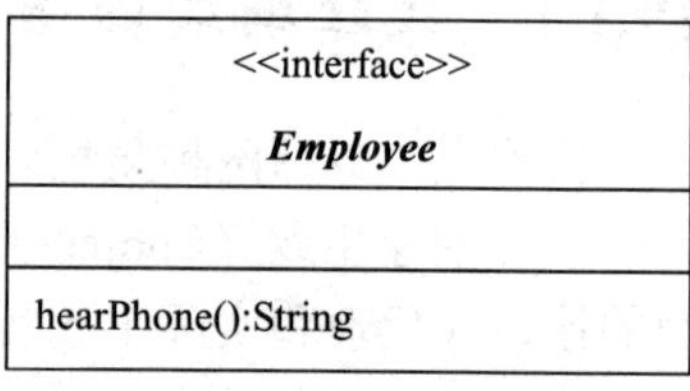

图 19.2　抽象主题

Employee.java

```
public interface Employee{
   public String hearPhone(String s);
}
```

2．实际主题（RealSubject）

实际主题是实现抽象主题接口的类。实际主题的实例是代理角色（Proxy）要代理的对象。对于本问题，实际主题是 Boss 类（老板），Boss 类的代码如下：

Boss.java

```
public class Boss implements Employee{
   public String hearPhone(String s){
      if(s.contains("买")||s.contains("卖")) {
         return "好的,等以后约个时间面谈";
      }
      else if(s.contains("吃饭")) {
         return "好的,按时来";
      }
      else {
        return "以后再联系吧,要开会了";
      }
```

```
    }
}
```

3．代理（Proxy）

代理是实现抽象主题接口的类（代理和实际主题实现了相同的接口）。代理含有主题接口声明的变量，该变量用来存放 RealSubject 角色的实例的引用，这样一来，代理的实例就可以控制对它所包含的 RealSubject 角色的实例的访问，即可以控制对它所代理的对象的访问,达到了代理的目的。对于本问题，代理角色是 Secretary 类（秘书）。Secretary 类、Boss 类与 Employee 接口形成的 UML 类图如图 19.3 所示。Secretary 类代码如下：

Secretary.java

```
public class Secretary implements Employee{
   Boss boss;
   Secretary() {
     boss = new Boss();
   }
   public String hearPhone(String s){
      if(!(s.contains("恐吓")||s.contains("脏活"))) {
         String back=boss.herePhone(s);
         return "我们老板说:"+back;
      }
      return "我们老板说:不接你的电话";
   }
}
```

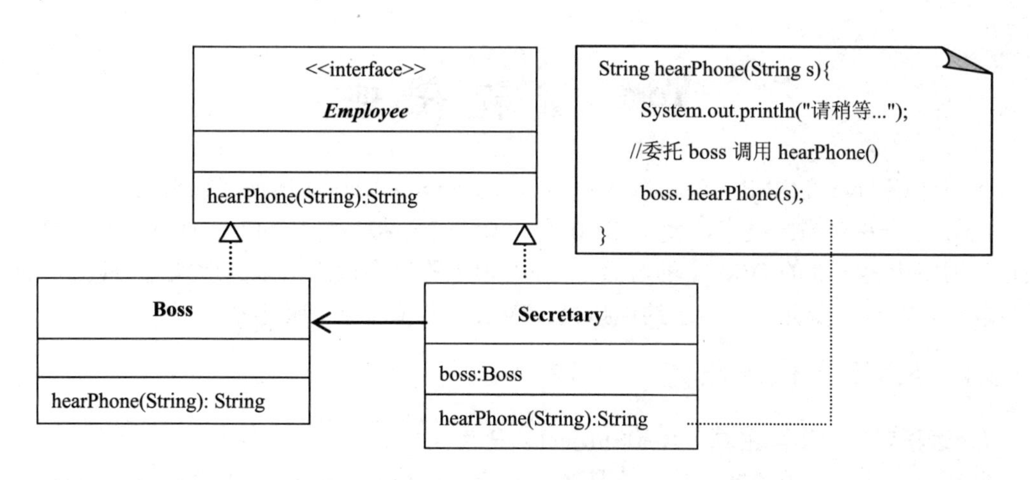

图 19.3　抽象主题、实际主题与代理

19.1.2　代理模式的使用

前面已经使用代理模式给出了可以使用的类，可以将这些类看做一个小框架，然后就可以使用这个小框架中的类编写应用程序了。

下列应用程序中，Application.java 使用了代理模式中所涉及的类，用户（Application.java）

直接与代理打交道。运行效果如图 19.4 所示。

```
我们老板说:好的,等以后约个时间面谈
我们老板说:好的,等以后约个时间面谈
我们老板说:好的,按时来
我们老板说:以后再联系吧,要开会了
我们老板说:不接你的电话
```

图 19.4　程序运行效果

Application.java

```
public class Application{
   public static void main(String args[]){
      Secretary secretary = new Secretary();
      String back=secretary.hearPhone("你好,我要买贵公司产品");
      System.out.println(back);
      back=secretary.hearPhone("你好,贵公司卖什么产品");
      System.out.println(back);
      back=secretary.hearPhone("我是老朋友,请你吃饭");
      System.out.println(back);
      back=secretary.hearePhone("你喜欢聊天吗?");
      System.out.println(back);
      back=secretary.hearPhone("恐吓老板");
      System.out.println(back);
   }
}
```

19.2　远程代理

本节介绍 Java 在 RMI（Remote Method Invocation）中是如何使用代理模式的。

RMI 是一种分布式技术，使用 RMI 可以让一个虚拟机（JVM）上的应用程序请求调用位于网络上另一处的 JVM 上的对象方法。习惯上称发出调用请求的虚拟机（JVM）为（本地）客户机，称接受并执行请求的虚拟机（JVM）为（远程）服务器。

19.2.1　RMI 与代理模式

1．远程对象与实际主题（RealSubject）角色

驻留在（远程）服务器上的对象是客户要请求的对象，称做远程对象，即客户程序请求远程对象调用方法，然后远程对象调用方法并返回必要的结果。从代理模式角度看，远程对象就是实际主题（RealSubject）角色。

2．存根（Stub）与代理

RMI 不希望客户应用程序直接与远程对象打交道，代替地让用户程序和远程对象的代理打交道。RMI 会帮助我们生成一个存根（Stub）——一种特殊的字节码，并让这个存根产生的对象作为远程对象的代理，即远程代理。远程代理需要驻留在客户端，也就是说，需要把 RMI 生成的存根（Stub）复制或下载到客户端。因此，在 RMI 中，用户实际上是在和远程代理直接打交道，但用户并没有感觉到他在和一个代理打交道，而是觉得自己就是在和远程对象直接打交道。比如，用户想请求远程对象调用某个方法，只需向远程代理发出同样的请求即可，如图 19.5 所示。

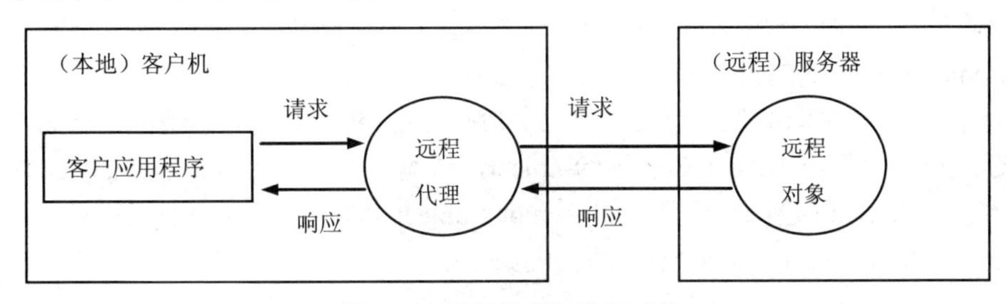

图 19.5　远程代理与远程对象

3．Remote 接口与抽象主题

RMI 为了标识一个对象是远程对象，即可以被客户请求的对象，要求远程对象必须实现 java.rmi 包中的 Remote 接口，也就是说，只有实现该接口的类的实例才被 RMI 认为是一个远程对象。Remote 接口中没有方法，该接口仅仅起到一个标识作用，因此，必须扩展 Remote 接口，以便规定远程对象的哪些方法是客户可以请求的方法，扩展 Remote 接口的接口相当于代理模式中的抽象主题角色。对于每个远程对象，RMI 会为它生成一个远程代理，用户程序不必编写和远程代理有关的代码，只需知道远程代理和远程对象实现了相同的接口。

19.2.2　RMI 的设计细节

为了叙述的方便，假设本地客户机存放有关类的目录是 D:\Client，远程服务器的 IP 是 127.0.0.1，远程服务器存放有关类的目录是 C:\Server。

1．扩展 Remote 接口

定义一个接口是 java.rmi 包中 Remote 的子接口，即扩展 Remote 接口。Remote 的子接口相当于代理模式中的抽象主题（Subject）角色。

下面是我们定义的 Remote 的子接口 RemoteSubject。RemoteSubject 子接口中定义了计算面积的方法，即要求远程对象为用户计算某种几何图形的面积。RemoteSubject 的代码如下：

RemoteSubject.java

```
import java.rmi.*;
public interface RemoteSubject extends Remote {
     public double getArea() throws RemoteException;
}
```

该接口需要保存在前面约定的远程服务器的 C:\Server 目录中，并编译它生成相应的.class 字节码文件。由于客户端的远程代理也需要该接口，因此需要将生成的字节码文件复制到前面约定的客户机的 D:\Client 目录中（在实际项目设计中，可以提供 Web 服务让用户下载该接口的.class 文件）。

2．远程对象

创建远程对象的类必须实现 Remote 接口，RMI 使用 Remote 接口来标识远程对象，但是 Remote 中没有方法，因此创建远程对象的类需要实现 Remote 接口的一个子接口。另外，RMI 为了让一个对象成为远程对象，还需要进行一些必要的初始化工作，因此，在编写创建远程对象的类时，可以简单地让该类是 RMI 提供的 java.rmi.server 包中的 UnicastRemoteObject 类的子类即可。

创建远程对象的类相当于代理模式中的实际主题（RealSubject）角色。下面是我们定义的创建远程对象的类 RemoteConcreteSubject，该类实现了上述 RemoteSubject 接口（见本节中“扩展 Remote 接口”部分中的 RemoteSubject 接口），所创建的远程对象可以计算矩形的面积，RemoteConcreteSubject 的代码如下：

RemoteConcreteSubject.java

```
import java.rmi.*;
import java.rmi.server.UnicastRemoteObject;
public class  RemoteConcreteSubject extends UnicastRemoteObject implements
RemoteSubject{
   double width,height;
   RemoteConcreteSubject(double width,double height) throws Remote
   Exception{
       this.width=width;
       this.height=height;
     }
     public double getArea() throws RemoteException {
       return width*height;
     }
}
```

将 RemoteConcreteSubject.java 保存到前面约定的远程服务器的 C:\Server 目录中，并编译它生成相应的.class 字节码文件。

3．存根（Stub）与代理

RMI 负责产生存根（Stub Object），如果创建远程对象的字节码是 RemoteConcrete Subject.class，那么存根（Stub）的字节码是 RemoteConcreteSubject_Stub.class，即后缀为“_Stub”。

RMI 使用 rmic 命令生成存根 RemoteConcreteSubject_Stub.class。首先进入 C:\Server 目录，然后如下执行 rmic 命令：如图 19.6 所示。

```
rmic RemoteConcreteSubject
```

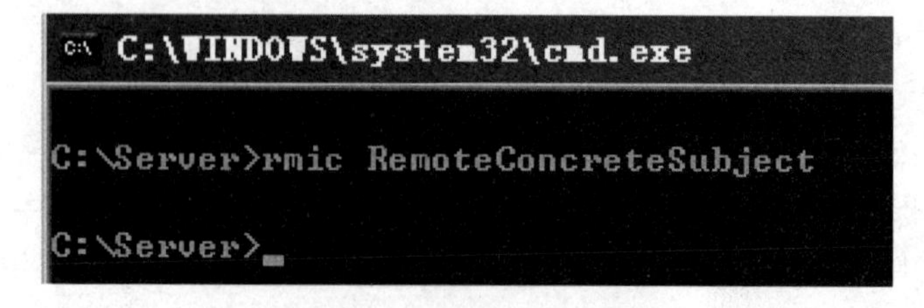

图 19.6　使用 rmic 生成 Stub

客户端需要使用存根（Stub）来创建一个对象，即远程代理，因此需要将RemoteConcreteSubject_Stub.class复制到前面约定的客户机的D:\Client目录中（在实际项目设计中，可以提供Web服务让用户下载该class文件）。

4．启动注册

在远程服务器创建远程对象之前，RMI要求远程服务器必须首先启动注册——rmiregistry，只有启动了rmiregistry，远程服务器才可以创建远程对象，并将该对象注册到rmiregistry所管理的注册表中。

在远程服务器开启一个终端，比如在MS-DOS命令行窗口进入C:\Server目录，然后执行rimregistry命令：

```
rmiregistry
```

启动注册，如图19.7所示。也可以后台启动注册：

```
start rmiregistry
```

```
C:\WINDOWS\system32\cmd.exe - rmiregistry

C:\Server>rmiregistry
```

图19.7　启动注册

5．启动远程对象服务

远程服务器启动注册后，远程服务器就可以启动远程对象服务了，即编写程序来创建和注册远程对象，并运行该程序。

远程服务器使用java.rmi包中的Naming类调用其类方法rebind(String name, Remote obj)绑定一个远程对象到rmiregistry所管理的注册表中，该方法的name参数是URL格式，obj参数是远程对象，将来客户端的代理会通过name找到远程对象obj。

下面是我们编写的远程服务器上的应用程序BindRemoteObject，运行该程序就启动了远程对象服务，即该应用程序可以让用户访问它注册的远程对象。

BindRemoteObject.java

```
import java.rmi.*;
public class BindRemoteObject{
   public static void main(String args[]){
      try{
          RemoteConcreteSubject  remoteObject=new RemoteConcreteSubject
            (12,88);
          Naming.rebind("rmi://127.0.0.1/rect",remoteObject);
          System.out.println("be ready for client server...");
      }
```

```
        catch(Exception exp){
            System.out.println(exp);
        }
      }
}
```

将 BindRemoteObject.java 保存到前面约定的远程服务器的 C:\Server 目录中，并编译它生成相应的 BindRemoteObject.class 字节码文件，然后运行 BindRemoteObject，运行效果如图 19.8 所示。

```
C:\WINDOWS\system32\cmd.exe - java BindRemoteObject

C:\Server>java BindRemoteObject
be ready for client server...
```

图 19.8　启动远程对象服务

6．运行客户端程序

远程服务器启动远程对象服务后，客户端就可以运行有关程序，访问远程对象。

客户端使用 java.rmi 包中的 Naming 类调用其类方法

```
lookup(String name)
```

返回一个远程对象的代理，即使用存根（Stub）产生一个和远程对象具有同样接口的对象。Lookup(String name)方法中的 name 参数的取值必须是远程对象注册的 name，比如“rmi://127.0.0.1/rect”。

客户程序可以像使用远程对象一样来使用 lookup(String name)方法返回的远程代理。比如，下面的客户应用程序 ClientApplication 中的

```
Naming.lookup("rmi://127.0.0.1/rect");
```

返回一个实现了 RemoteSubject 接口的远程代理（见本节中“扩展 Remote 接口”部分中的 RemoteSubject 接口）。

ClientApplication 使用远程代理计算了矩形的面积。将 ClientApplication.java 保存到前面约定的客户机的 D:\Client 目录中，然后编译、运行该程序。程序的运行效果如图 19.9 所示。

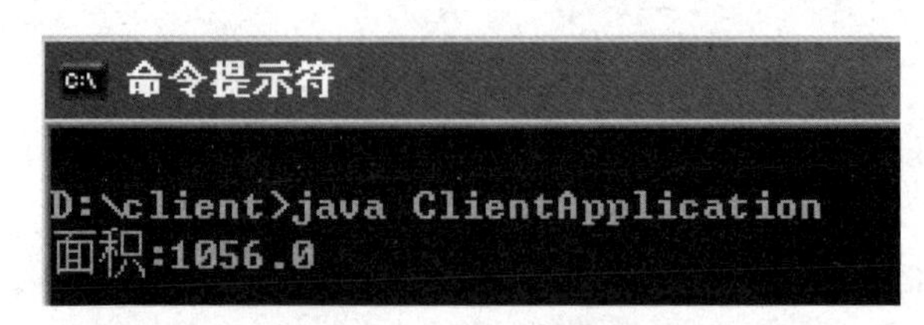

图 19.9　运行客户端程序

ClientApplication.java

```
import java.rmi.*;
public class ClientApplication{
  public static void main(String args[]){
     try{
         Remote  remoteObject=Naming.lookup("rmi://127.0.0.1/rect");
         RemoteSubject remoteSubject=(RemoteSubject)remoteObject;
         double area=remoteSubject.getArea();
         System.out.println("面积:"+area);
     }
     catch(Exception exp){
         System.out.println(exp.toString());
     }
  }
}
```

19.3 代理模式的优点

代理模式具有以下优点：

（1）代理模式可以屏蔽用户真正请求的对象，使用户程序和真正的对象之间解耦。

（2）使用代理来担当那些创建耗时的对象的替身。

19.4 适合使用代理模式的情景

适合使用代理模式的情景如下：

（1）程序可能不希望用户直接访问该对象，而是提供一个特殊的对象以控制对当前对象的访问。

（2）如果一个对象（例如很大的图像）需要很长时间才能加载完成。

（3）如果对象位于远程主机上，需要为用户提供访问该远程对象的能力。

19.5 举例——使用远程窗口阅读文件

19.5.1 设计要求

使用远程代理让用户使用远程机上的窗口阅读文件的内容。

19.5.2 设计实现

1．抽象主题（Subject）

抽象主题是 java.rmi 包中 Remote 的子接口 RemoteWindow，代码如下：

RemoteWindow.java

```
import java.rmi.*;
import javax.swing.*;
public interface RemoteWindow extends Remote {
  public JFrame getWindow() throws RemoteException;
  public void setName(String name) throws RemoteException;
}
```

将编译 RemoteWindow.java 得到的 RemoteWindow.class 文件保存到远程服务器的 C:\Server 目录中，同时将 RemoteWindow.class 文件发布给客户（比如使用 Web 服务）。客户将得到的字节码文件 RemoteWindow.class 复制到客户端机的 D:\Client 目录中。

2．实际主题

实际主题（RealSubject）是实现 RemoteWindow 接口的 RemoteConcreteWindow 类，该类的实例为远程对象。RemoteConcreteWindow 类的代码如下：

RemoteConcreteWindow.java

```
import javax.swing.*;
import java.awt.*;
import java.io.*;
import java.rmi.*;
import java.rmi.server.UnicastRemoteObject;
public class RemoteConcreteWindow extends UnicastRemoteObject implements
RemoteWindow{
    JFrame  window;
    JTextArea text;
    String name;
    RemoteConcreteWindow() throws RemoteException{
          window=new JFrame();
          text=new JTextArea();
          text.setLineWrap(true);
          text.setWrapStyleWord(true);
          text.setFont(new Font("",Font.BOLD,16));
          window.add(new JScrollPane(text),BorderLayout.CENTER);
          window.setTitle("这是远程服务器上的Java窗口！ ");
          window.setSize(300,300);
          window.setDefaultCloseOperation(JFrame.DISPOSE_ON_CLOSE);
    }
    public void setName(String name){
          text.setText(null);
          this.name=name;
          try{     FileReader  inOne=new FileReader(name);
                   BufferedReader inTwo= new BufferedReader(inOne);
                   String s=null;
                   while((s=inTwo.readLine())!=null)
                        text.append(s+"\n");
```

```
                inOne.close();
                inTwo.close();
          }
          catch(IOException exp){}
      }
      public JFrame getWindow() throws RemoteException{
            return window;
      }
}
```

RemoteConcreteWindow.java 保存到远程服务器的 C:\Server 目录中，编译该.java 文件生成相应的 RemoteConcreteWindow.class 字节码文件。

3．代理

使用 rmic 命令生成存根，即创建代理用的字节码 RemoteConcreteSubject_Stub.class。进入 RemoteConcreteWindow 所在目录，然后如下执行 rmic 命令：

```
rmic RemoteConcreteWindow
```

将 rmic 命令生成的 RemoteConcreteWindow_Stub.java 复制或发布给用户。

4．启动注册

在远程服务器中使用 MS-DOS 命令行窗口进入 C:\Server 目录，然后启动注册：

```
start rmiregistry
```

5．启动远程对象服务

下面是我们编写的远程服务器上的应用程序 BindRemoteWindow，运行该程序就启动了远程对象服务，即该应用程序可以让用户使用远程服务器窗口阅读文件。

BindRemoteWindow.java

```
import java.rmi.*;
public class BindRemoteWindow{
   public static void main(String args[]){
      try{
         RemoteConcreteWindow  remoteWindow=new RemoteConcreteWindow();
         Naming.rebind("rmi://127.0.0.1/window",remoteWindow);
         System.out.println("be ready for client server...");
      }
      catch(Exception exp){
          System.out.println(exp);
      }
   }
}
```

将 BindRemoteWindow.java 保存到远程服务器的 C:\Server 目录中，编译生成 BindRemoteWindow.class 字节码文件,然后运行 BindRemoteWindow。

6. 客户应用程序

Client.java 通过远程代理使用远程机上的 Java 窗口阅读文件，运行效果如图 19.10 所示。

图 19.10 使用远程窗口

Client.java

```
import java.rmi.*;
import java.rmi.server.*;
import javax.swing.*;
public class Client{
   public static void main(String args[]){
      try{  Remote object=Naming.lookup("rmi://127.0.0.1/window");
            RemoteWindow remoteObject=(RemoteWindow)object;
            remoteObject.setName("C:/Server/Hello.txt");
            JFrame frame=remoteObject.getWindow();
            frame.setVisible(true);
      }
      catch(Exception exp){
           System.out.println(exp.toString());
      }
   }
}
```

第20章　享元模式

享元模式：运用共享技术有效地支持大量细粒度的对象。

享元模式属于结构型模式（见6.7节）。

20.1　享元模式的结构与使用

20.1.1　享元模式的结构

享元模式包括3种角色。

（1）享元接口（Flyweight）：享元接口是一个接口，该接口定义了享元对外公开其内部数据的方法，以及享元接收外部数据的方法。

（2）具体享元（Concrete Flyweight）：具体享元是实现享元接口的类，该类的实例称为享元对象，或简称享元。

（3）享元工厂（Flyweight Factory）：享元工厂是一个类，该类的实例负责创建和管理享元对象，用户或其他对象必须请求享元工厂为它得到一个享元对象（具体享元）。

享元模式的类图如图20.1所示。

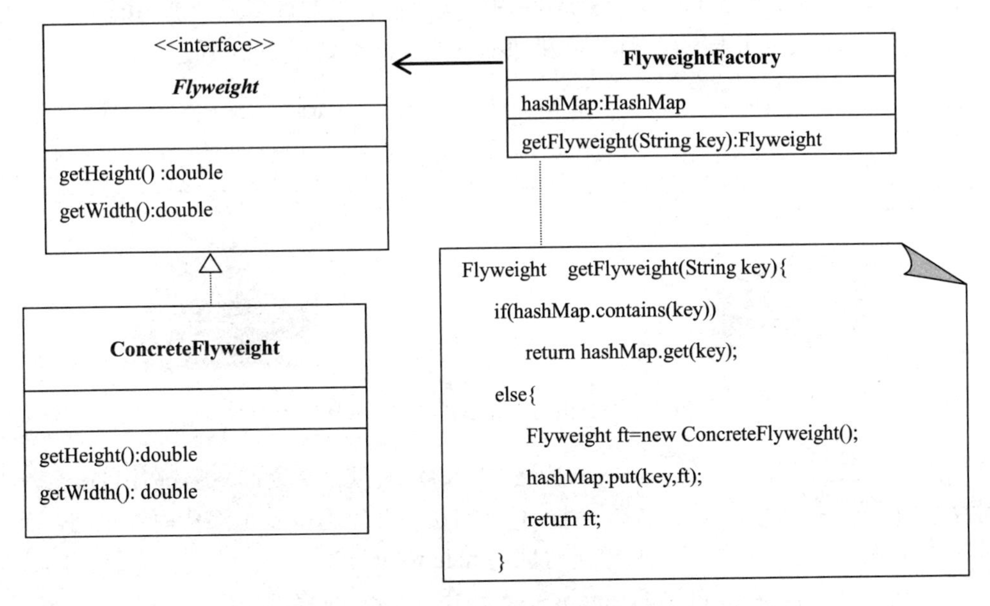

图20.1　享元模式的类图

下面通过一个简单的问题来描述享元模式中所涉及的各个角色。

简单问题：

创建若干个“奥迪 A6”轿车。要求“奥迪 A6”轿车的长、宽和高都是相同的，但必须允许颜色和功率不同。

1．享元接口（Flyweight）

一个类中的成员变量表明该类所创建的对象所具有的属性，在某些程序设计中我们可能用一个类创建若干个对象，但是我们发现这些对象的一个共同特点是它们有一部分属性的取值必须是完全相同的。

对于前面的简单问题，我们首先设计一个不是很合理的 Car 类，然后通过分析出现的问题，再设计一个合理的 Car 类。

例如，我们首先设计了如下的一个 Car 类，类图如图 20.2 所示。

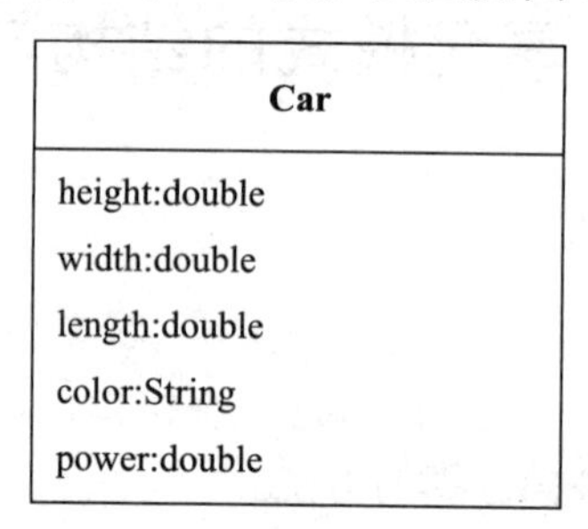

图 20.2　Car 类

当用上述 Car 类创建若干个同型号的轿车时，比如创建若干个“奥迪 A6”轿车，我们要求这些轿车的 height、width、length 的值都必须是相同的（轿车的属性很多，属于细粒度对象，而且不同轿车的很多属性值是相同的，这里我们只示意了 height、width 和 length 这 3 个属性），而 color、power 可以是不同的，就像你看见的许多“奥迪 A6”轿车，它们的长度、高度和宽度是相同的，但颜色和功率可能不同，如图 20.3 所示。

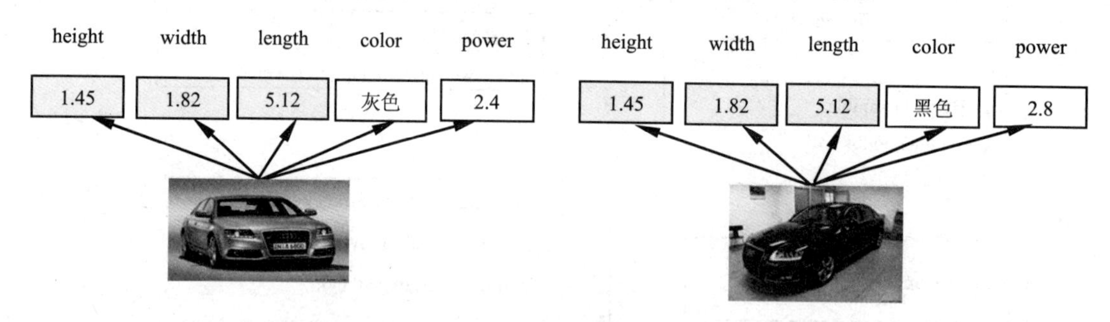

图 20.3　大小相同，颜色和功率不同的轿车

从创建对象的角度看，我们面对的问题是：Car 的每个对象的变量都各自占有着不同的内存空间（如图 20.3 所示）。这样一来，Car 创建的对象越多就越浪费内存空间，而且程序也无法保证 Car 类创建的多个对象所对应的 height、width 和 length 的值是相同的或禁止 Car 类创建的对象随意更改自己的 height、width 和 length 的值。

现在重新设计 Car 类，由于我们要求 Car 类所创建的若干个对象的 height、width 和 length 的值都必须相同，因此没有必要为每个对象的 height、width 和 length 分配不同的内存空间，现在将 Car 类中的 height、width 和 length 封装到另一个 CarData 类中，CarData 类的类图如图 20.4 所示。

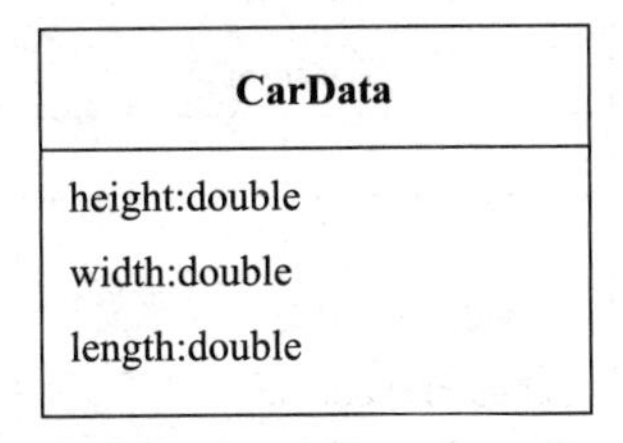

图 20.4　CarData 类

现在，如果系统能保证向 Car 类的若干个对象提供相同的 CarData 的实例，即让 Car 类的若干个对象共享 CarData 类的一个实例，那么这些 Car 类的实例的 height、width 和 length 的值就都是一样的。

现在重新设计 Car 类，修改后的 Car 类包含 CarData 的实例，修改后的 Car 类的图如图 20.5 所示。

Car
carData:CarData color:Sring power:double

图 20.5　修改后的 Car 类

这样一来，Car 类创建的若干个对象的 color、power 都分配不同的内存空间，但是这些对象共享一个由系统提供的 carData 对象，节省了内存开销，如图 20.6 所示，而且系统可以做到让 Car 类的实例无权更改 carData 对象中的数据。

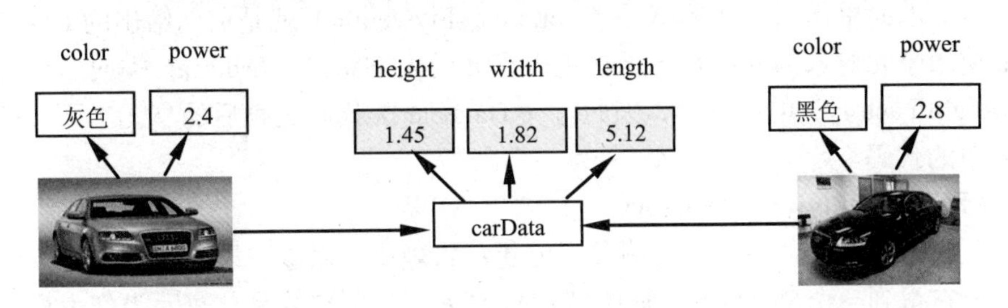

图 20.6　Car 创建的轿车共享 carData 对象

享元模式的关键是使用一个称做享元的对象为其他对象提供共享的状态，而且能够保证使用享元的对象不能更改享元中的数据。

前面叙述的 CatData 类的实例就是一个享元。在享元模式中，系统可以保证向若干个 Car 对象提供一个相同的 CatData 类的实例。

对于前面的简单问题，Car 对象应当使用享元对象（CarData 的实例）封装轿车的长、宽和高数据，应当把颜色和功率作为外部数据。

因此，首先给出的是享元接口 Flyweight，该接口规定了具体享元返回内部数据的方法。

Flyweight 接口的 UML 图如图 20.7 所示。Flywcight 的代码如下：

<<interface>> *Flyweight*
getHeight():double getWidth():double getLength():double

图 20.7 享元接口

Flyweight.java

```
public interface Flyweight{
    public double getHeight();  //返回内部数据
    public double getWidth();
    public double getLength();
}
```

2．具体享元

具体享元实现享元接口的类，该类的实例称为享元对象，或简称享元。具体享元类的成员变量为享元对象的内部状态，享元对象的内部状态必须与所处的周围环境无关，即要保证使用享元对象的应用程序无法更改享元的内部状态，只有这样才能使得享元对象在系统中被共享。因为享元对象是用来共享的，所以不能允许用户各自地使用具体享元类来创建对象，这样就无法达到共享的目的，因为不同用户用具体享元类创建的对象显然是不同的，所以具体享元类的构造方法必须是 private 的，其目的是不允许用户程序直接使用具体享元类来创建享元对象，创建和管理享元对象由享元工厂负责。

对于前面的简单问题，具体享元（Concrete Flyweight）就是前面给出的 DataCar 类，为了保证使用享元对象的应用程序无法更改享元的内部状态，DataCar 类应当作为享元工厂（Flyweight Factory）的内部类，因此有关 DataCar 类代码见稍后的享元工厂（Flyweight Factory）中的代码。

3．享元工厂（FlyweightFactory）

享元工厂是一个类，该类的实例负责创建和管理享元对象，用户或其他对象必须请求享元工厂为它得到一个享元对象（具体享元）。享元工厂需要将具体享元类作为享元工厂的内部类。对于前面的简单问题，享元工厂的名字是 FlyweightFactory。Flyweight（享元）、CarData（具体享元）与 FlyweightFactory（享元工厂）形成的 UML 类图如图 20.8 所示。FlyweightFactory 代码如下：

FlyweightFactory.java

```
public class FlyweightFactory{
   static FlyweightFactory factory=new FlyweightFactory();
   static Flyweight intrinsic;                         //享元
```

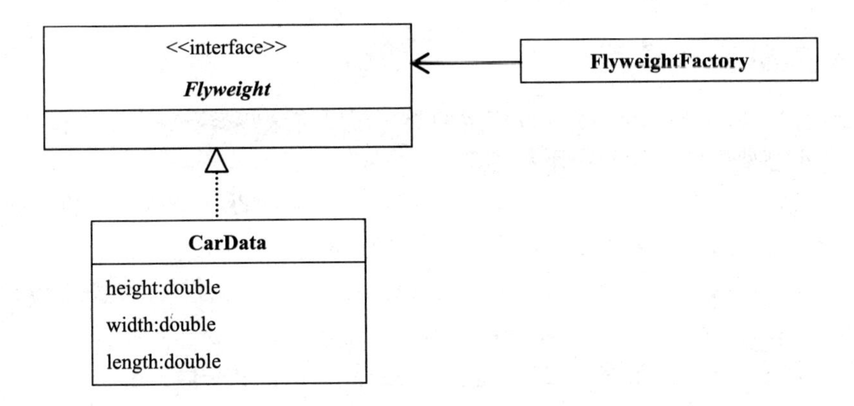

图 20.8　享元、具体享元与享元工厂

```
  private FlyweightFactory(){
  }
  public static FlyweightFactory getFactory(){
     return factory;
  }
  public Flyweight getFlyweight(){
     intrinsic=new CarData(1.82,1.45,5.12);          //轿车的内部数据
     return intrinsic;
  }
  class CarData implements Flyweight{                // CarData是内部类
     private double width;
     private double height;
     private double length;
     private CarData(double width,double height,double length){
        this.width=width;
        this.height=height;
        this.length=length;
     }
     public double getHeight(){
        return height;
     }
     public double getWidth(){
        return width;
     }
     public double getLength(){
        return length;
     }
  }
}
```

20.1.2 享元模式的使用

前面已经使用享元模式给出了可以使用的类，可以将这些类看做一个小框架，然后就可以使用这个小框架中的类编写应用程序了。

因为有了使用享元模式给出的框架，下列用户应用程序设计了更合理的 Car 类（见图 20.5），Car 类使用 Flyweight 成员作为自己的成员变量，即 Car 类的实例可以引用享元对象。Application 使用 Car 类分别创建了两辆奥迪 A6 轿车，运行效果如图 20.9 所示。

```
颜色：黑色 功率：128 宽度：1.82 高度：1.45长度：5.12
颜色：灰色 功率：160 宽度：1.82 高度：1.45长度：5.12
```

图 20.9　程序运行效果

Car.java

```
public class Car{
   Flyweight  flyweight;    //存放享元对象的引用
   String color;
   int power;
   Car(Flyweight flyweight,String name,String color,int power){
      this.flyweight=flyweight;
      this.color=color;
      this.power=power;
   }
   public void print(){
      System.out.print(" 颜色: "+color);
      System.out.print(" 功率: "+power);
      System.out.print(" 宽度: "+flyweight.getWidth());
      System.out.print(" 高度: "+flyweight.getHeight());
      System.out.println("长度: "+flyweight.getLength());
   }
}
```

Application.java

```
public class Application{
   public static void main(String args[]) {
      FlyweightFactory  factory=FlyweightFactory.getFactory();
      Flyweight carIntrinsic=factory.getFlyweight();
      Car audiA6One=new Car(carIntrinsic,"奥迪A6","黑色",128);
      Car audiA6Two=new Car(carIntrinsic,"奥迪A6","灰色",160);
      audiA6One.print();
      audiA6Two.print();
   }
}
```

20.2　享元模式的优点

享元模式具有以下优点：

（1）使用享元可以节省内存的开销，特别适合处理大量细粒度对象，这些对象的许多属性值是相同的，而且一旦创建则不允许修改。

（2）享元模式中的享元可以使用方法的参数接受外部状态中的数据，但外部状态数据不会干扰到享元中的内部数据，这就使得享元可以在不同的环境中被共享。

20.3　适合使用享元模式的情景

适合使用享元模式的情景如下：

（1）一个应用程序使用大量的对象，这些对象之间的部分属性本质上是相同的，这时应使用享元来封装相同的部分。

（2）对象的多数状态都可变为外部状态，就可以考虑将这样的对象作为系统中的享元来使用。

20.4　举例——化合物

20.4.1　设计要求

氢氧化合物都是由氢元素和氧元素构成的，只是含有的元素的个数不同。有人设计了用于表示两种元素构成的化合物类 Compound，Compound 的类图如图 20.10 所示。

Compound
elementOne:char elementTwo:char elementOneNumber:int elementTwoNumber:int

图 20.10　Compound 类

上述 Compound 类的设计有不合理之处，分析如下：

由于 Compound 在创建若干个对象（化合物）时，要求创建的每个对象的 elementOne 变量和 elementTwo 变量的取值都相同，比如创建若干个氢氧化合物时，每个氢氧化合物的 elementOne 变量和 elementTwo 变量的取值分别是 H 和 O。因此，为 Compound 类的每个氢氧化合物的 elementOne 变量和 elementTwo 变量分配不同的内存空间是不必要的。

请使用享元模式让用户能设计出更合理的 Compound 类。

另外，使用享元的对象或应用程序，在必要的时候可以将外部数据传递给享元的某个方法中的参数，即作为享元中方法调用的参数传入，也就是说，享元对象将其成员变量看做自己所维护的内部状态，而将它的方法的参数看做自己能得到的外部状态。在设计享元时，请为享元提供一个方法，该方法输出化合物的内部数据（化合物中所含元素的名称）和外部数据（化合物中所含元素的个数）。

20.4.2 设计实现

1. 享元接口（Flyweight）

本问题中，应当使用享元对象封装化合物中的元素，接口的名字是 Element。

Element.java

```
public interface Element{
   public char [] getChar();              //返回内部数据
   public void print(int [] number);      //输出外部数据
}
```

2. 享元工厂（FlyweightFactory）与具体享元

享元工厂是 ElementFactory 类，负责创建和管理享元对象。ElementFactory 将创建享元对象的具体享元类 TwoElment 作为自己的内部类。

为了让享元工厂能提供更多的内部数据，比如氢氧化合物、氮氧化合物的内部数据，享元工厂可以通过一个散列表（也称做共享池）来管理享元对象，当用户程序或其他若干个对象向享元工厂请求一个享元对象时，如果享元工厂的散列表中已有这样的享元对象，享元工厂就提供这个享元对象给请求者，否则就创建一个享元对象添加到散列表中，同时将该享元对象提供给请求者。显然，当若干个用户或对象请求享元工厂提供一个享元对象时，第一个用户获得该享元对象的时间可能慢一些，但是后继的用户会较快地获得这个享元对象。可以让享元工厂是 static 的，即让系统中只有一个享元工厂的实例。ElementFactory 类代码如下：

ElementFactory.java

```
import java.util.HashMap;
public class ElementFactory{
   private HashMap<String,Element>  hashMap;
   static ElementFactory factory=new ElementFactory(); //只有一个工厂实例
   private ElementFactory(){
      hashMap=new HashMap<String,Element>();
   }
   public static ElementFactory getFactory(){
      return factory;
   }
   public synchronized Element getElement(char []c){
      String key=new String(c);
      if(hashMap.containsKey(key))
         return hashMap.get(key);
      else{
           Element element=new ConcreteElement(c);
           hashMap.put(key,element);
```

```
            return element;
        }
    }
    class ConcreteElement implements Element{     //ConcreteElement是内部类
        char c[];
        private ConcreteElement(char [] c){
            this.c=c;
        }
        public char [] getChar() {
            return c;
        }
        public void print(int [] number){          //输出外部和内部数据
            for(int i=0;i<c.length;i++)
            System.out.println(number[i]+"个"+c[i]+"元素");
        }
   }
}
```

3. 应用程序

下列应用程序中，包含 Compound.java 和 Application.java，Compound 类使用 Element 成员作为自己的成员变量，即 Compound 类的实例可以引用享元对象，这里的 Compound 类的设计和图 20.10 给出的设计有很大的不同，当前 Compound 类的类图如图 20.11 所示。

Application 使用 Compound 类分别创建了由元素碳（C）和元素氧（O）构成的二氧化碳和一氧化碳，以及由元素氢（H）和元素氧（O）构成的水，运行效果如图 20.12 所示。

Compound
element: Element number:int[]

图 20.11　修改后的 Compound 类

```
二氧化碳的有关数据:
含有:C,O元素
1个C元素
2个O元素
一氧化碳的有关数据:
含有:C,O元素
1个C元素
1个O元素
水的有关数据:
含有:H,O元素
1个H元素
2个O元素
```

图 20.12　程序运行效果

Compound.java

```
public class Compound{
    Element element;    //存放享元对象的引用
    int [] number;
    Compound(Element  element,int [] number){
        this.element=element;
```

```
            this.number=number;
        }
        void printMess() {
            char c [] =element.getChar();
            System.out.printf("含有:");
            for(int i=0;i<c.length;i++){
                if(i<c.length-1)
                  System.out.printf("%c,",c[i]);
                else
                  System.out.printf("%c元素\n",c[i]);
            }
        }
}
```

Application.java

```
public class Application{
    public static void main(String args[]) {
        ElementFactory  factory=ElementFactory.getFactory();
        String name="二氧化碳";
        char [] c="CO".toCharArray();
        int  [] number=new int[c.length];
        number[0]=1;
        number[1]=2;
        Element element=factory.getElement(c);
        Compound compound=new Compound(element,number);
        System.out.println(name+"的有关数据:");
        compound.printMess();
        element.print(number);
        name="一氧化碳";
        number[0]=1;
        number[1]=1;
        element=factory.getElement(c);
        compound=new Compound(element,number);
        System.out.println(name+"的有关数据:");
        compound.printMess();
        element.print(number);
        name="水";
        c="HO".toCharArray();
        number[0]=1;
        number[1]=2;
        element=factory.getElement(c);
```

```
        compound=new Compound(element,number);
        System.out.println(name+"的有关数据:");
        compound.printMess();
        element.print(number);
      }
}
```

第21章 桥接模式

桥接模式（别名柄体模式）：将抽象部分与它的实现部分分离，使得它们都可以独立地变化。

桥接模式属于结构型模式（见6.7节）。

21.1 桥接模式的结构与使用

21.1.1 桥接模式的结构

桥接模式包括4种角色。

（1）抽象（Abstraction）：抽象是一个抽象类，该抽象类含有Implementor（实现者）声明的变量，即维护一个Implementor类型对象。

（2）实现者（Implementor）：实现者是一个接口（抽象类），Implementor接口（抽象类）负责定义基本操作，而Abstraction类负责定义基于这些基本操作的较高层次的操作。Implementor接口（抽象类）中定义的方法名称不必与Abstraction类中的方法名称相同。

（3）细化抽象（Refined Abstraction）：细化抽象是抽象角色的一个子类，该子类在重写（覆盖）抽象角色中的抽象方法时，在给出一些必要的操作后，将委托所维护Implementor类型对象调用相应的方法。

（4）具体实现者（Concrete Implementor）：具体实现者是实现（扩展）Implementor接口（抽象类）的类。

桥接模式中的类图如图21.1所示。

下面通过一个简单的问题来描述桥接模式中所涉及的各个角色。

简单问题：

编辑与作者。出版社的编辑负责策划图书，并遴选作者完成图书的编著，然后根据图书的印张确定图书的价格。作者负责完成图书的编著工作。

1．抽象（Abstraction）

抽象类或接口中可以定义若干个抽象方法，习惯上将抽象方法称做操作。抽象类或接口使得程序的设计者忽略操作的细节，即不必考虑这些操作是如何实现的，当用户程序面向抽象类或接口时，就不会依赖具体的实现，使得系统有很好的扩展性（见第5章）。但是，抽象类中的抽象方法总归是需要子类去实现的，在大多数情况下抽象类的子类完全可以胜任这样的工作，但是在某些情况下，子类可能会遇到一些难以处理的问题。

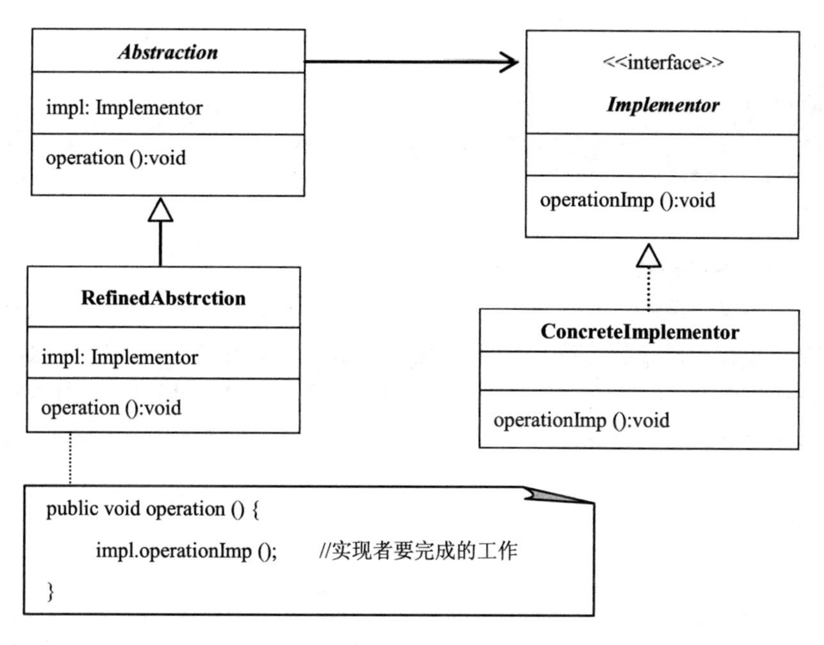

图 21.1　桥接模式的类图

比如，对于前面的简单问题，编辑可以负责图书的策划，但却不应该负责图书的编写。桥接模式的设计思想是：应当将实现和抽象放在两个不同的类层次中，从而使它们可独立地改变，即将一个抽象类中的抽象方法的重要实现部分交给另外一个抽象类的子类或实现另外一个接口的类。

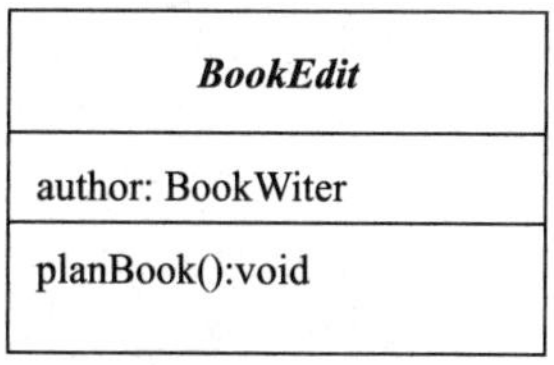

本问题中，抽象角色是 BookEdit 类，UML 类图如图 21.2 所示，代码如下：

BookEdit

author: BookWiter

planBook():void

图 21.2　抽象

BookEdit.java

```
public abstract class BookEdit {
   BookWriter [] author;                        //图书作者
   String [] seriesBookName;                    //系列丛书
   public abstract void planBook(String [] s,String [] a); //出版计划
   public abstract void releaseBook();          //发布图书
}
```

2．实现者（Implementor）

实现者角色是一个接口或抽象类，该接口或抽象类中定义的方法名称不必与 Abstraction 类中的方法名称相同。Implementor 接口或抽象类负责定义基本操作，而 Abstraction 类负责定义基于这些基本操作的较高层次的操作。对于前面的简单问题，“抽象角色”应该是编辑，“实现者角色”应该是图书的作者，这里我们给出的实现者（Implementor）角色的名字是 BookWriter，负责规定图书作者应当完成的工作。BookWriter 接口的代码如下：

BookWriter.java

```
public interface BookWriter{
   public void startWriteBook(String bookName);                //编写图书
   public String getName();
}
```

3．细化抽象（Refined Abstraction）

细化抽象是抽象角色的一个子类，该子类在重写（覆盖）抽象角色中的抽象方法时，在给出一些必要的操作后，将委托所维护实现者调用相应的方法。对于本问题，细化抽象角色是 TUPBookEdit 类（模拟清华大学出版社的编辑），TUPBookEdit 类的实例，比如张编辑，应当按照抽象角色规定的方法，完成图书的策划、委派作者、发布图书等工作。TUPBookEdit 类的代码如下：

TUPBookEdit.java

```
public class TUPBookEdit extends BookEdit{
   public void planBook(String [] bookName,String [] authorName){
                                                              //细化工作
      seriesBookName = bookName;
      author = new BookAuthor[seriesBookName.length];
      for(int i=0;i<seriesBookName.length;i++) {
         author[i] =new BookAuthor(authorName[i]);
         author[i].startWriteBook(seriesBookName[i]);    //具体实现者的工作
      }
   }
   public void releaseBook(){                                 //细化工作
      System.out.println("图书有关信息");
      for(int i=0;i<seriesBookName.length;i++) {
         System.out.print("书名:"+seriesBookName[i]+" ");
         System.out.println("作者:"+author[i].getName()+" ");
      }
   }
}
```

4．具体实现者（Concrete Implementor）

具体实现者是实现（扩展）实现者接口（抽象类）的类。对于本问题，具体实现者是 BookAuthor 类的实例（作者）。BookAuthor、BookWriter、TUPBookEdit、BookEdit 形成 UML 图如图 21.3 所示。BookAuthor 类的代码如下：

BookAuthor.java

```
public class BookAuthor implements BookWriter{
   String name;
   BookAuthor(String s) {
      name = s;
   }
```

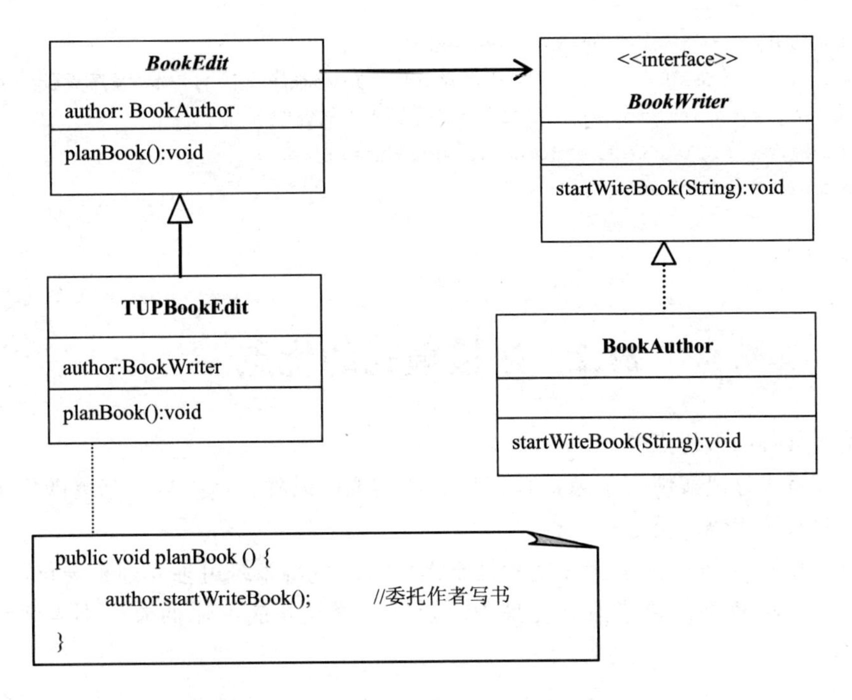

图 21.3 抽象，抽象细化，实现者与具体实现者

```
    public void startWriteBook(String s) {
       System.out.println(name+"编著了:"+s);
    }
    public String getName(){
       return name;
    }
}
```

21.1.2 桥接模式的使用

前面已经使用桥接模式给出了可以使用的类，可以将这些类看做一个小框架，然后就可以使用这个小框架中的类编写应用程序了。

用户应用程序 Application.java 使用了桥接模式中所涉及的类，运行效果如图 21.4 所示。

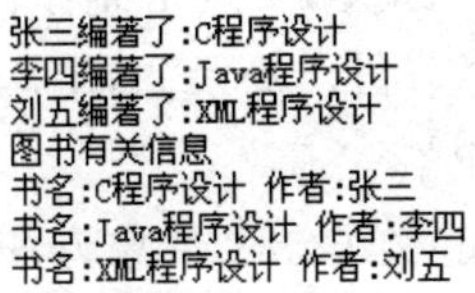

```
张三编著了:C程序设计
李四编著了:Java程序设计
刘五编著了:XML程序设计
图书有关信息
书名:C程序设计 作者:张三
书名:Java程序设计 作者:李四
书名:XML程序设计 作者:刘五
```

图 21.4 程序运行效果

Application.java

```
public class Application{
   public static void main(String args[]) {
```

```
        TUPBookEdit zhang =new TUPBookEdit();
        String seriesBook [] ={"C程序设计","Java程序设计","XML程序设计"};
        String authorName [] ={"张三","李四","刘五"};
        zhang.planBook(seriesBook,authorName);
        zhang.releaseBook();
    }
}
```

21.2 桥接模式的优点

桥接模式具有以下优点：

（1）桥接模式分离实现与抽象，使得抽象和实现可以独立地扩展。当修改实现的代码时，不影响抽象的代码，反之也一样。

（2）满足开闭-原则。抽象和实现者处于同层次，使得系统可独立地扩展这两个层次。增加新的具体实现者不需要修改细化抽象，反之，增加新的细化抽象也不需要修改具体实现。

21.3 适合使用桥接模式的情景

适合使用桥接模式的情景如下：

（1）不想让抽象和某些重要的实现代码是绑定关系，这部分实现可运行时动态决定。

（2）抽象和实现者都可以以继承的方式独立地扩充而互不影响，程序在运行期间可能需要动态地将一个抽象的子类的实例与一个实现者的子类的实例进行组合。

（3）希望对实现者层次代码的修改对抽象层不产生影响，即抽象层的代码不必重新编译，反之亦然。

21.4 举例——模拟电视节目

21.4.1 设计要求

中央电视台有许多频道，比如，CCTV5 负责制作体育节目，CCTV6 负责制作电影节目，但是，CCTV5 只负责编辑体育节目，不负责制作具体的体育类节目，同样，CCTV6 只负责编辑电影节目，不负责拍摄电影。

定义一个 CCTV 抽象类，该类定义了一个抽象方法 playProgram()。请使用桥接模式，将抽象类和它的实现分离，即电视节目中一些重要的制作操作由一个和 CCTV 同层次的接口负责定义。

21.4.2 设计实现

我们设计的和 CCTV 同层次的接口是 Program 接口，整个设计的类图如图 21.5 所示。

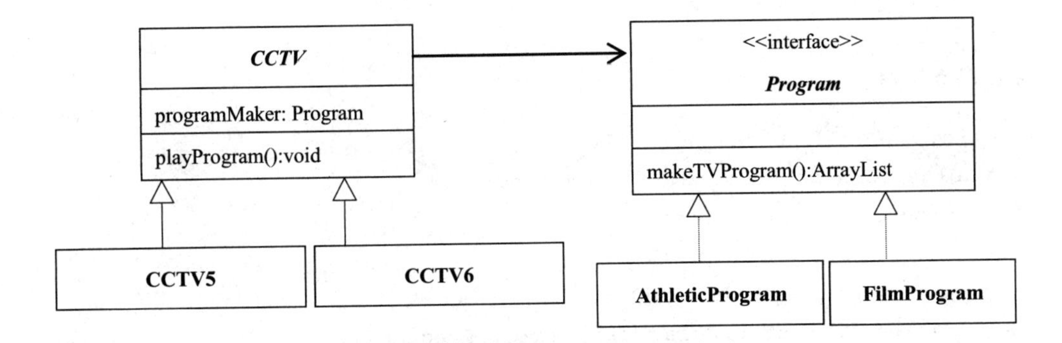

图 21.5 设计的类图

1．抽象（Abstraction）

抽象角色是 CCTV 类，代码如下：

CCTV.java

```
public abstract class CCTV {
   Program  programMaker;
   public abstract void setProgram(Program program);
   public abstract void playProgram();
}
```

2．实现者（Implementor）

对于本问题，实现者是 Program 接口，代码如下：

Program.java

```
public interface Program{
  public String makeTVProgram();
}
```

3．细化抽象（Refined Abstraction）

对于本问题，细化抽象角色是 CCTV5 和 CCTV6 类，CCTV5 和 CCTV6 类的代码如下：

CCTV5.java

```
public class CCTV5 extends CCTV {
   public void setProgram(Program program){
      programMaker =program;
   }
   public void playProgram(){
      String content=programMaker.makeTVProgram();
      System.out.println("播出期间没有广告,");
      System.out.println("现在播出的节目是:");
      System.out.println(content);
   }
}
```

CCTV6.java

```
public class CCTV6 extends CCTV {
   public void setProgram(Program program){
      programMaker=program;
   }
   public void playProgram(){
      String content=programMaker.makeTVProgram();
      System.out.println("播出期间有5分钟广告,");
      System.out.println("现在播出的节目是:");
      System.out.println(content);
   }
}
```

4．具体实现者（Concrete Implementor）

具体实现者是 AthleticProgram 和 FilmProgram 类。AthleticProgram 和 FilmProgram 类的代码如下：

AthleticProgram.java

```
public class AthleticProgram implements Program{
   String content;
   AthleticProgram(String s){
      content = s;
   }
   public String makeTVProgram(){
      System.out.println("这里是按照体育节目的规范制作节目");
      return content;
   }
}
```

FilmProgram.java

```
public class FilmProgram implements Program{
   String content;
   FilmProgram(String s){
      content = s;
   }
   public String makeTVProgram(){
      System.out.println("这里是按照电影节目的规范制作节目");
      return content;
   }
}
```

5. 应用程序

应用程序 Application.java 使用了桥接模式中所涉及的类，运行效果如图 21.6 所示。

```
这里是按照体育节目的规范制作节目
播出期间没有广告,
现在播出的节目是:
天下足球
这里是按照电影节目的规范制作节目
播出期间有5分钟广告,
现在播出的节目是:
美好的记忆
```

图 21.6 运行效果

Application.java

```
public class Application {
   public static void main(String args[]) {
      Program  p=new AthleticProgram("天下足球");
      CCTV tv=new CCTV5();
      tv.setProgram(p);
      tv.playProgram();
      p=new FilmProgram("美好的记忆");
      tv=new CCTV6();
      tv.setProgram(p);
      tv.playProgram();
   }
}
```

第 22 章　工厂方法模式

工厂方法模式（Factory Method，别名虚拟构造）：定义一个用于创建对象的接口，让子类决定实例化哪一个类。工厂方法模式使一个类的实例化延迟到其子类。

工厂方法模式属于创建型模式（见 6.7 节）。

22.1　工厂方法模式的结构与使用

22.1.1　工厂方法模式的结构

工厂方法模式的结构中包括 4 种角色。

（1）抽象产品（Product）：抽象产品是抽象类或接口，负责定义具体产品必须实现的方法。

（2）具体产品（ConcreteProduct）：如果 Product 是一个抽象类，那么具体产品是 Product 的子类；如果 Product 是一个接口，那么具体产品是实现 Product 接口的类。

（3）构造者（Creator）：构造者是一个接口或抽象类。构造者负责定义一个称做工厂方法的抽象方法，该方法返回具体产品类的实例。

（4）具体构造者（ConcreteCreator）：如果构造者是抽象类，具体构造者是构造者的子类；如果构造者是接口，具体构造者是实现构造者的类。具体构造者重写工厂方法使该方法返回具体产品的实例。

工厂方法模式的 UML 类图如图 22.1 所示。

下面通过一个简单的问题来描述桥接模式中所涉及的各个角色。

简单问题：

圆珠笔与笔芯。用户希望自己的圆珠笔能使用不同颜色的笔芯。

1．抽象产品（Product）

得到一个类的子类的实例的最常用的办法就是使用 new 运算符和该子类的构造方法，但是在某些情况下，用户可能不应该或无法使用这种办法来得到一个子类的实例，其原因是系统不允许用户代码和该类的子类形成耦合或者用户不知道到该类有哪些子类可用。

当系统准备为用户提供某个类的子类的实例，又不想让用户代码和该子类形成耦合时，就可以使用工厂方法模式来设计系统。工厂方法模式的关键是在一个接口或抽象类中定义一个抽象方法，该方法要求返回某个类的子类的实例。

对于上述简单问题，用户的圆珠笔希望使用各种颜色的笔芯，因此这里抽象产品（Product）角色是名字为 PenCore 的抽象类，该类的不同子类可以提供相应颜色的笔芯。PenCore 类的 UML 类图如图 22.2 所示。PenCore 类的代码如下：

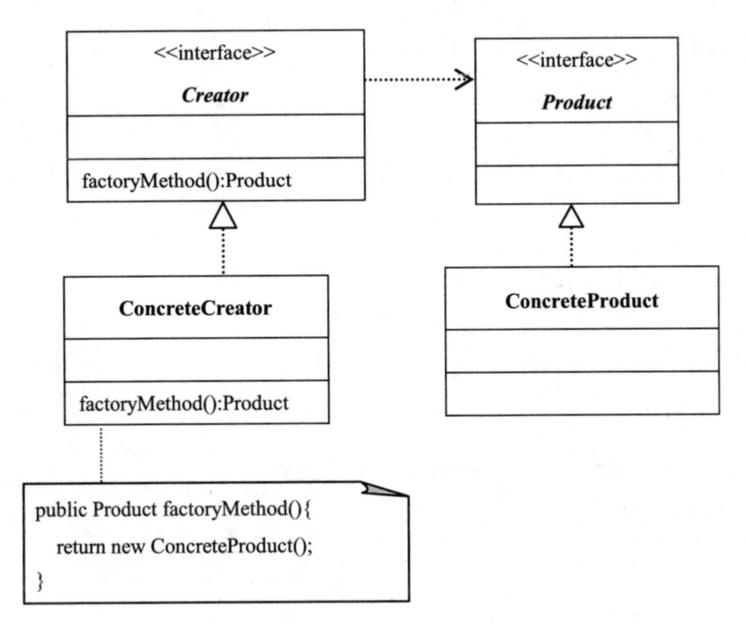

图 22.1　工厂方法模式的类图

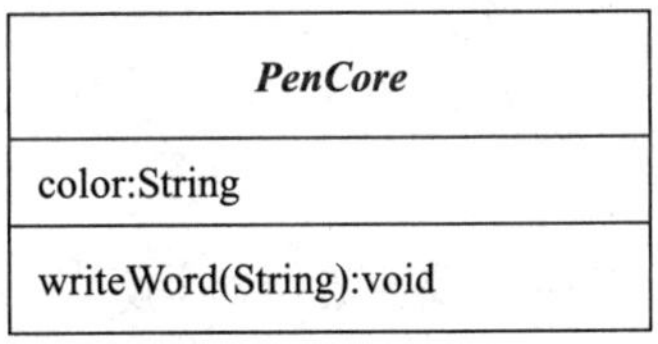

PenCore

color:String

writeWord(String):void

图 22.2　抽象产品

PenCore.java

```
public abstract class PenCore{
  String color;
  public abstract void writeWord(String s);
}
```

2. 具体产品（ConcreteProduct）

RedPenCore、BluePenCore 和 BlackPenCore 类是 3 个具体产品角色，代码如下：

RedPenCore.java

```
public class RedPenCore extends PenCore{
    RedPenCore(){
      color="红色";
    }
    public void writeWord(String s){
       System.out.println("写出"+color+"的字:"+s);
    }
}
```

BluePenCore.java

```
public class BluePenCore extends PenCore{
   BluePenCore(){
     color="蓝色";
   }
   public void writeWord(String s){
      System.out.println("写出"+color+"的字:"+s);
   }
}
```

BlackPenCore.java

```
public class BlackPenCore extends PenCore{
   BlackPenCore(){
     color="黑色";
   }
   public void writeWord(String s){
      System.out.println("写出"+color+"的字:"+s);
   }
}
```

3．构造者（Creator）

构造者（Creator）角色是一个接口或抽象类。构造者负责定义一个称做工厂方法的抽象方法，该方法要求返回具体产品类的实例。对于上述简单问题，构造者（Creator）角色是名字为 CreatorPenCore 的抽象类，PenCoreCreator 的代码如下：

PenCoreCreator.java

```
public abstract class PenCoreCreator{
   public abstract PenCore getPenCore(); //工厂方法
}
```

4．具体构造者（ConcreteCreator）

具体构造者重写工厂方法使该方法返回具体产品的实例。对于上述简单问题，RedCoreCreator、BlueCoreCreator 和 BlackCoreCreator 类是具体构造者角色，这 3 个类和构造者、产品以及具体产品形成的 UML 图如图 22.3 所示，代码如下：

RedCoreCreator.java

```
public class RedCoreCreator extends PenCoreCreator{
   public PenCore getPenCore() { //重写工厂方法
      return new RedPenCore();
   }
}
```

BlueCoreCreator.java

```
public class BlueCoreCreator extends PenCoreCreator{
```

```
    public PenCore getPenCore() { //重写工厂方法
      return new BluePenCore();
    }
}
```

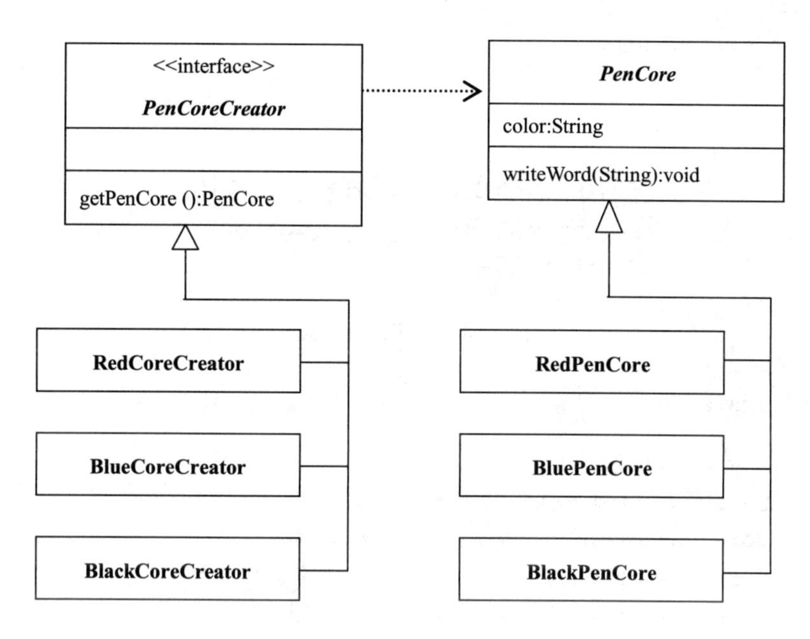

图 22.3　构造者、具体构造者、产品与具体产品

BlackCoreCreator.java

```
public class BlackPenCore extends PenCore{
    BlackPenCore(){
      color="黑色";
    }
    public void writeWord(String s){
       System.out.println("写出"+color+"的字:"+s);
    }
}
```

22.1.2　工厂方法模式的使用

前面已经使用工厂方法模式给出了可以使用的类，可以将这些类看做一个小框架，然后就可以使用这个小框架中的类编写应用程序了。

应用程序在使用工厂模式时，只和抽象产品、构造者以及具体构造者打交道，用户只需了解抽象产品有哪些方法即可，不需要知道有哪些具体产品。用户应用程序Application.java 的圆珠笔（BallPen）使用工厂方法得到笔芯。运行效果如图 22.4 所示。

BallPen.java

```
public class BallPen{
   PenCore core;
```

```
    public void usePenCore(PenCore core){
        this.core=core;
    }
    public void write(String s) {
        core.writeWord(s);
    }
}
```

```
写出红色的字:你好,很高兴认识你
写出蓝色的字:nice to meet you
写出黑色的字:how are you
```

图 22.4　程序运行效果

Application.java

```
public class Application{
    public static void main(String args[]){
        PenCore penCore;                      //笔芯
        PenCoreCreator creator;               //笔芯构造者
        BallPen ballPen=new BallPen();        //圆珠笔
        creator=new RedCoreCreator();
        penCore= creator.getPenCore();        //使用工厂方法返回笔芯
        ballPen.usePenCore(penCore);
        ballPen.write("你好,很高兴认识你");
        creator=new BlueCoreCreator();
        penCore= creator.getPenCore();
        ballPen.usePenCore(penCore);
        ballPen.write("nice to meet you");
        creator=new BlackCoreCreator();
        penCore= creator.getPenCore();
        ballPen.usePenCore(penCore);
        ballPen.write("how are you");
    }
}
```

22.2　工厂方法模式的优点

工厂方法模式以下优点：

（1）使用工厂方法可以让用户的代码和某个特定类的子类的代码解耦。

（2）工厂方法使用户不必知道它所使用的对象是怎样被创建的，只需知道该对象有哪些方法即可。

22.3　适合使用工厂方法模式的情景

适合使用工厂方法模式的情景如下：

（1）用户需要一个类的子类的实例，但不希望该类的子类形成耦合。

（2）用户需要一个类的子类的实例，但用户不知道到该类有哪些子类可用。

22.4　举例——药品

22.4.1　设计要求

系统目前已经按照有关药品的规定设计了一个抽象类 Drug，该抽象类特别规定了所创建的药品必须给出药品的成分及其含量。Drug 目前有两个子类：Paracetamol 和 Amorolfine。Paracetamol 子类负责创建氨加黄敏一类的药品；Amorolfine 子类负责创建盐酸阿莫罗芬一类的药品。

一个为某药店开发的应用程序需要使用 Drug 类的某个子类的实例为用户提供药品，但是药店的应用程序不能使用 Drug 的子类的构造方法直接创建对象，因为药店没有能力给出药品的各个成分的含量，只有药厂才有这样的能力。

请使用工厂方法模式为已有系统编写一个抽象类，并在其中定义工厂方法，该工厂方法返回 Drug 类的子类的实例。

22.4.2　设计实现

使用工厂模式为已有的系统添加构造者模块。设计的类图如图 22.5 所示。

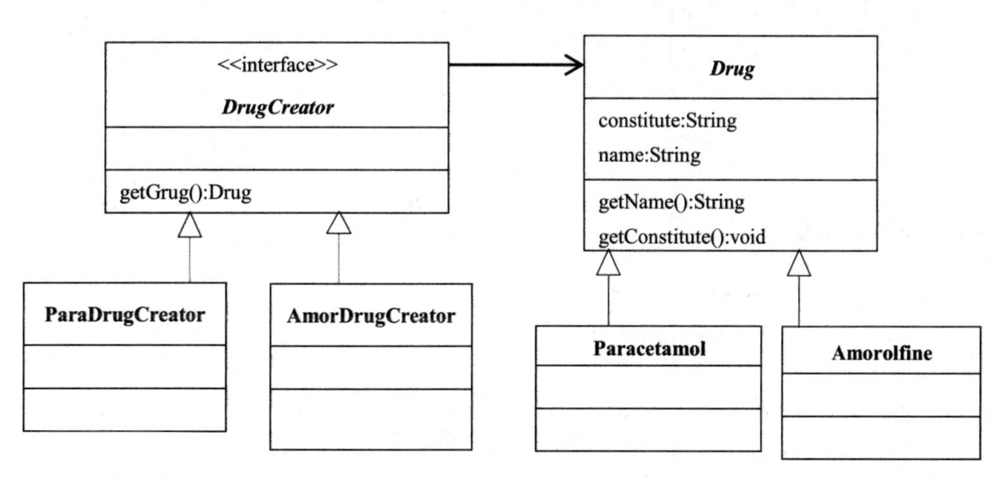

图 22.5　设计的类图

1．抽象产品

按照工厂方法模式，Drug 类是工厂方法模式中的抽象产品角色，Drug 类的代码如下：

Drug.java

```
public abstract class Drug{
  String constitute;
  String name;
  public String getName(){
    return name;
  }
  public String getConstitute(){
    return constitute;
  }
}
```

2. 具体产品

按照工厂方法模式，Paracetamol类和Amorolfine类是两个具体产品角色，代码如下：

Paracetamol.java

```
public class Paracetamol extends Drug{
  String part1="每粒含乙酰氨基酚";
  String part2="每粒含咖啡因";
  String part3="每粒含人工牛黄";
  String part4="每粒含马来酸氯苯";
  public Paracetamol(String name,int [] a){
    this.name=name;
    part1=part1+":"+a[0]+"毫克\n";
    part2=part2+":"+a[1]+"毫克\n";
    part3=part3+":"+a[2]+"毫克\n";
    part4=part4+":"+a[3]+"毫克\n";
    constitute=part1+part2+part3+part4;
  }
}
```

Amorolfine.java

```
public class Amorolfine extends Drug{
  String part1="每粒含甲硝唑";
  String part2="每粒含人工牛黄";
  public Amorolfine(String name,int [] a){
    this.name=name;
    part1=part1+":"+a[0]+"毫克\n";
    part2=part2+":"+a[1]+"毫克\n";
    constitute=part1+part2;
  }
}
```

3. 构造者（Creator）

按照工厂方法模式，我们编写了担当构造者角色的接口：DrugCreator，代码如下：

DrugCreator.java

```
public interface DrugCreator{
  public abstract Drug getDrug(); //工厂方法
}
```

4. 具体构造者（ConcreteCreator）

按照工厂方法模式，ParaDrugCreator 类和 AmorDrugCreator 类是两个具体构造者角色，代码如下：

ParaDrugCreator.java

```
public class ParaDrugCreator implements DrugCreator{
   public Drug getDrug(){
      int [] a={250,15,1,10};
      Drug drug=new Paracetamol("氨加黄敏胶囊",a);
      return drug;
   }
}
```

AmorDrugCreator.java

```
public class AmorDrugCreator implements DrugCreator{
  public Drug getDrug(){
     int [] a={200,5};
     Drug drug=new Amorolfine("甲硝唑胶囊",a);
     return drug;
  }
}
```

5. 应用程序

应用程序 Appletcation.java 使用了上述工厂模式中所涉及的抽象产品、构造者以及具体构造者，即使用具体构造者为用户提供药品，运行效果如图 22.6 所示。

Application.java

```
import java.util.*;
public class Application{
  public static void main(String args[]){
     DrugCreator creator=new ParaDrugCreator();
     Drug drug=creator.getDrug();
     System.out.println(drug.getName()+"的成分:");
     System.out.println(drug.getConstitute());
```

```
        creator=new AmorDrugCreator();
        drug=creator.getDrug();
        System.out.println(drug.getName()+"的成分:");
        System.out.println(drug.getConstitute());
    }
}
```

```
氨加黄敏胶囊的成分:
每粒含乙酰氨基酚:250毫克
每粒含咖啡因:15毫克
每粒含人工牛黄:1毫克
每粒含马来酸氯苯:10毫克

甲硝唑胶囊的成分:
每粒含甲硝唑:200毫克
每粒含人工牛黄:5毫克
```

图 22.6　程序运行效果

第23章 抽象工厂模式

抽象工厂模式（别名配套）：提供一个创建一系列或相互依赖对象的接口，而无须指定它们具体的类。

抽象工厂模式属于创建型模式（见6.7节）。

23.1 抽象工厂模式的结构与使用

23.1.1 抽象工厂模式的结构

抽象工厂模式的结构中包括4种角色。

（1）抽象产品（Product）：抽象产品是一个抽象类或接口，负责定义具体产品必须实现的方法。

（2）具体产品（ConcreteProduct）：具体产品是一个类，如果Product是一个抽象类，那么具体产品是Product的子类；如果Product是一个接口，那么具体产品是实现Product接口的类。

（3）抽象工厂（AbstractFactory）：抽象工厂是一个接口或抽象类，负责定义若干个抽象方法。

（4）具体工厂（ConcreteFactory）：如果抽象工厂是抽象类，具体工厂是抽象工厂的子类；如果抽象工厂是接口，具体工厂是实现工厂的类。具体工厂重写抽象工厂中的抽象方法，使该方法返回具体产品的实例。

抽象工厂模式的UML类图如图23.1所示。

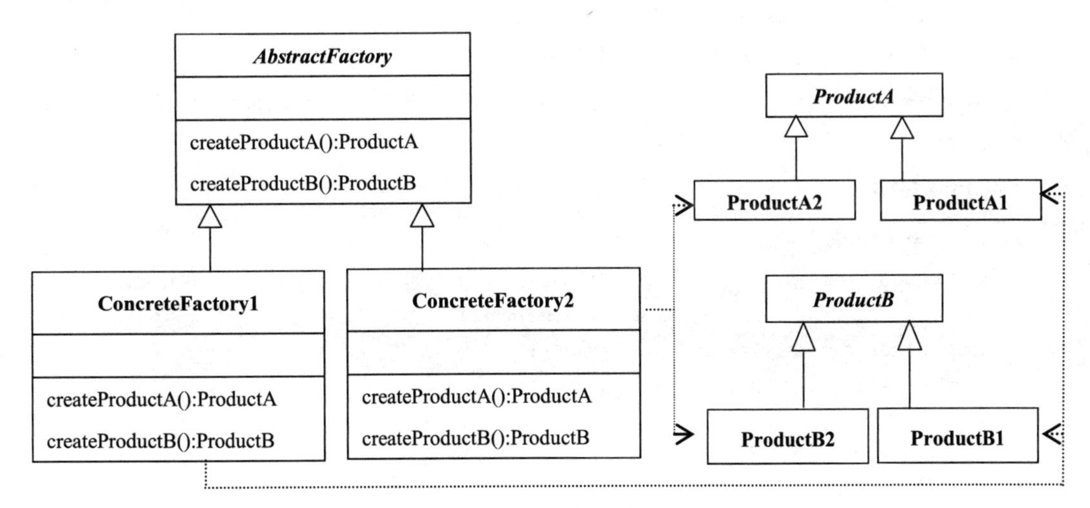

图23.1 抽象工厂模式的类图

抽象工厂模式中使用了工厂方法模式，其目的是有利于用户创建一系列相关的对象，而无须知道创建这些对象的具体的类。下面通过一个简单的问题来描述抽象工厂模式中所涉及的各个角色。

简单问题：

兵工厂与枪械、子弹。要为士兵（用户）提供机关枪、手枪以及相应的子弹，但不希望由士兵（用户）来生产机关枪、手枪及相应的子弹，应当由专门的兵工厂负责配套生产，即有一个专门负责生产机关枪、机关枪子弹的工厂和一个专门负责生产手枪、手枪子弹的工厂。

上述简单问题的示意图如图 23.2 所示。

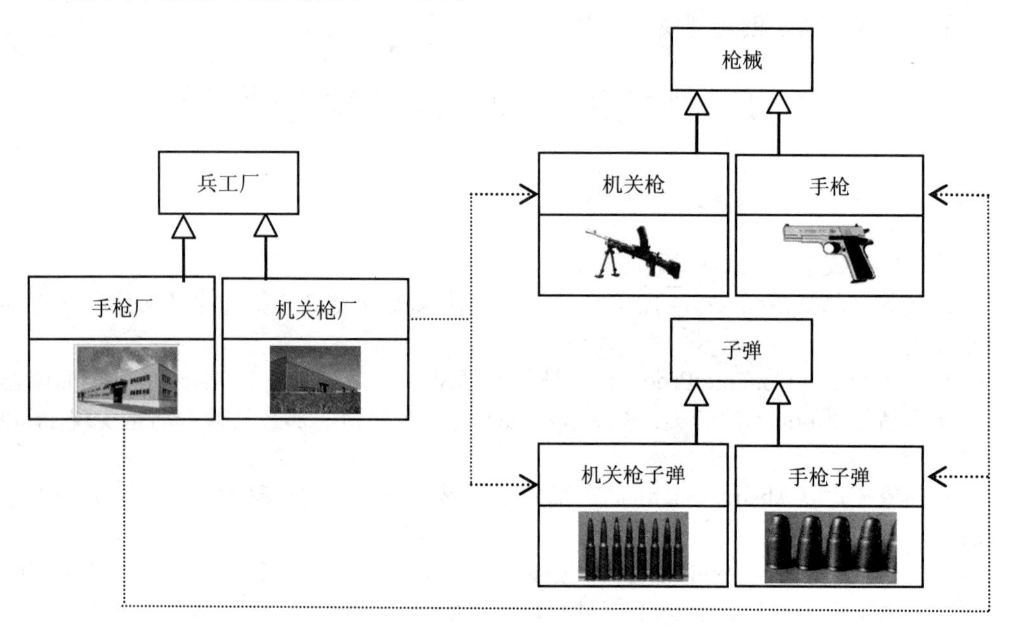

图 23.2　兵工厂与枪械、子弹

1．抽象产品（Product）

对于上述简单问题，抽象产品角色涉及两个类：Weapon 类和 Bullet 类（相当于图 23.1 中的 ProductA 类与 ProductB 类），分别用来表示枪械和子弹。Weapon 和 Bullet 的代码如下：

Weapon.java

```
public abstract class Weapon{
   public abstract int getWeaponWeight();
   public abstract int getShootDistance();
   public abstract String getType();
   public abstract void weaponMakeLine();
}
```

Bullet.java

```
public abstract class Bullet{
```

```
  public abstract int getBulletWeight();
  public abstract int getBulletLength();
  public abstract int getBulletRidus();
  public abstract String getType();
  public abstract void bulletMakeLine();
}
```

2．具体产品（ConcreteProduct）

具体产品有 4 个类：JiQiang（机关枪）、ShouQiang（手枪）、JiQianBullet 和 ShouQiangBullet。这 4 个类的代码如下：

JiQiang.java

```
public class JiQiang extends Weapon{
  int weight=0,shootDistance=1;
  String type;
  JiQiang() {
    weaponMakeLine();
  }
  public int getWeaponWeight(){
    return weight;
  }
  public int getShootDistance(){
    return shootDistance;
  }
  public String getType(){
    return type;
  }
  public void weaponMakeLine(){
    System.out.println("机关枪是使用JG862生产线生产的.");
    int i=0;
    for(i=0;i<862;i++) {   //模拟生产过程
       if(shootDistance>=862)
         break;
       shootDistance +=i;
    }
    weight = shootDistance/i;
    type = "JG862型机枪";
  }
}
```

ShouQiang.java

```
public class ShouQiang extends Weapon{
  int weight=0,shootDistance=1;
  String type;
  ShouQiang() {
```

```
        weaponMakeLine();
    }
    public int getWeaponWeight(){
        return weight;
    }
    public int getShootDistance(){
        return shootDistance;
    }
    public String getType(){
        return type;
    }
    public void weaponMakeLine(){
        System.out.println("手枪是使用Z98Q生产线生产的.");
        int i=1;
        for(;i<98;i++) {             //模拟生产过程
            if(shootDistance>=98)
                break;
            if(i%2==0)
             shootDistance+=i;
        }
        weight = shootDistance/(i+20);
        type = "Z98Q型手枪";
    }
}
```

JiQiangBullet.java

```
public class JiQiangBullet extends Bullet{
    int weight,length,radius;
    String type;
    JiQiangBullet() {
      bulletMakeLine();
    }
    public int getBulletWeight(){
        return weight;
    }
    public int getBulletLength(){
        return length;
    }
    public int getBulletRidus(){
        return radius;
    }
    public String getType(){
        return type;
    }
    public void bulletMakeLine(){
```

```
        System.out.println("子弹是使用Dan28生产线生产的.");
        int m=1000;
        while(true) {           //模拟生产过程
           m-=1;
           if(m<=28) break;
        }
        radius = m;
        length = 70;
        weight = (int)(3.14*radius*radius)/5;
        type = "28口径机枪子弹";
    }
}
```

ShouQiangBullet.java

```
public class ShouQiangBullet extends Bullet{
   int weight,length,radius;
   String type;
   ShouQiangBullet() {
      bulletMakeLine();
   }
   public int getBulletWeight(){
      return weight;
   }
   public int getBulletLength(){
      return length;
   }
   public int getBulletRidus(){
      return radius;
   }
   public String getType(){
      return type;
   }
   public void bulletMakeLine(){
      System.out.println("子弹是使用Dan15生产线生产的.");
      double sum=0,item=1;
      while(true) {           //模拟生产过程
         sum=sum+item;
         item=1/(item+1);
         if(sum>=15) break;
      }
      radius = (int)sum;
      weight = (int)(3.14*radius*radius)/2;
      length = 30;
      type = "15口径手枪子弹";
```

```
    }
}
```

3．抽象工厂（AbstractFactory）

担当抽象工厂角色的类是 TroopFactory，代码如下：

ClothesFactory.java

```
public abstract class TroopFactory{
    public abstract Weapon createWeapon();
    public abstract Bullet createBullet();
}
```

4．具体工厂（ConcreteFactory）

有两个具体工厂，分别是 JiQiangFactory 类（机枪厂）和 ShouQiangFactory 类，代码如下：

JiQiangFactory.java

```
public class JiQiangFactory extends TroopFactory{
   public Weapon createWeapon(){
      return new JiQiang();
   }
   public Bullet createBullet(){
      return new JiQiangBullet();
   }
}
```

ShouQiangFactory.java

```
public class ShouQiangFactory extends TroopFactory{
   public Weapon createWeapon(){
      return new ShouQiang();
   }
   public Bullet createBullet(){
      return new ShouQiangBullet();
   }
}
```

23.1.2　抽象工厂模式的使用

前面已经使用抽象工厂模式给出了可以使用的类，可以将这些类看做一个小框架，然后就可以使用这个小框架中的类编写应用程序了。

应用程序在使用抽象工厂模式时，只和抽象产品、抽象工厂以及具体工厂打交道，用户只需了解抽象产品有哪些方法即可，不需要知道有哪些具体产品。下列应用程序 Application.java 使用了抽象工厂模式中所涉及的抽象产品、抽象工厂为用户提供枪支、子弹，运行效果如图 23.3 所示。

```
机关是使用JG862生产线生产的.
子弹是使用Dan28生产线生产的.
JG862型机枪 枪重20千克 射程862米
28口径机枪子弹弹重492克 弹长70毫米 弹径28毫米
手枪是使用Z98Q生产线生产的.
子弹是使用Dan15生产线生产的.
Z98Q型手枪 枪重2千克 射程111米
15口径手枪子弹弹重353克 弹长30毫米 弹径15毫米
```

图 23.3 程序运行效果

Application.java

```java
public class Application{
  public static void main(String args[]){
    TroopFactory factory =new JiQiangFactory();          //机枪厂
    Weapon gun = factory.createWeapon();
    Bullet bullet = factory.createBullet();
    System.out.print(gun.getType());
    System.out.print(" 枪重"+gun.getWeaponWeight()+"千克 ");
    System.out.println("射程"+gun.getShootDistance()+"米 ");
    System.out.print(bullet.getType());
    System.out.print("弹重"+bullet.getBulletWeight()+"克 ");
    System.out.print("弹长"+bullet.getBulletLength()+"毫米 ");
    System.out.println("弹径"+bullet.getBulletRidus()+"毫米 ");
    factory =new ShouQiangFactory();                     //手枪厂
    gun = factory.createWeapon();
    bullet = factory.createBullet();
    System.out.print(gun.getType());
    System.out.print(" 枪重"+gun.getWeaponWeight()+"千克 ");
    System.out.println("射程"+gun.getShootDistance()+"米 ");
    System.out.print(bullet.getType());
    System.out.print("弹重"+bullet.getBulletWeight()+"克 ");
    System.out.print("弹长"+bullet.getBulletLength()+"毫米 ");
    System.out.println("弹径"+bullet.getBulletRidus()+"毫米 ");
  }
}
```

23.2 工厂方法模式的优点

工厂方法模式具有以下优点：

（1）抽象工厂模式可以为用户创建一系列相关的对象，使得用户和创建这些对象的类脱耦。

（2）使用抽象工厂模式可以方便地为用户配置一系列对象。用户使用不同的具体工厂就能得到一组相关的对象，同时也能避免用户混用不同系列中的对象。

（3）在抽象工厂模式中，可以随时增加“具体工厂”为用户提供一组相关的对象。

23.3 适合使用抽象工厂模式的情景

适合使用抽象工厂模式的情景如下：

（1）系统需要为用户提供多个对象，但不希望用户直接使用 new 运算符实例化这些对象，即希望用户和创建对象的类脱耦。

（2）系统需要为用户提供多个相关的对象，以便用户联合使用它们，但又不希望用户来决定这些对象是如何关联的。

（3）系统需要为用户提供一系列对象，但只需要用户知道这些对象有哪些方法可用，不需要用户知道这些对象的创建过程。

23.4 举例——商店与西服、牛仔服

23.4.1 设计要求

编写程序模拟商店销售西服和牛仔服。要求用抽象工厂模式给出一个框架，用户（商店）可以使用框架中的类获得西服和牛仔服。

23.4.2 设计实现

使用抽象工厂模式设计用户需要的类。

1．抽象产品（Product）

抽象产品角色涉及两个类：UpperClothes 类和 Trousers 类（相当于图 23.1 中的 ProductA 类与 ProductB 类），分别用来刻画衣服的上装和下装。UpperClothes 类和 Trousers 类的代码如下：

UpperClothes.java

```
public abstract class UpperClothes{
   public abstract int getChestSize();
   public abstract int getHeight();
   public abstract String getName();
}
```

Trousers.java

```
public abstract class Trousers{
   public abstract int getWaistSize();
   public abstract int getHeight();
   public abstract String getName();
```

```
}
```

2．具体产品（ConcreteProduct）

具体产品有 4 个类：WesternUpperClothes、CowboyUpperClothes（西装上衣和牛仔上衣，相当于图 23.1 中的 ProductA1 与 ProductA2）、WesternTrousers 和 CowboyTrousers（西裤和牛仔裤，相当于图 23.1 中的 ProductB1 与 ProductB2）。其中，WesternUpperClothes 和 CowboyUpperClothes 是 UpperClothes 类的子类；WesternTrousers 和 CowboyTrousers 是 Trousers 类的子类。这 4 个具体产品类的代码如下：

WesternUpperClothes.java

```java
public class WesternUpperClothes extends UpperClothes{
   private int chestSize;
   private int height;
   private String name;
   WesternUpperClothes(String name,int chestSize,int height){
      this.name=name;
      this.chestSize=chestSize;
      this.height=height;
   }
   public int getChestSize(){
      return chestSize;
   }
   public int getHeight(){
      return height;
   }
   public String getName(){
      return name;
   }
}
```

CowboyUpperClothes.java

```java
public class CowboyUpperClothes extends UpperClothes{
   private int chestSize;
   private int height;
   private String name;
   CowboyUpperClothes(String name,int chestSize,int height){
      this.name=name;
      this.chestSize=chestSize;
      this.height=height;
   }
   public int getChestSize(){
      return chestSize;
   }
   public int getHeight(){
```

```
        return height;
    }
    public String getName(){
        return name;
    }
}
```

WesternTrousers.java

```
public class WesternTrousers extends Trousers{
    private int waistSize;
    private int height;
    private String name;
    WesternTrousers(String name,int waistSize,int height){
        this.name=name;
        this.waistSize=waistSize;
        this.height=height;
    }
    public int getWaistSize(){
        return waistSize;
    }
    public int getHeight(){
        return height;
    }
    public String getName(){
        return name;
    }
}
```

CowboyTrousers.java

```
public class CowboyTrousers extends Trousers{
    private int waistSize;
    private int height;
    private String name;
    CowboyTrousers(String name,int waistSize,int height){
        this.name=name;
        this.waistSize=waistSize;
        this.height=height;
    }
    public int getWaistSize(){
        return waistSize;
    }
    public int getHeight(){
        return height;
    }
```

```
    public String getName(){
        return name;
    }
}
```

3．抽象工厂（AbstractFactory）

担当抽象工厂角色的类是 ClothesFactory，代码如下：

ClothesFactory.java

```
public abstract class ClothesFactory{
    public abstract UpperClothes createUpperClothes(int chestSize,int
    height);
    public abstract Trousers createTrousers(int waistSize,int height);
}
```

4．具体工厂（ConcreteFactory）

有两个具体工厂，分别是 BeijingClothesFactory 类（负责制作西装套装，相当于图 23.1 中的 ConcreteFactory1）和 ShanghaiClothesFactory 类（负责制作牛仔套装，相当于图 23.1 中的 ConcreteFactory2），代码如下：

BeijingClothesFactory.java

```
public class BeijingClothesFactory extends ClothesFactory {
    public UpperClothes createUpperClothes(int chestSize,int height){
        return new WesternUpperClothes("北京牌西服上衣",chestSize,height);
    }
    public Trousers createTrousers(int waistSize,int height){
        return new WesternTrousers("北京牌西服裤子",waistSize,height);
    }
}
```

ShanghaiClothesFactory.java

```
public class ShanghaiClothesFactory extends ClothesFactory {
    public UpperClothes createUpperClothes(int chestSize,int height){
        return new WesternUpperClothes("上海牌牛仔上衣",chestSize,height);
    }
    public Trousers createTrousers(int waistSize,int height){
        return new WesternTrousers("上海牌牛仔裤",waistSize,height);
    }
}
```

23.4.3 模式的使用

前面已经使用抽象工厂模式给出了可以使用的类，可以将这些类看做一个小框架。

下列应用程序中有两个类：一个是 Shop.java；另一个是 Application.java。应用程序使用按照抽象工厂模式给出的小框架中的类得到西服套装和牛仔套装，运行效果如图 23.4

所示。

```
<套装信息>
北京牌西服上衣:
胸围:110 身高:170
北京牌西服裤子:
腰围:82 身高:170
<套装信息>
上海牌牛仔上衣:
胸围:120 身高:180
上海牌牛仔裤:
腰围:88 身高:180
```

图 23.4 程序运行效果

Shop.java

```
public class Shop{
   UpperClothes cloth;
   Trousers trouser;
   public void giveSuit(ClothesFactory factory,int chestSize,
                                   int waistSize,int height){
      cloth=factory.createUpperClothes(chestSize,height);
      trouser=factory.createTrousers(waistSize,height);
      showMess();
   }
   private void showMess(){
      System.out.println("<套装信息>");
      System.out.println(cloth.getName()+":");
      System.out.print("胸围:"+cloth.getChestSize());
      System.out.println(" 身高:"+cloth.getHeight());
      System.out.println(trouser.getName()+":");
      System.out.print("腰围:"+trouser.getWaistSize());
      System.out.println(" 身高:"+trouser.getHeight());
   }
}
```

Application.java

```
public class Application{
   public static void main(String args[]){
      Shop shop=new Shop();
      ClothesFactory factory=new BeijingClothesFactory();
      shop.giveSuit(factory,110,82,170);
      factory=new ShanghaiClothesFactory();
      shop.giveSuit(factory,120,88,180);
   }
}
```

第 24 章　生成器模式

生成器模式：将一个复杂对象的构建与它的表示分离，使得同样的构建过程可以创建不同的表示。

生成器模式属于创建型模式（见 6.7 节）。

24.1　生成器模式的结构与使用

24.1.1　生成器模式的结构

生成器模式的结构中包括 4 种角色。

（1）产品（Product）：产品是具体生成器要构造的复杂对象。

（2）抽象生成器（Builder）：抽象生成器是一个接口，该接口除了为创建一个 Product 对象的各个组件定义了若干个方法外，还要定义返回 Product 对象的方法。

（3）具体生成器（ConcreteBuilder）：具体生成器是实现 Builder 接口的类，具体生成器将实现 Builder 接口所定义的方法。

（4）指挥者（Director）：指挥者是一个类，该类需含有 Builder 接口声明的变量。指挥者的职责是负责向用户提供具体生成器，即指挥者将请求具体生成器来构造用户所需要的 Product 对象，如果所请求的具体生成器成功地构造出 Product 对象，指挥者就可以让该具体生成器返回所构造的 Product 对象。

生成器模式的 UML 类图如图 24.1 所示。

下面通过一个简单的问题来描述生成器模式中所涉及的各个角色。

简单问题：

创建含有按钮、标签和文本框组件的容器。不同用户对容器有不同的要求，比如，某些用户希望容器中只含有按钮和标签（不含有文本框），某些用户希望容器只含有按钮和文本框（不含有标签）等。另外，用户对组件在容器中的顺序位置也有不同的要求，比如，某些用户要求组件在容器中从左至右的排列顺序是按钮、标签、文本框，而某些用户要求从左至右的排列顺序是标签、文本框、按钮等。

1．产品（Product）

如果一个类中有若干个成员变量是其他类声明的对象，那么该类创建的对象就可以包含若干个其他对象作为其成员。习惯上把一个对象中的成员对象也称做它的组件。显然，如果一个对象由很多组件所构成，我们无法在构造方法中进行硬编码来满足各种用户对组件结构的要求。

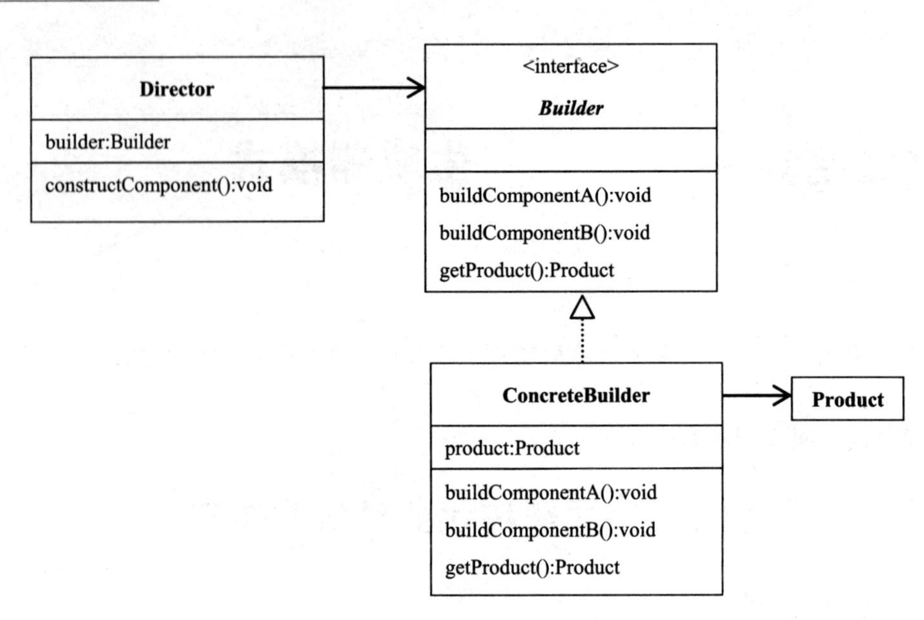

图 24.1　生成器模式的类图

对于上述简单问题，我们不能在容器的构造方法中编写有关创建按钮、标签和文本框的代码，也不能编写排列这些组件位置的代码。

产品（Product）角色是具体生成器要构造的复杂对象，在本问题中，就是容器。这里产品角色是名字为 PanelProduct 的类（图 24.1 中的 Product 角色），代码如下：

PanelProduct.java

```
import javax.swing.*;
public class PanelProduct extends JPanel{
   JButton button;
   JLabel label;
   JTextField  textField;
}
```

2．抽象生成器（Builder）

抽象生成器是 Builder 接口（图 24.1 中的 Builder 角色），代码如下：

Builder.java

```
public interface Builder{
   public abstract void buildButton();
   public abstract void buildLabel();
   public abstract void buildTextField();
   public abstract javax.swing.JPanel getPanel();
}
```

3．具体生成器（ConcreteBuilder）

具体生成器是实现 Builder 接口的类，对于上述简单问题有两个具体生成器：

ConcreteBuilderOne 类与 ConcreteBuilderTwo 类，代码如下：

ConcreteBuilderOne.java

```
import javax.swing.*;
public class ConcreteBuilderOne implements Builder{
  private PanelProduct panel;        //需要创建的容器
  ConcreteBuilderOne(){
    panel=new PanelProduct();
  }
  public void buildButton(){
    JButton b=new JButton("按钮"); //与ConcreteBuilderTwo的不同
    b.setIcon(new ImageIcon("a.jpg"));
    b.setHorizontalTextPosition(SwingConstants.LEFT);
    b.setHorizontalAlignment(SwingConstants.CENTER);
    b.setRolloverEnabled(true);
    b.setRolloverIcon(new ImageIcon("b.jpg"));
    panel.button=b;
  }
  public void buildLabel(){
    panel.label=new JLabel("标签");
  }
  public void buildTextField(){
    panel.textField=new JTextField("文本框");
  }
  public JPanel  getPanel(){
    panel.add(panel.button); //与ConcreteBuilderTwo添加组件的顺序的不同
    panel.add(panel.label);
    panel.add(panel.textField);
    return panel;
 }
}
```

ConcreteBuilderTwo.java

```
import javax.swing.*;
public class ConcreteBuilderTwo implements Builder{
  private PanelProduct panel;        //需要创建的容器
  ConcreteBuilderTwo(){
    panel=new PanelProduct();
  }
  public void buildButton(){
    panel.button=new JButton("button");
  }
  public void buildLabel(){
    panel.label=new JLabel("label");
  }
```

```
    public void buildTextField(){ //与ConcreteBuilderOne的不同
      JTextField text=new JTextField("hello");
      text.setHorizontalAlignment(JTextField.RIGHT);
      text.setSelectionColor(java.awt.Color.blue);
      panel.textField=text;
    }
    public JPanel  getPanel(){
      panel.add(panel.textField);//与ConcreteBuilderOne添加组件的顺序的不同
      panel.add(panel.label);
      panel.add(panel.button);
      return panel;
    }
}
```

4．指挥者（Director）

指挥者是 Director 类，代码如下：

Director.java

```
import javax.swing.*;
public class Director{
    private Builder builder;
    Director(Builder builder){
      this.builder=builder;
    }
    public JPanel constructProduct(){
      builder.buildButton();
      builder.buildLabel();
      builder.buildTextField();
      JPanel product=builder.getPanel();
      return product;
    }
}
```

24.1.2 生成器模式的使用

前面已经使用生成器模式给出了可以使用的类，可以将这些类看做一个小框架，然后就可以使用这个小框架中的类编写应用程序了。

应用程序将使用模式中的指挥角色创建一个“指挥者”对象，并将一个具体生成器传递给指挥者，指挥者请求具体生成器开始构造用户所需要的 PanelProduct 对象，如果该具体生成器成功地构造出 PanelProduct 对象，指挥者就可以请求具体生成器返回这个 PanelProduct 对象。下列应用程序 Application.java 分别使用 ConcreteBuilderOne 和 ConcreteBuilderTwo 生成器构造 PanelProduct 容器，运行效果如图 24.2 所示。

图 24.2　运行效果

Application.java

```
import javax.swing.*;
public class Application{
   public static void main(String args[]){
      Builder builder=new ConcreteBuilderOne();
      Director director=new Director(builder);
      JPanel panel=director.constructProduct();
      JFrame frameOne=new JFrame();
      frameOne.add(panel);
      frameOne.setBounds(12,12,200,120);
      frameOne.setDefaultCloseOperation(JFrame.DISPOSE_ON_CLOSE);
      frameOne.setVisible(true);
      builder=new ConcreteBuilderTwo();
      director=new Director(builder);
      panel=director.constructProduct();
      JFrame frameTwo=new JFrame();
      frameTwo.add(panel);
      frameTwo.setBounds(212,12,200,120);
      frameTwo.setDefaultCloseOperation(JFrame.DISPOSE_ON_CLOSE);
      frameTwo.setVisible(true);
   }
}
```

24.2　生成器模式的优点

生成器模式具有以下优点：

（1）生成器模式将对象的构造过程封装在具体生成器中，用户使用不同的具体生成器就可以得到该对象的不同表示。

（2）生成器模式将对象的构造过程从创建该对象的类中分离出来，使得用户无须了解该对象的具体组件。

（3）可以更加精细有效地控制对象的构造过程。生成器将对象的构造过程分解成若干步骤，这就使得程序可以更加精细，有效地控制整个对象的构造。

（4）生成器模式将对象的构造过程与创建该对象的类解耦，使得对象的创建更加灵活有弹性。

（5）当增加新的具体生成器时，不必修改指挥者的代码，即该模式满足开-闭原则。

24.3　适合使用生成器模式的情景

适合使用生成器模式的情景如下：

（1）当系统准备为用户提供一个内部结构复杂的对象，而且在构造方法中编写创建该对象的代码无法满足用户需求时，就可以使用生成器模式来构造这样的对象。

（2）当某些系统要求对象的构造过程必须独立于创建该对象的类时。

24.4　举例——日历牌

24.4.1　设计要求

中国式的日历牌的每个星期的第一天是星期一，最后一天星期日；欧美式的日历牌的每个星期的第一天是星期日，最后一天星期六。中国式的日历牌如图 24.3 所示，欧美式的日历牌如图 24.4 所示。要求使用生成器模式为用户提供中国式和欧美式的日历牌。

2015年10月的日历牌

一	二	三	四	五	六	日
			1	2	3	4
5	6	7	8	9	10	11
12	13	14	15	16	17	18
19	20	21	22	23	24	25
26	27	28	29	30	31	

图 24.3　中国式日历牌

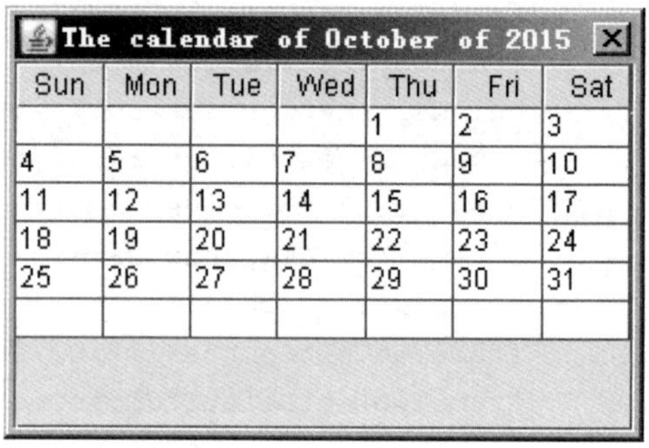

The calendar of October of 2015

Sun	Mon	Tue	Wed	Thu	Fri	Sat
				1	2	3
4	5	6	7	8	9	10
11	12	13	14	15	16	17
18	19	20	21	22	23	24
25	26	27	28	29	30	31

图 24.4　欧美式日历牌

24.4.2　设计实现

使用两个生成器得到日历牌的不同表示，设计的类图如图 24.5 所示。

1．产品（Product）

产品角色是 ClenderProduct 类，该类的代码如下：

ClenderProduct.java

```
import java.util.Calendar;
import javax.swing.*;
public class CalendarProduct{
   Calendar calendar;
   String title;                  //日历牌的标题
   String [] weekTitle;           //日历牌的星期标题
```

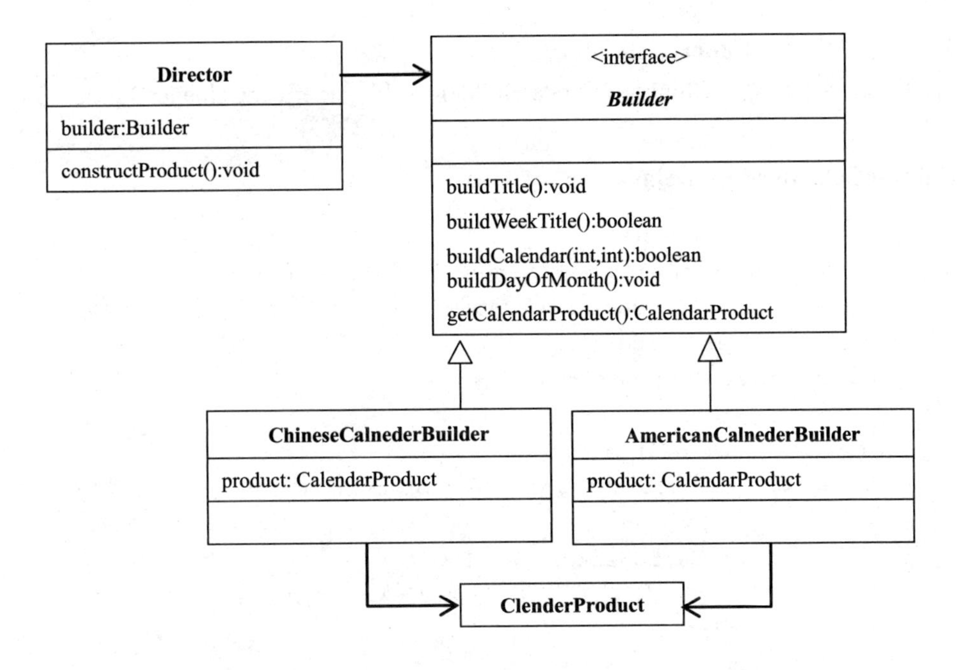

图 24.5　设计的类图

```
   String [][] dayOfMonth;    //用来存放一个月中的号码的数组
   int year=2008,month=1;
   public void showCalendarPad(){
      JTable table;
      table=new JTable(dayOfMonth,weekTitle);
      JDialog dialog=new JDialog();
      dialog.setTitle(title);
      dialog.add(new JScrollPane(table));
      dialog.setBounds(130,160,220,180);
      dialog.setVisible(true);
      dialog.setDefaultCloseOperation(JFrame.DISPOSE_ON_CLOSE);
   }
}
```

2．抽象生成器（Builder）

抽象生成器是 Builder 接口，代码如下：

Builder.java

```
public interface Builder{
   public abstract void buildTitle();
   public abstract boolean buildWeekTitle();
   public abstract boolean buildCalendar(int year,int month);
   public abstract void buildDayOfMonth();
   public abstract CalendarProduct getCalendarProduct();
}
```

3. 具体生成器（ConcreteBuilder）

有两个具体生成器：ChineseCalnederBuilder 类和 AmericanCalnederBuilder 类，代码如下：

ChineseCalnederBuilder.java

```
import java.util.Calendar;
public class ChineseCalnederBuilder implements Builder{
   private CalendarProduct product;              //要构造的复杂对象
   ChineseCalnederBuilder(){
      product=new CalendarProduct();
   }
   public void buildTitle(){
      product.title=product.year+"年"+product.month+"月的日历牌";
   }
   public boolean buildWeekTitle(){
      String [] s={"一","二","三","四","五","六","日"};
      product.weekTitle=s;
      if(s.length==7)
         return true;
      else
         return false;
   }
   public boolean buildCalendar(int year,int month){
      product.year=year;
      product.month=month;
      if(month>=1&&month<=12){
         product.calendar=Calendar.getInstance();
         product.calendar.set(year,month-1,1);
         return true;
      }
      else
         return false;
   }
   public void buildDayOfMonth(){
      int isWeekDay=product.calendar.get(Calendar.DAY_OF_WEEK)-1;
      int day=0;
      int m=product.month;
      int y=product.year;
      if(m==1||m==3||m==5||m==7||m==8||m==10||m==12)
         day=31;
      if(m==4||m==6||m==9||m==11)
        day=30;
      if(m==2)
         if(((y%4==0)&&(y%100!=0))||(y%400==0))
             day=29;
```

```
          else
              day=28;
        int nextDay=1;
        String [][] a=new String[6][7];
        for(int i=0;i<6;i++)
           for(int j=0;j<7;j++)
             a[i][j]="";
        for(int k=0;k<6;k++){
          if(k==0)
            for(int j=isWeekDay-1;j<7;j++){//算法与AmericanCalendarBuilder类
                                          //的不同
                a[k][j]=""+nextDay ;
                nextDay++;
            }
          else
            for(int j=0;j<7&&nextDay<=day;j++){
                a[k][j]=""+nextDay ;
                nextDay++;
            }
        }
        product.dayOfMonth=a;
    }
    public CalendarProduct getCalendarProduct(){
       return product;
    }
}
```

AmericanCalnederBuilder.java

```
import java.util.Calendar;
public class AmericanCalnederBuilder implements Builder{
   private CalendarProduct product;         //要构造的复杂对象
   AmericanCalnederBuilder(){
      product=new CalendarProduct();
   }
   public void buildTitle(){
      String [] s={"January","February","March","April",
                   "May","June","July","August","September",
                   "October","November","December"};
      product.title="The calendar of "+s[product.month-1]+" of "+product.
      year;
   }
   public boolean buildWeekTitle(){
      String [] s={"Sun"," Mon"," Tue"," Wed"," Thu"," Fri"," Sat"};
      product.weekTitle=s;
      if(s.length==7)
```

```
            return true;
        else
            return false;
    }
    public boolean buildCalendar(int year,int month){
        product.year=year;
        product.month=month;
        if(month>=1&&month<=12){
            product.calendar=Calendar.getInstance();
            product.calendar.set(year,month-1,1);
            return true;
        }
        else
            return false;
    }
    public void buildDayOfMonth(){
        int isWeekDay=product.calendar.get(Calendar.DAY_OF_WEEK)-1;
        int day=0;
        int m=product.month;
        int y=product.year;
        if(m==1||m==3||m==5||m==7||m==8||m==10||m==12)
            day=31;
        if(m==4||m==6||m==9||m==11)
          day=30;
        if(m==2)
            if(((y%4==0)&&(y%100!=0))||(y%400==0))
                day=29;
            else
                day=28;
        int nextDay=1;
        String [][] a=new String[6][7];
        for(int i=0;i<6;i++)
            for(int j=0;j<7;j++)
              a[i][j]="";
        for(int k=0;k<6;k++){
          if(k==0)
            for(int j=isWeekDay;j<7;j++){//此处算法与ChineseCalendarBuilder类
                                          //的不同
                a[k][j]=""+nextDay ;
                nextDay++;
            }
          else
            for(int j=0;j<7&&nextDay<=day;j++){
                a[k][j]=""+nextDay ;
                nextDay++;
```

```
            }
        }
        product.dayOfMonth=a;
    }
    public CalendarProduct getCalendarProduct(){
        return product;
    }
}
```

4. 指挥者（Director）

指挥者是 Director 类，代码如下：

Director.java

```
public class Director{
    private Builder builder;
    int year,month;
    Director(Builder builder,int year,int month){
        this.builder=builder;
        this.year=year;
        this.month=month;
    }
    public void constructProduct(){
        boolean ok=false;
        ok=builder.buildWeekTitle();
        if(ok){
            ok=builder.buildCalendar(year,month);
        }
        if(ok){
            builder.buildTitle();
            builder.buildDayOfMonth();
        }
        if(ok){
            CalendarProduct prodcut=builder.getCalendarProduct();
            prodcut.showCalendarPad();
        }
    }
}
```

5. 应用程序

应用程序将使用模式中的指挥角色创建一个“指挥者”对象，并将一个具体生成器传递给指挥者，指挥者请求具体生成器开始构造用户所需要的 CalendarProduct 对象，如果该具体生成器成功地构造出 CalendarProduct 对象，指挥者就可以请求具体生成器返回这个 CalendarProduct，运行效果如前面的图 24.3 和图 24.4 所示。

Application.java

```
public class Application{
   public static void main(String args[]){
      Builder builder=new ChineseCalnederBuilder();
      Director director=new Director(builder,1945,3);
      director.constructProduct();
      builder=new AmericanCalnederBuilder();
      director=new Director(builder,2015,10);
      director.constructProduct();
   }
}
```

第25章　原 型 模 式

原型模式：用原型实例指定创建对象的种类，并且通过复制这些原型创建新的对象。

原型模式属于创建型模式（见 6.7 节）。

25.1　java.lang.Object 类的 clone 方法

在某些情况下，我们可能不希望反复使用类的构造方法创建许多对象，而是希望用该类创建一个对象后，以该对象为原型得到该对象的若干个复制品。也就是说，我们将一个对象定义为原型对象，要求该原型对象提供一个方法，使得该原型对象调用此方法可以复制一个和自己有完全相同状态的同类型的对象，即该方法“克隆”原型对象得到一个新对象，这里使用“克隆”一词可能比复制一词更为形象，所以人们在复制对象时，也可经常等价地说克隆对象。原型对象与以它为原型“克隆”出的新对象可以分别独立地变化，也就是说，原型对象改变其状态不会影响到以它为原型所克隆出的新对象，反之也一样。比如，你通过复制一个已有的 Word 文档中的文本创建一个新 Word 文档后，两个文档中的文本内容可独立地变化，互不影响，也就是说，一个含有文本数据的原型对象改变其含有的文本数据不会影响以它为原型所克隆出的新对象中的文本内容。

1．clone()方法

java.lang 包中的 Object 类提供了一个权限是 protected 的用于复制对象的 clone()方法。我们知道 Java 中所有的类都是 java.lang 包中 Object 类的子类或间接子类，因此 Java 中所有的类都继承了这个 clone()方法，但是由于 clone()方法的访问权限是 protected 的，这就意味着如果一个对象想使用该方法得到自己的一个复制品，就必须保证自己所在的类与 Object 类在同一个包中，这显然是不可能的，因为 Java 不允许用户编写的类拥有 java.lang 这样的包名（尽管可以编译拥有 java.lang 包名的类，但运行时 JVM 拒绝加载这样的类）。

2．clone()方法的重写与 Cloneable 接口

为了能让一个对象使用 clone()方法，创建该对象的类可以重写（覆盖）clone()方法，并将访问权限提高为 public 权限，为了能使用被覆盖的 clone()方法，只需在重写的 clone()方法中使用关键字 super 调用 Object 类的 clone()方法即可。也可以在创建对象的类中新定义一个复制对象的方法，将访问权限定义为 public，并在该方法中调用 Object 类的 clone()方法。

另外，当对象调用 Object 类中的 clone()方法时，JVM 将会逐个复制该对象的成员变量，然后创建一个新的对象返回，所以 JVM 要求调用 clone()方法的对象必须实现 Cloneable 接口。Cloneable 接口中没有任何方法，该接口的唯一作用就是让 JVM 知道实现该接口的对象是可以被克隆的。

ExampleOne.java 中，Circle 类的对象使用 clone 方法复制自己，运行效果如图 25.1 所示。

```
circle的数据：19.99
circleCopy的数据：19.99
circle对象改变了radius:
circleCopy对象改变了radius:
circle的数据：7.77
circleCopy的数据：8.88
```

图 25.1　使用 clone()方法复制对象

EammpleOne.java

```
class Circle implements Cloneable{   //实现Cloneable接口
   private double radius;
   public void setRadius(double r){
      radius=r;
   }
   public double getRadius(){
      return radius;
   }
   public Object clone() throws CloneNotSupportedException{ //重写clone方法
      Object  object=super.clone();
      return object;
   }
}
public class ExampleOne{
   public static void main(String args[]){
      Circle circle=new Circle();
      circle.setRadius(19.99);
      try{
         Circle circleCopy=(Circle)circle.clone();//调用clone()复制自己
         System.out.println("circle的数据: "+circle.getRadius());
         System.out.println("circleCopy的数据: "+circle.getRadius());
         System.out.println("circle对象改变了radius:");
         circle.setRadius(7.77);
         System.out.println("circleCopy对象改变了radius:");
         circleCopy.setRadius(8.88);
         System.out.println("circle的数据: "+circle.getRadius());
         System.out.println("circleCopy的数据: "+circleCopy.getRadius());
      }
      catch(CloneNotSupportedException exp){}
   }
}
```

3．深度克隆

Object 类中的 clone()方法将复制当前对象的变量中的值来创建一个新的对象，例如，一个对象 object 有两个 int 型的成员变量 x、y，那么该对象 a 与它调用 clone()方法返回的 cloneObject 对象如图 25.2 所示。

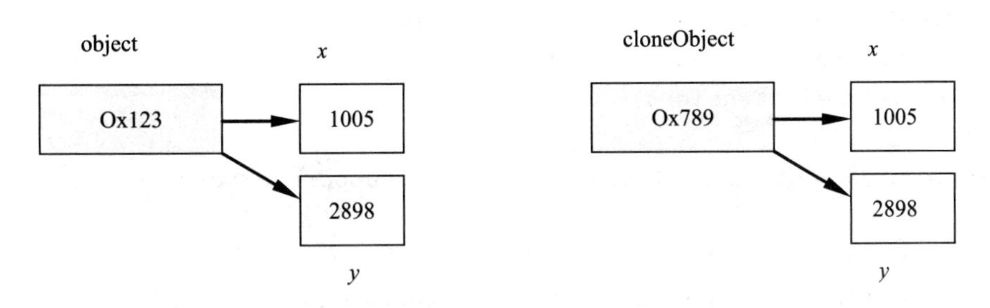

图 25.2　object 对象与 cloneObject 对象

需要注意的是，如果调用 clone()方法的当前对象拥有的成员变量是一个对象，那么 clone()方法仅仅复制了当前对象所拥有的对象的引用，并没有复制这个对象所拥有的变量，这就使得 clone()方法返回的新对象和当前对象拥有一个相同的对象，未能实现完全意义的复制。例如，一个对象 object 有两个变量 rectangle 和 height，其中，height 是 int 型变量，但是变量 rectangle 是一个对象，这个对象有 double 型的变量 m、n，那么对象 object 与它调用 clone()方法返回的 cloneObject 对象如图 25.3 所示。

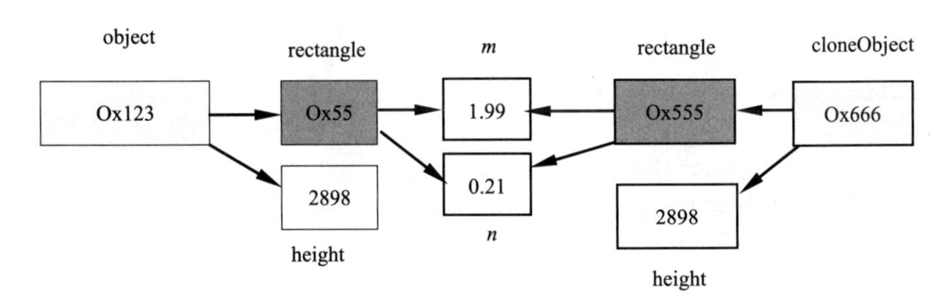

图 25.3　object 对象与 cloneObject 对象

这样一来就涉及一个深度克隆问题，因为当前对象的成员变量中可能还会有其他对象。所以使用 clone()方法来复制对象有许多细节需要用户考虑，比如，在重写 clone()方法时，必须对当前对象中的 rectangle 对象进行复制。

下面的 ExampleTwo.java 中，Geometry 类的对象使用 clone 方法复制自己，并处理了深度克隆问题，运行效果如图 25.4 所示。

```
geometry对象中的rectangle矩形的长和宽:
10.0, 20.0
geometryCopy对象中的rectangle矩形的长和宽:
10.0,20.0
geometry对象修改其中的rectangle矩形的长和宽:
geometry对象中的rectangle矩形的长和宽:
567.98, 156.67
geometryCopy对象中的rectangle矩形的长和宽:
10.0,20.0
```

图 25.4　程序运行效果

ExampleTwo.java

```
class Geometry implements Cloneable{          //实现Cloneable接口{
    int height;
    Rectangle rectangle;
    Geometry(Rectangle rectangle,int height){
        this.rectangle=rectangle;
        this.height=height;
    }
    public Object clone() throws CloneNotSupportedException{
                                              //重写clone方法
        Geometry object=(Geometry)super.clone();
        object.rectangle=(Rectangle)rectangle.clone();
                                              //对rectangle进行复制
        return object;
    }

}
class Rectangle implements Cloneable{         //实现Cloneable接口
    double m,n;
    Rectangle(double m,double n){
        this.m=m;
        this.n=n;
    }
    public Object clone() throws CloneNotSupportedException{
                                              //重写clone方法
        Object  object=super.clone();
        return object;
    }

}
public class ExampleTwo{
   public static void main(String args[]){
      Geometry geometry=new Geometry(new Rectangle(10,20),100 );
      try{
        Geometry geometryCopy=(Geometry)geometry.clone();//复制自己
        System.out.println("geometry对象中的rectangle矩形的长和宽：");
        System.out.println(geometry.rectangle.m+","+geometry.
        rectangle.n);
        System.out.println("geometryCopy对象中的rectangle矩形的长和宽：");
        System.out.println(geometryCopy.rectangle.m+","+
                     geometryCopy.rectangle.n);
        System.out.println("geometry对象修改其中的rectangle矩形的长和宽：");
        geometry.rectangle.m=567.98;
        geometry.rectangle.n=156.67;
```

```
        System.out.println("geometry对象中的rectangle矩形的长和宽: ");
        System.out.println(geometry.rectangle.m+", "+geometry.
        rectangle.n);
        System.out.println("geometryCopy对象中的rectangle矩形的长和宽: ");
        System.out.println(geometryCopy.rectangle.m+","+
                    geometryCopy.rectangle.n);
      }
      catch(CloneNotSupportedException exp){}
   }
}
```

25.2 Serializable 接口与克隆对象

相对于 clone()方法，Java 又提供了一种较简单的解决方案，这个方案就是使用 Serializable 接口和对象流来复制对象。

如果希望得到对象 object 的复制品，必须保证该对象是序列化的，即创建 object 对象的类必须实现 Serializable 接口。Serializable 接口中的方法对程序是不可见的，因此实现该接口的类不需要实现额外的方法。

为了得到 object 的复制品，首先需要将 object 写入到 ObjectOutputStream 流中，当把一个序列化的对象写入到 ObjectInputStream 输出流时，JVM 就会实现 Serializable 接口中的方法，将一定格式的文本——对象的序列化信息，写入到 ObjectInputStream 输出流的目的地。然后使用 ObjectInputStream 对象输入流从 ObjectOutputStream 输出流的目的地读取对象，这时 ObjectInputStream 对象流就读回 object 对象的序列化信息，并根据序列化信息创建一个新的对象，这个新的对象就是 object 对象的一个复制品。

需要注意的是，使用对象流把一个对象写入到文件时不仅要保证该对象是序列化的，而且该对象的成员对象也必须是序列化的。

25.3 原型模式的结构与使用

25.3.1 原型模式的结构

原型模式的结构中包括两种角色。

（1）抽象原型（Prototype）：一个接口，负责定义对象复制自身的方法。

（2）具体原型（Concrete Prototype）：实现 Prototype 接口的类。具体原型实现抽象原型中的方法，以便所创建的对象调用该方法复制自己。

原型模式的类图如图 25.5 所示。

原型模式是从一个对象出发得到一个和自己有相同状态的新对象的成熟模式，该模式的关键是将一个对象定义为原型，并为其提供复制自己的方法。

下面通过一个简单的问题来描述原型模式中所涉及的各个角色。

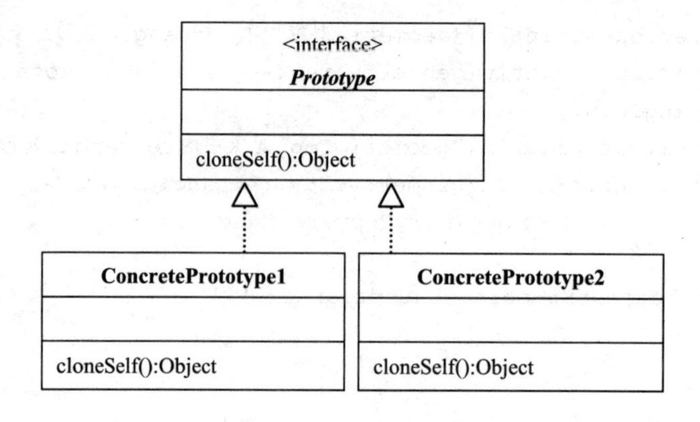

图 25.5　原型模式的类图

简单问题：

克隆一个立方体和一个山羊。

1．抽象原型（Prototype）

抽象原型是 Prototype 类，该类的代码如下：

Prototype.java

```
public interface Prototype {
   public Object cloneMe() throws CloneNotSupportedException;
}
```

2．具体原型（Concrete Prototype）

具体原型是 Cubic 类和 Goat 类。Goat 类使用对象序列化来复制对象，Java 类库中的绝大多数类都实现了 Serializable 接口，比如 StringBuffer 类以及 java.awt 包中的组件类等。Cubic 类和 Goat 类的代码如下：

Cubic.java

```
public class Cubic implements Prototype, Cloneable{
   double  length,width,height;
   Cubic(double a,double b,double c){
      length=a;
      width=b;
      height=c;
   }
   public Object cloneMe() throws CloneNotSupportedException{
      Cubic object=(Cubic)clone();  //调用从Object类继承的clone()方法
      return object;
   }
}
```

Goat.java

```
import java.io.*;
```

```
public class Goat implements Prototype,Serializable{
   StringBuffer color;
   public void setColor(StringBuffer c){
      color=c;
   }
   public StringBuffer getColor(){
      return color;
   }
   public Object cloneMe() throws CloneNotSupportedException{
      Object object=null;
      try{
         ByteArrayOutputStream outOne=new ByteArrayOutputStream();
         ObjectOutputStream outTwo=new ObjectOutputStream(outOne);
         outTwo.writeObject(this);     //将原型对象写入对象输出流
         ByteArrayInputStream  inOne=
         new ByteArrayInputStream(outOne.toByteArray());
         ObjectInputStream inTwo=new ObjectInputStream(inOne);
         object=inTwo.readObject();    //创建新的对象: 原型的复制品
      }
      catch(Exception event){}
      return object;
   }
}
```

25.3.2 原型模式的使用

前面已经使用原型模式给出了可以使用的类，将这些类看做一个小框架，然后就可以使用这个小框架中的类编写应用程序了。

应用程序将使用模式中的 Prototype 接口定义的方法来复制一个具体原型，运行效果如图 25.6 所示。

```
cubic的长、宽和高:
12.0,20.0,66.0
cubicCopy的长、宽和高:
12.0,20.0,66.0
goat是白颜色的山羊
goatCopy是白颜色的山羊
goatCopy将自己的颜色改变成黑色
goat仍然是白颜色的山羊
goatCopy是黑颜色的山羊
```

图 25.6　复制 Cubic 和 Goat 对象

Application.java

```
public class Application{
   public static void main(String args[]){
```

```
        Cubic  cubic=new Cubic(12,20,66);
        System.out.println("cubic的长、宽和高: ");
        System.out.println(cubic.length+","+cubic.width+","+cubic.height);
        try{
           Cubic cubicCopy=(Cubic)cubic.cloneMe();
           System.out.println("cubicCopy的长、宽和高: ");
           System.out.println(cubicCopy.length+","+cubicCopy.width+","
                 +cubicCopy.height);
           }
        catch(CloneNotSupportedException exp){}
        Goat  goat=new Goat();
        goat.setColor(new StringBuffer("白颜色的山羊"));
        System.out.println("goat是"+goat.getColor());
        try{
           Goat  goatCopy=(Goat)goat.cloneMe();
           System.out.println("goatCopy是"+goatCopy.getColor());
           System.out.println("goatCopy将自己的颜色改变成黑色");
           goatCopy.setColor(new StringBuffer("黑颜色的山羊"));
           System.out.println("goat仍然是"+goat.getColor());
           System.out.println("goatCopy是"+goatCopy.getColor());
            }
        catch(CloneNotSupportedException exp){}
     }
  }
```

25.4 原型模式的优点

原型模式具有以下优点：

（1）当创建类的新实例的代价更大时，使用原型模式复制一个已有的实例可以提高创建新实例的效率。

（2）可以动态地保存当前对象的状态。在运行时刻，可以随时使用对象流保存当前对象的一个复制品。

（3）可以在运行时创建新的对象，而无须创建一系列类和继承结构。

（4）可以动态地添加、删除原型的复制品。

25.5 适合使用原型模式的情景

适合使用原型模式的情景如下：

（1）程序需要从一个对象出发，得到若干个和其状态相同，并可独立变化其状态的对象时。

（2）当对象的创建需要独立于它的构造过程和表示时。

（3）一个类创建实例状态不是很多，那么就可以将这个类的一个实例定义为原型，那么通过复制该原型得到新的实例可能比重新使用类的构造方法创建新实例更方便。

25.6 举例——克隆容器

25.6.1 设计要求

在一个窗口中有一个容器，该容器中有若干个按钮组件，用户单击按钮可为该按钮选择一个背景颜色，当用户为所有按钮选定颜色后，希望复制当前容器，并把这个复制品也添加到当前窗口中。

25.6.2 设计实现

1．抽象原型

抽象原型是 CloneContainer 类，该类的代码如下：

CloneContainer.java

```
public interface  CloneContainer {
     public Object cloneContainer();
}
```

2．具体原型（Concrete Prototype）

具体原型是 ButtonContainer 类，ButtonContainer 类使用对象序列化来复制对象，Java 类库中的绝大多数类都实现了 Serializable 接口，比如 javax.swing 和 java.awt 包中的组件类等。ButtonContainer 类的代码如下：

ButtonContainer.java

```
import java.io.*;
import javax.swing.*;
import java.awt.*;
import java.awt.event.*;
public class ButtonContainer extends JPanel implements CloneContainer,
ActionListener {
      JButton  [] button;
      ButtonContainer(){
          button=new JButton[25];
          setLayout(new GridLayout(5,5));
          for(int i=0;i<25;i++){
                button[i]=new JButton();
                add(button[i]);
                button[i].addActionListener(this);
          }
      }
      public void actionPerformed(ActionEvent e){
```

```
            JButton b=(JButton)e.getSource();
            Color newColor= JColorChooser.showDialog(null,"",
            b.getBackground());
            if(newColor!=null)
              b.setBackground(newColor);
        }
        public Object cloneContainer() {              //实现接口中的方法
            Object object=null;
            try{
                  ByteArrayOutputStream outOne=new ByteArrayOutputStream();
                  ObjectOutputStream outTwo=new ObjectOutputStream(outOne);
                  outTwo.writeObject(this);          //将原型对象写入对象输出流
                  ByteArrayInputStream  inOne=
                  new ByteArrayInputStream(outOne.toByteArray());
                  ObjectInputStream inTwo=new ObjectInputStream(inOne);
                  object=inTwo.readObject();        //创建新的对象,原型的复制品
            }
            catch(Exception event){
                  System.out.println(event);
            }
            return object;
        }
}
```

3．应用程序

应用程序将使用模式中的原型接口定义的方法来复制一个具体原型，运行效果如图 25.7 所示。

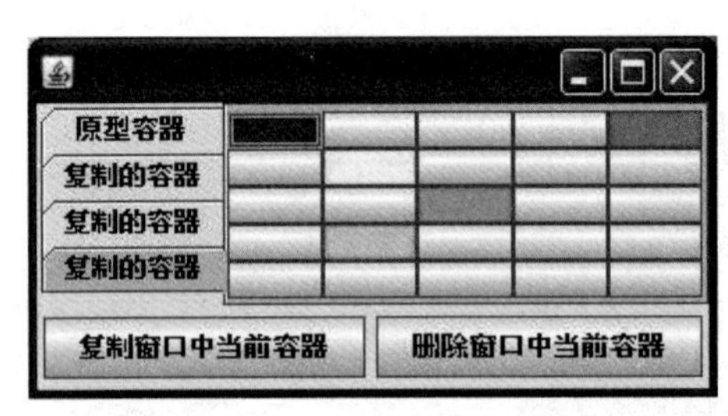

图 25.7　程序运行效果

Application.java

```
import javax.swing.*;
import java.awt.*;
import java.awt.event.*;
public class Application extends JFrame implements ActionListener{
    JTabbedPane jtp;
    ButtonContainer  con;
    JButton  add,del;
```

```
    public Application(){
        add=new JButton("复制窗口中当前容器");
        del=new JButton("删除窗口中当前容器");
        add.addActionListener(this);
        del.addActionListener(this);
        JPanel pSouth=new JPanel();
        pSouth.add(add);
        pSouth.add(del);
        add(pSouth,BorderLayout.SOUTH);
        con=new ButtonContainer();
        jtp=new JTabbedPane(JTabbedPane.LEFT);
        add(jtp,BorderLayout.CENTER);
        jtp.add("原型容器",con);
        setBounds(100,100,500,300);
        setVisible(true);
        setDefaultCloseOperation(JFrame.DISPOSE_ON_CLOSE);
    }
    public void actionPerformed(ActionEvent e){
        if(e.getSource()==add){
            int index=jtp.getSelectedIndex();
            ButtonContainer  container=(ButtonContainer)jtp.
            getComponentAt(index);
            ButtonContainer  conCopy=(ButtonContainer)container.
            cloneContainer();
             jtp.add("复制的容器",conCopy);
        }
        if(e.getSource()==del){
            int index=jtp.getSelectedIndex();
            ButtonContainer  container=(ButtonContainer)jtp.
            getComponentAt(index);
            jtp.remove(index);
        }
    }
    public static void main(String args[]){
        new Application();
    }
}
```

第 26 章　单 件 模 式

单件模式：保证一个类仅有一个实例，并提供一个访问它的全局访问点。

单件模式属于创建型模式（见 6.7 节）。

26.1　单件模式的结构与使用

26.1.1　单件模式的结构

单件模式的结构非常简单，只包括一种角色：单件类（Singleton），单件类只可以创建出一个实例。单件的类图如图 26.1 所示。

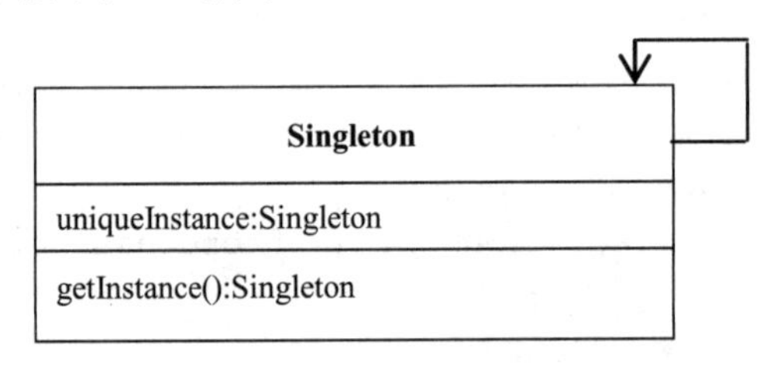

图 26.1　单件模式的类图

在某些情况下，我们可能希望某个类只能创建出一个对象，即不让用户用该类实例化出多于两个的实例。比如，在一个公文管理系统中，公文类的实例——公文文件，需要将公章类的实例作为自己的一个成员，以表明自己是一个有效的公文文件，那么系统的设计者就需要保证公章类只有一个实例，不能允许用户使用公章类的构造方法再创建出第二个实例。

单件类（Singleton）在设计上有如下特点：

（1）单件类中包含用自身声明的类变量，这个类变量是单件类唯一的实例。

（2）单件类的构造方法访问权限是 private。为了确保单件类中自身声明的类变量是单件类唯一的实例，单件类必须将构造方法的访问权限设置为 private。这样一来，任何其他的类都无法使用单件类来创建对象。

（3）单件类负责创建自己唯一的实例，并提供访问该实例的类方法。由于单件类的构造方法被设置为 private，所以单件类必须自己负责创建自身声明的实例。为了让用户使用单件类的这个唯一的实例，单件类必须提供一个类方法，以便其他用户使用单件类的类名就可以调用这个类方法访问使用单件类的这个唯一的实例。

在 Java 中，可以使用以下两种方法设计单件类。

1．在 JVM 加载单件类时创建它的唯一实例

对于单件类中声明的类变量，即该单件类的唯一实例，在单件类被 JVM 加载到内存时就会被分配空间，该内存空间用于存放该实例的引用，因此，可以在声明该类变量的同时就初始化它，即创建该实例。以下是 Java 实现的单件类的代码：

```
punlic class Singleton{
   private static Singleton uniqueInstance=new Singleton();
                              //JVM加载Singleton时创建uniqueInstance
   private Singleton(){}      //构造方法是private权限
   public static Singleton getInstance(){
        return uniqueInstance;
   }
}
```

2．在单件类提供的类方法中创建这个唯一的实例

我们知道，对于单件类中声明的类变量，当单件类被 JVM 加载到内存时就会被分配空间，该内存空间用于存放单件类的实例的引用，但是如果我们不去创建单件类的这个实例，那么该类变量中的值就是 null，表明该实例还没有被创建。如果程序希望用户需要时再创建单件类的唯一实例，即用户调用单件类提供的类方法时再创建它，那么为了防止多线程在调用这个类方法时创建多个单件类的实例，可以将类方法设置为同步方法。以下是 Java 实现的单件类的代码：

```
punlic class Singleton{
     private static Singleton uniqueInstance;  //唯一的对象
     private Singleton(){}                      //构造方法是private权限
     public static synchronized Singleton getInstance(){//这是一个同步方法
          if(uniqueInstance==null){
               uniqueInstance=new Singleton();
          }
          return uniqueInstance;
     }
}
```

下面通过一个简单的问题来描述单模式中所涉及的唯一角色。

简单问题：

唯一的月亮。

单件模式的类图是所有模式中最简练的，只涉及一个角色：单件类。对于前面的这个简单问题，设计的单件类是 Moon，代码如下：

Moon.java

```
public class Moon{
     private static Moon  uniqueMoon;
     double radius;
     double distanceToEarth;
```

```
        private Moon(){
            uniqueMoon=this;
            radius=1738;
            distanceToEarth=363300;
        }
        public static synchronized Moon getMoon(){    //这是一个同步方法
            if(uniqueMoon==null){
                uniqueMoon=new Moon();
            }
            return uniqueMoon;
        }
        public String show(){
            String s="月亮的半径是"+radius+"km,距地球是"+distanceToEarth+"km";
            return s;
        }
    }
```

26.1.2 单件模式的使用

前面已经使用单件模式给出了可以使用的类，可以将这些类看做一个小框架，然后就可以使用这个小框架中的类编写应用程序了。

应用程序将使用模式中的单件类中的类方法得到单件类的唯一实例，运行效果如图 26.2 所示。

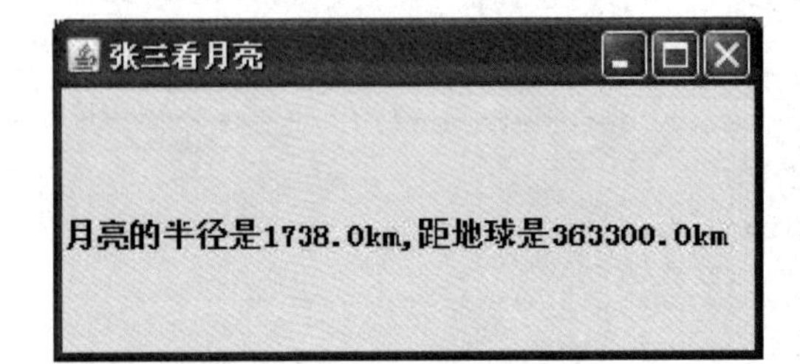

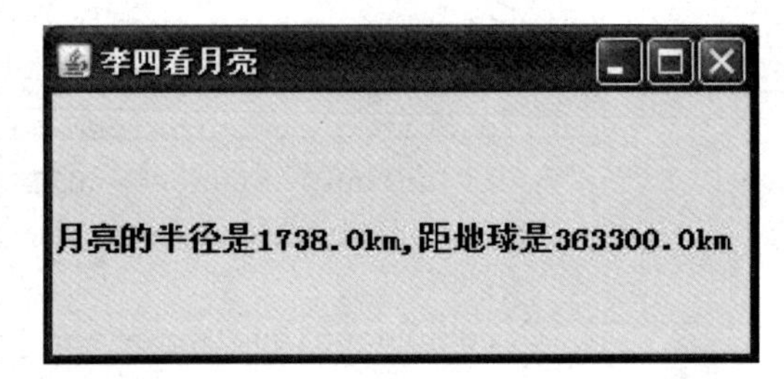

图 26.2 运行效果

Application.java

```
import javax.swing.*;
import java.awt.*;
public class Application{
    public static void main(String args[]){
        MyFrame f1=new MyFrame("张三看月亮");
        MyFrame f2=new MyFrame( "李四看月亮");
        f1.setBounds(10,10,360,150);
        f2.setBounds(370,10,360,150);
        f1.validate();
        f2.validate();
```

```
    }
}
class  MyFrame extends JFrame{
    String str;
    MyFrame(String title){
        setTitle(title);
        Moon moon=Moon.getMoon();          //得到单件类Moon的唯一实例
        str=moon.show();
        setDefaultCloseOperation(JFrame.DISPOSE_ON_CLOSE);
        setVisible(true);
        repaint();
    }
    public void paint(Graphics g){
          super.paint(g);
          g.setFont(new Font("宋体",Font.BOLD,14));
          g.drawString(str,5,100);
    }
}
```

26.2　单件模式的优点

单件模式的优点是：单件类的唯一实例由单件类本身来控制，所以可以很好地控制用户何时访问它。

26.3　适合使用单件模式的情景

适合使用单件模式的情景是：当系统需要某个类只能有一个实例时。

26.4　举例——冠军

26.4.1　设计要求

设计一个 Champion 单件类以及多个线程。每个线程从左向右水平移动一个属于自己的按钮，最先将按钮移动到指定位置的线程为冠军，即该线程将负责创建出 Champion 单件类的唯一实例（冠军），后续将自己的按钮移动到指定位置的其他线程都可以看到冠军的有关信息，即看到 Champion 单件类的唯一实例的有关属性的值。

26.4.2　设计实现

1．单件类的设计

单件类是 Champion 类，该类的代码如下：

Champion.java

```
public class Champion {
    private  static Champion  uniqueChampion;
    String  message;
    private Champion(String message){
        uniqueChampion=this;
        this. message=message;
    }
    public static synchronized Champion getChampion(String message){
        if(uniqueChampion==null){
            uniqueChampion=new Champion(message+"是冠军");
        }
        return uniqueChampion;
    }
    public static void initChampion(){
        uniqueChampion=null;
    }
    public String getMess(){
        return message;
    }
}
```

2．应用程序

应用程序是一个 GUI 程序，该 GUI 程序的窗口中有 3 个线程（Player 类负责创建线程对象），当一个线程最先将属于自己的按钮移动到指定位置后，程序负责创建出 Champion 单件类的唯一实例。运行效果如图 26.3 所示。

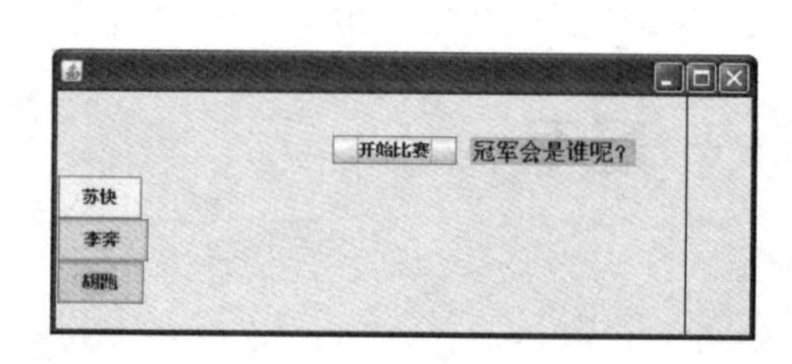

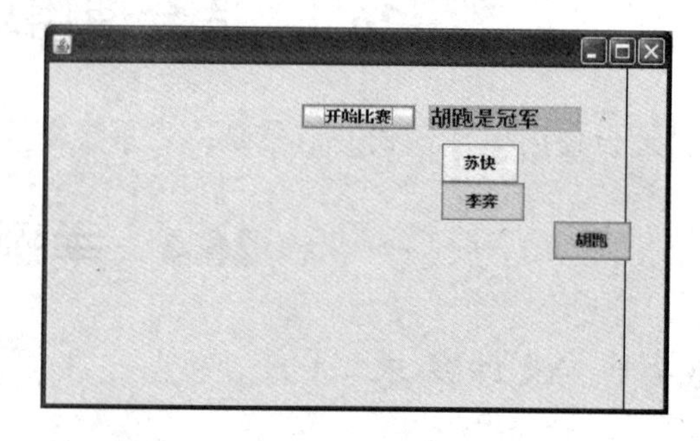

图 26.3　程序运行效果

Player.java

```
import javax.swing.*;
public class Player extends Thread{
    int MaxDistance;
    int stopTime,step;
    JButton com;
```

```
    JTextField showMess;
    Champion champion;
     Player(int stopTime,int step,int MaxDistance,JButton com,int w,int h,
          JTextField showMess){
          this.stopTime=stopTime;
          this.step=step;
          this.MaxDistance=MaxDistance;
          this.com=com;
          this.showMess=showMess;
    }
    public void run(){
          while(true){
              int a=com.getBounds().x;
              int b=com.getBounds().y;
              if(a+com.getBounds().width>=MaxDistance){
                   champion=Champion.getChampion(com.getText());
                   showMess.setText(champion.getMess());
                   return;
              }
              a=a+step;
              com.setLocation(a,b);
             try{
                     sleep(stopTime);
             }
             catch(InterruptedException exp){}
          }
     }
}
```

Application.java

```
import javax.swing.*;
import java.awt.*;
import java.awt.event.*;
public class Application extends JFrame implements ActionListener{
       JButton  start;
       Player playerOne,playerTwo,playerThree;
       JButton  one,two,three;
       JTextField showLabel;
       int width=60;
       int height=28;
       int MaxDistance=460;
       public Application(){
           setLayout(null);
           start=new JButton("开始比赛");
           start.addActionListener(this);
```

```
        add(start);
        start.setBounds(200,30,90,20);
        showLabel=new JTextField("冠军会是谁呢？");
        showLabel.setEditable(false);
        add(showLabel);
        showLabel.setBounds(300,30,120,20);
        showLabel.setBackground(Color.orange);
        showLabel.setFont(new Font("隶书",Font.BOLD,16));
        one=new JButton("苏快");
        one.setSize(60,30);
        one.setBackground(Color.yellow);
        playerOne=new Player(18,2,MaxDistance,one,width,height,showLabel);
        two=new JButton("李奔");
        two.setSize(65,30);
        two.setBackground(Color.cyan);
        playerTwo=new Player(19,2,MaxDistance,two,width,height,showLabel);
        three=new JButton("胡跑");
        three.setSize(62,30);
        three.setBackground(Color.green);
        playerThree=new Player(21,2,MaxDistance,three,width,height,
        showLabel);
        initPosition();
        setBounds(100,100,600,300);
        setVisible(true);
        setDefaultCloseOperation(JFrame.DISPOSE_ON_CLOSE);
}
private void  initPosition(){
        Champion.initChampion();
        showLabel.setText("冠军会是谁呢？");
        repaint();
        remove(one);
        remove(two);
        remove(three);
        add(one);
        add(two);
        add(three);
        one.setLocation(1,60);
        two.setLocation(1,60+height+2);
        three.setLocation(1,60+2*height+4);
}
public void actionPerformed(ActionEvent e){
      boolean boo=playerOne.isAlive()||playerTwo.isAlive()||
      playerThree.isAlive();
      if(boo==false){
            initPosition();
```

```
            int m=(int)(Math.random()*2)+19;
            playerOne=new Player(m,2,MaxDistance,one,width,height,
            showLabel);
            m=(int)(Math.random()*3)+18;
            playerTwo=new Player(m,2,MaxDistance,two,width,height,
            showLabel);
            m=(int)(Math.random()*4)+17;
            playerThree=new Player(m,2,MaxDistance,three,width,height,
            showLabel);
        }
        try{   playerOne.start();
               playerTwo.start();
               playerThree.start();
        }
        catch(Exception exp){}
    }
    public void paint(Graphics g){
         super.paint(g);
         g.drawLine(MaxDistance,0,MaxDistance,MaxDistance);
    }
    public static void main(String args[]){
         new Application();
    }
}
```

参 考 文 献

[1] Erich Gamma,Richard Helm,Ralph Johnson,John Vlissides. Design Patterns：Elements of Reusable Object-Oriented Software[M]. MA:Addison-Wesley,1994.

[2] Alexander. A Pattern Language：Towns, Building, Construction[M]. New York:Oxford University Press,1977.

[3] Alpert,Brown,Woolf. The Design Pattern Smalltalk Companion[M]. MA: Addison-Wesley, 1998.

[4] James W.cooper. Java Design Patterns：A Tutorial.Boston[M]. MA: Addison-Wesley, 2000.

[5] Eric Freema, Elisabeth Freema, Kathy Sierra,Beit Bates. Head First 设计模式[M]. 北京：中国电力出版社，2007.

[6] （美）Erich Gamma, Richard Helm, Ralph Johnson, John Vlissides 著. 设计模式——可复用面向对象软件的基础[M]. 李英军，等译. 北京：机械工业出版社，2000.

[7] （美）Steven John Metsker 著. 设计模式 Java 手册[M]. 龚波，等译. 北京：机械工业出版社，2006.

[8] （美）James W.Cooper 著. Java 设计模式[M]. 王宇，等译. 北京：中国电力出版社，2003.

[9] （美）Partha Kuchana 著. Java 软件体系结构设计模式标准指南[M]. 王卫军，等译. 北京：电子工业出版社，2006.

[10]（美）Cay Horstmann 著. 面向对象的设计与模式[M]. 张琛恩译. 北京：电子工业出版社，2004.

[11]（美）Timothy A.Budd 著. 面向对象编程导论（原书第 3 版）[M]. 黄明军，等译. 北京：机械工业出版社，2003.

图书资源支持

感谢您一直以来对清华版图书的支持和爱护。为了配合本书的使用，本书提供配套的资源，有需求的读者请扫描下方的“书圈”微信公众号二维码，在图书专区下载，也可以拨打电话或发送电子邮件咨询。

如果您在使用本书的过程中遇到了什么问题，或者有相关图书出版计划，也请您发邮件告诉我们，以便我们更好地为您服务。

我们的联系方式：

地　　址：北京海淀区双清路学研大厦 A 座 707

邮　　编：100084

电　　话：010－62770175－4604

资源下载：http://www.tup.com.cn

电子邮件：weijj@tup.tsinghua.edu.cn

QQ：883604(请写明您的单位和姓名)

资源下载、样书申请

书圈

用微信扫一扫右边的二维码，即可关注清华大学出版社公众号“书圈”。